竹密岂妨流水过，山高怎阻野云飞。

Power BI 数据可视化

从入门到实战

袁佳林◎著

電子工業出版社
Publishing House of Electronics Industry
北京•BEIJING

内容简介

本书从数据可视化与仪表板设计基础着手，详细介绍 Power BI 三大模块：Power Query、Power Pivot 和 Power View。然后通过“一简一繁”两个实战案例，使读者由浅入深地掌握 Power BI 的各项功能，动手制作出有设计感的仪表板报告。本书内容按照由易到难、循序渐进的结构安排，多处对比 Excel 解释 Power BI 核心计算原理，以案例实战为引导，清晰地展示了 Power BI 数据分析及仪表板设计的整体流程。

本书结构清晰，内容通俗易懂，讲解层层递进，设计美观大方，适合 Power BI 入门及进阶读者。本书面向在校大学生、数据分析相关岗位从业者、亟待提升数据分析及可视化能力的职场白领。

图书在版编目（CIP）数据

Power BI 数据可视化从入门到实战 / 袁佳林著. —北京：电子工业出版社，2022.5

ISBN 978-7-121-43315-3

Ⅰ. ①P… Ⅱ. ①袁… Ⅲ. ①可视化软件 Ⅳ.①TP31

中国版本图书馆 CIP 数据核字（2022）第 066108 号

责任编辑：张慧敏　　　　特约编辑：田学清
印　　刷：北京宝隆世纪印刷有限公司
装　　订：北京宝隆世纪印刷有限公司
出版发行：电子工业出版社
　　　　　北京市海淀区万寿路 173 信箱　　邮编：100036
开　　本：720×1000　1/16　印张：15.75　字数：327.6 千字
版　　次：2022 年 5 月第 1 版
印　　次：2024 年 8 月第 8 次印刷
定　　价：89.00 元

凡所购买电子工业出版社图书有缺损问题，请向购买书店调换。若书店售缺，请与本社发行部联系，联系及邮购电话：（010）88254888，88258888。

质量投诉请发邮件至 zlts@phei.com.cn，盗版侵权举报请发邮件至 dbqq@phei.com.cn。

本书咨询联系方式：（010）51260888-819，faq@phei.com.cn。

推荐语

“学而时习之，不亦说乎？”将学习的知识应用到实际工作中，这样才能真正体会到学习和成长的乐趣！本书很好地证实了这一点。在科技飞速发展的今天，数据分析成了职场人士必备的一项专业能力。对于职场人士来说，Power BI 是一款既高效又实用的数据可视化分析软件，通过简单的拖曳就可以快速洞悉大规模数据背后隐藏的特征，还可以构建出专业级别的交互式仪表板可视化报告。真诚地推荐正在职场奋斗的小伙伴们阅读本书，并动手实践，让自己获得一次新的能力提升！

姜辉 《Excel 仪表盘实战》作者

数据可视化是数据分析师的一项软实力，图形化的展示相比单调的数字更容易阅读，具备这项能力的分析师更容易让自己的作品被看见。在工具的帮助下，学习数据可视化的门槛已经非常低，人人稍加学习都可以作图，但想让报告具备一定的可读性、美观、易懂，还是需要花时间去学习的。其中涉及的知识包括视觉编码的概念、设计的原则、颜色的使用。作为 Power BI 用户，你可能觉得从零开始学习这些知识时间太长，那么还有一种速成的方式，就是模仿，模仿成功案例的设计可以让你快速做出类似的报告。在这本书中，作者从需求分析开始，将报告的设计拆解成多个步骤，每个步骤都给出了可以参考的范例。跟随作者的讲解，通过学习和模仿，大家在报告设计方面一定会有所收获。感谢作者的辛苦和付出，在 Power BI 报表设计和实战应用方面又多了一本值得学习的著作，预祝本书大卖。

高飞 Power BI 极客站长

有经验的数据分析师在看图表时会从标题开始，因为标题会概括主题。同样地，有经验的商业用户会更关注仪表板的内容结构与分析探索的价值。这些也正是本书给你带来的帮助，在快速入门后，结合 Power BI 的计算原理与实战案例，帮助你练习与理解，最终产出清晰、美观、有业务分析价值的仪表板。

纪杨 数据分析师/设计师，Data x Design 组织者

本书结合实际案例，深入浅出地介绍了使用 Power BI 进行数据分析和设计交互式仪表板的整体流程。不论你是 Excel 用户还是其他 BI 用户，通过学习本书，都能快速上手 Power BI，并且制作出自己的仪表板报告。

刘必麟 Excel 图书作者，微信公众号“Excel 和 PowerBI 聚焦”主创

在多年的财务总监工作中，我深刻体会到一个财务团队拥有经营性思维是多么的重要。而数据可视化（特别是 Power BI）恰恰是培训团队提升经营性思维的重要工具，能够使企业经营管理中的销售、库存、生产、往来等业务环节通过仪表板的形式体现，做到重点突出、精简美观。本书值得每一位企业财务人员认真学习。

李辉 芙麦科技（东莞）有限公司合伙人兼财务总监

在 Python 等工具普及以后，很多人淡忘了 Excel 在数据管理中的重要性，更忽略了 Power BI 在可视化和交互方面的强大实力。作者基于自身在 Power BI 上的深厚功底，通过简洁的文字和由浅入深的案例，手把手地教我们如何使用 Power BI，并为进阶学习指明了方向。对金融从业人员而言这是一本不可多得的入门书籍和实战宝典！

唐无为 特许金融分析师（CFA）/金融风险管理师（FRM），
曾任职于华尔街投行 PB 市场风险部

作为一名零售业从业者，深感 Power BI 对工作帮助之大。佳林这本著作将基础知识与零售业实战案例相结合，非常适合入门，推荐给各位同人。

武俊敏 《Power BI 商业数据分析项目实战》作者

Power BI 作为一款交互式数据可视化工具，能帮助用户很好地展示数据情况。本书详细介绍了如何使用 Power BI 制作数据可视化仪表板，包括技术基础与实践操作。希望更多的读者能从中受益，技有所长！

张杰 《Python 数据可视化之美：专业图表绘制指南》作者，
微信公众号"EasyShu"主创

作为一名数据分析师，数据可视化是不得不掌握的一项技能，使用 BI 软件可以让我们快速得到一个看起来还不错的结果。Power BI 与 Excel 两者之间的联动性也非常好，熟悉 Excel 的同学很容易上手，佳林这本书除了有软件的基本操作，还有丰富的实战案例，推荐给对 Power BI 感兴趣的各位同学。

张俊红 《对比 Excel，轻松学习 Python 数据分析》作者

市面上的数据分析与可视化工具众多，Power BI 的优势之一在于它延续了微软软件一贯的简洁风格，与 Excel 无缝衔接。从 Excel 进阶到 Power BI 无疑是最好的学习方法。本书遵循理论铺垫、工具入门与实战案例三步走的学习路径。阅读本书，你也能轻松掌握 Power BI 数据可视化之道！

周庆麟 Excel Home 创始人，微软最有价值专家

推荐序 1

Power BI 发展至今，已经被越来越多的人熟知，作为一个不需要具备专业技能就能轻松上手的商业智能分析工具，Power BI 集多种强大的功能于一身，从数据整理、数据分析到数据可视化，整个流程无缝衔接，值得每一个需要与数据打交道的人都学习和使用，它正在演变为提升个人数字化能力的必备技能。

虽然 Power BI 经常被视为一个可视化工具，通过鼠标拖曳就能快速地做出一个简单的可视化报告，但坦白地说，目前它的默认可视化效果并不出彩，要做到报表美观，还是需要下一番功夫的。

默认的可视化效果不够理想，并不代表它做不出好看的可视化报告，只是你需要掌握一些 Power BI 可视化设计的方法和技巧。

这本书就是为你揭开 Power BI 可视化设计的奥秘的。

我和作者袁佳林认识很多年了，作者分享了很多实用的知识，也带给我很多启发。刚开始听闻作者要写一本关于可视化方面的书时，我是很期待的；当我有幸提前拜读到本书的部分内容时，满满都是惊喜，迫不及待地想将这本书推荐给大家。

在学习这件事上，有时候就是要“投机取巧”，假传万卷书、真传一案例，本书并没有用花哨的效果、复杂的理论、高级的术语把读者绕得云里雾里，而是在介绍可视化设计原则的基础上，精心选取了“一简一繁”两个实战案例，用简单实用的方法、通俗易懂的语言，巧妙地带你一步步做出美观大方的报告。在完成操作的过程中，你的 Power BI 技能也在稳步提升。

如果你在用 Power BI 做数据分析时为简陋的可视化效果所困扰，那么这本书不仅教给你方法，还能带给你很多启发。读完本书后，相信你也能轻松地做出让人眼前一亮的可视化分析报告。

微信公众号“Power BI 星球”创始人，微软最有价值专家 采悟

推荐序 2

当人们谈及“数据分析”时，常常会联想到冰冷的数字、满眼的代码和晦涩的专业语言，而数据可视化可以说是数据界的“一股清流”，把看似高不可攀的数据技术转换成人人都可看懂的图像。Seeing Is Believing（眼见为实），“看见数据”的驱动力是极其强大的，它可以瞬间激发读者的思考力，并形成影响力。

如何掌握“看见数据”的魔力？我认为有以下三点关键认知。

第一，可视化其实是一场决策游戏。

很多人认为漂亮的图表、公司展厅里的大屏幕就是数据可视化，这种粗浅的认知很可能导致错失可视化应用的良机。

“提灯女神”南丁格尔护士利用数据可视化影响了军方和维多利亚女王，推动了政府改善战地医院的条件，拯救了很多年轻的生命。这不只是她绘制的玫瑰图带来的视觉吸引力，更多的是她揭露了大多数的伤亡并非直接来自战争，而是来自糟糕医疗环境下的感染。

瑞典统计学教授汉斯·罗斯林在 2006 年的 TED 大会上做出了震撼世人的数据可视化演讲，他展示了各国家之间的贫富差距，并证明世界是如何变得越来越好的，这不只是因为他做出的气泡图有多生动，更多的是因为数据背后的事实引发了共鸣。

当我们回顾历史上的一些经典可视化作品时，它们皆源于作者对世界本身的深入理解，作者可能在海量的图表库中探索过几百种呈现方式，最终将决策落在了某一种方式上，并成功地打动了读者。

因此，成功的可视化是建立在对事实充分理解的基础上，并在决策哪种方式解释得更好的过程中不断地刷新认知，这是一门复杂的艺术。如果你的组织需要这种能力，那么你需要招聘的人不是美工，也不是 UI 设计师，而是能够独立思考和决策的数据分析师。

第二，拥抱“低代码化”的前沿技术工具。

BI 为数据可视化提供了极便捷的工具，以前的数据可视化仅仅是为了图表展示和辅助解释说明。而基于现代 BI 技术的发展，我们可以直接采用可视化方式对数据进行探索。以 Power BI 为例，它的可视化模块设计是极简的，图表的生成与切换只发生在鼠标的点选之间。因此，用户可以快速地试错，并利用视觉理解信息的绝对优势找到解决问题的方法。

在技术快速迭代的进程中，此种分析数据的方式将变得越来越便捷，越来越普及，或许在不久的将来，它将与人工智能完美地结合起来。简而言之，这是不可阻挡的技术趋势，也是弯道超车的机遇。

第三，“数据可视化”应作为企业数字化转型战略的核心能力。

谈及“企业数字化”建设，数据治理、数据地图、数据中台、BI 应用等本质上是对数据理解的投资，从投资回报曲线来看，起始阶段新兴技术可以带来显著的效率提升，通过构建强有力的数据团队也能够获得持续的赋能，但随着技术发展，若仅依靠单一技术，团队努力创造的价值将遇到瓶颈。

如何保持增值？我认为数据分析应逐渐成为一种通用的能力，而不是岗位，只有把数据能力融入业务中才能最大化地发挥价值。不过“人人都可以成为数据分析师”的目标是比较理想化的，也很难实现。而“人人都可以看数据”的素质是可以培养出来的，“数据可视化”可以是贯穿企业数字化转型各阶段的核心能力，是实现“人人用数”的关键。

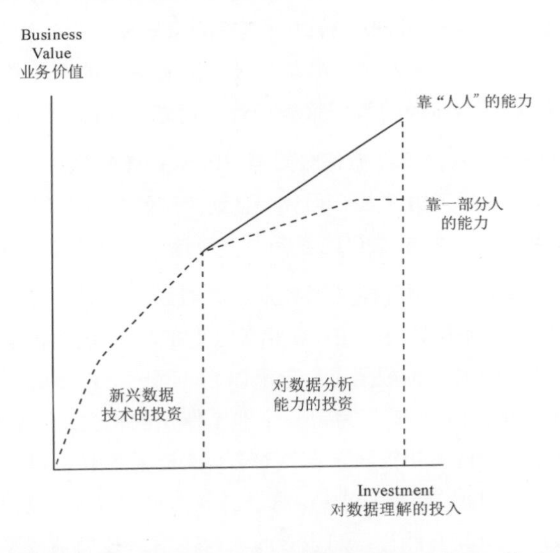

最后，我想感谢袁佳林带来的这本力作，正如数据可视化讲究的简洁之美，作者用“干净”的文字与清晰的图表设计给读者带来了极佳的学习体验，使国内数据可视化应用的普及向前迈进了一步，衷心希望更多的读者认识到数据可视化技术的重要性，并使用它发挥巨大的威力。

微信公众号“PowerBI 大师”创始人，

《从 Excel 到 Power BI：商业智能数据分析》作者 马世权

前　言

我刚接触 Power BI 的时候见过一个公式，印象非常深刻：Power BI =（Excel + PPT）^{2}。后来看到微软用自家的 BI 产品设计作品，那种一目了然的可视化设计、实时交互的数据探索能力，深深地吸引了我。于是我怀着对这个公式的坚定信念，步步深入，几乎将市面上所有的 Power BI 资料学了个遍。无论是英文的（如 M is for Data Monkey、The Definitive Guide to DAX、DAX Friday 等），还是中文的（如高飞老师的 Power BI 极客、佐罗老师的联盟及采悟老师的 Power BI 星球等），都纳入了我学习 Power BI 的资料库中。后来我开始将学到的 BI 知识应用到实际工作中。当我使用 Power Query，通过一连串的鼠标单击操作实现日常报表自动化以后，更加坚信 Power BI 是一个值得深入学习的黑科技。随着学习的深入和在工作上的不断实践、提升，我渐渐掌握了将职场中枯燥的数据报表设计成动态、可刷新、美观的仪表板报告的能力。

我将一些学习心得及收获分享在微信公众号"Power BI 知识星球"中，通过点滴积累和持续分享，慢慢地有了自己的学习方法和心得体会。坚持在公众号上用文字输出见解、分享知识，很好地锻炼了我的文字能力。如果没有这些努力，应该就不会有这本书。

写书的愿望始于 2016 年，刚开始注册公众号的时候，那时已经起草了关于 Excel 知识体系的大纲，但当时无论是写作技巧还是 Excel 相关技能的积累都是不够的。现在那本关于 Excel 的"书"仅剩公众号文章中的一张截图了。自那以后，写书这件事就只剩一个念头了。但也许就是念念不忘，必有回响。2019 年 3 月，一个非常偶然的机会加了张慧敏老师的微信。那时我已经可以做 Power Query 自动化报表，自认对 Excel 已经足够了解，于是提出要写一本报表自动化的书，得到了慧敏老师的鼓励和支持。重燃的激情也仅仅是让我再次立了一个大纲而已。这两次写书计划的破产，有其必然性：知识吸收不够、写作技巧锻炼不够、实战积累不够。之后我不断地阅读国内外关于 Excel、Power BI 和可视化的书籍，每见到一个好的可视化作品，总会先收集起来，然后拆解复现，并且将学习的成果整理成文章发表出来。2021 年 3 月，机缘巧合之下，再次面对写书的挑战，由于多年来广泛的阅读和实战积累，这一次从选题登记、确认目录到提交样章，一气呵成。接着经过半年多的鏖战，虽然期间也动摇过、退缩过，但最终都克服了，然后才有了本书的初稿。分享这本书的成型过程，主要是想告诉读者：朝着希望的方向，努力积累、顽强拼搏，总会有意想不到的收获。

在这本书中，我将学习和使用 Power BI 的经验分享给读者，希望对广大 Power BI 使用者和喜欢数据分析与可视化的朋友有一定的帮助。如果这本书能为大家提供或多或少的启发和帮助，那么我写书过程中的努力和付出就都值得了。

阅读指南

本书共 6 章，第 1 章和第 2 章分别讲解数据可视化基础及仪表板设计原则。第 3 章从 Excel 出发，又突破 Excel，带领读者走进 Power BI 的大门，循序渐进地讲解 Power Query 数据清洗、Power Pivot 数据建模、Power View 数据可视化，为后续的实战章节打下坚实的基础。第 4 章和第 5 章为实战案例讲解，“一简一繁”两个实战案例，分别为初级的“零代码”仪表板项目及进阶的交互式仪表板设计。第 6 章为读者的 Power BI 进阶学习指明方向，向 M 语言及 DAX 函数的高阶应用进发，同时引导读者回归 Excel，读者会发现此时的 Excel 已非彼时的 Excel。

读者对象

本书结构清晰，内容通俗易懂，讲解层层递进，设计美观大方，适合 Power BI 入门及进阶读者。书中内容面向在校大学生、数据分析相关岗位从业者、亟待提升数据分析能力的职场白领及数据可视化爱好者。

软件适用版本

微软几乎每月都会对 Power BI 进行功能更新，在本书的写作过程中也经历过几次版本大更新。因此，书中部分软件或官网截图可能会与最新版本有出入，但软件的基本使用方法不变，不会影响阅读。建议使用 Power BI 最新版本，最新安装包在公众号“Power BI 知识星球”后台回复“最新”即可下载。

读者也可以取消勾选 PowerBI 预览功能中的“新格式窗格”选项，使用旧版用户界面，以便更容易地跟上本书的操作指引。具体设置操作为：“文件”→“选项和设置”→“选项”→“预览功能”→取消勾选“新格式窗格”选项。

随书资源

本书涉及的练习数据、实战案例等都配备了数据源文件及已完成设计的 Power BI 文件，还提供了书中涉及的需求分析文档、仪表板布局 Excel、PPT 文件和 Figma 布局设计草图等资源。以上所有随书资源都可以关注公众号“Power BI 知识星球”，在后台回复“BI 随书资源”获取。

交流学习

因本人知识和能力有限，纰漏之处在所难免，恳请读者不吝批评、指正。如果您有关于本书的勘误，以及关于 Excel、Power BI 的疑问或本书的书评，可以添加微信（powerbi007），或者关注微信公众号（Power BI 知识星球）向我反馈。我将真诚期待您关于本书的宝贵意见及建议。

您可以通过以下方式联系到我。

微信公众号：Excel BI 星球

新浪微博：JaryYuan

知乎：JaryYuan

邮箱：991761062@qq.com

致谢

本书的顺利出版绝不仅是我一个人的努力，很多人都有为之付出，我在这里向他们表示衷心的感谢！

感谢高飞老师、佐罗老师、采悟老师，你们在 Power BI 领域的高质量输出为本书提供了充足的养分。

感谢姜辉老师，你将写作经验无私地分享给我，让这本书的写作有了一个良好的起点。

感谢本书的编辑张慧敏老师，你的认可和鼓励，让我敢于面对写书过程中的各种挑战。

感谢我的妻子、家人们，你们一直默默付出，没有你们的理解和支持，就不会有这本书。

特别感谢我的儿子，当我觉得写不下去了，你总会对我说“坚持到底，不要放弃哦。”

特别感谢我的奶奶，您在艰苦时期的坚忍不拔，至今仍然对我影响深远！

袁佳林

目　录

第 1 章

数据可视化基础

1.1 什么是数据可视化

数据可视化是将数据从杂乱无章的状态，通过文字、表格、图表等方式进行展示，从而达到辅助决策、发掘数据信息蕴藏的商业价值的目的。简单地说，数据可视化就是先利用合适的软件工具，对数据进行采集、预处理及分析，然后选用特定的可视化图表进行展示，让复杂、抽象的数据更容易被理解。

1.2 为什么要做数据可视化

移动互联网时代，数据的采集每时每刻都在发生，购物、听音乐、浏览新闻资讯时都会产生用户行为数据。随着数据技术的发展，每家企业都积累了无数的数据资产，《经济学人》杂志曾发表封面文章称，数据已经取代了石油，成为 21 世纪最有价值的资源。但是，在数据成为有价值的资源之前，必然需要通过数据分析，将有价值的信息一目了然地进行展示，由此可见数据分析与可视化的重要性。

数据可视化领域中的一个非常典型的案例有力地证明了可视化的重要性。

有四组数据，每组数据包含 x、y 共 11 对数字（见表 1.1）。若肉眼观察这四组数据，则很难看出其中的规律。也许你会觉得这就是四组随机生成的数字，并不存在特定规律。

表 1.1 四组数据

A组		B组		C组		D组	
x	*y*	*x*	*y*	*x*	*y*	*x*	*y*
10.00	8.04	10.00	9.14	10.00	7.46	8.00	6.58
8.00	6.95	8.00	8.14	8.00	6.77	8.00	5.76
13.00	7.58	13.00	8.74	13.00	12.74	8.00	7.71
9.00	8.81	9.00	8.77	9.00	7.11	8.00	8.84
11.00	8.33	11.00	9.26	11.00	7.81	8.00	8.47
14.00	9.96	14.00	8.10	14.00	8.84	8.00	7.04
6.00	7.24	6.00	6.13	6.00	6.08	8.00	5.25
4.00	4.26	4.00	3.10	4.00	5.39	19.00	12.50
12.00	10.84	12.00	9.13	12.00	8.15	8.00	5.56
7.00	4.82	7.00	7.26	7.00	6.42	8.00	7.91
5.00	5.68	5.00	4.74	5.00	5.73	8.00	6.89

当使用散点图对数据进行作图时，你会惊奇地发现四组数据之间的规律竟如此明显，如图 1.1 所示。观察散点图，我们可以发现这四组数据并不是随机数，而是四组“刻意为之”的数据，数据之间存在非常明显的关系和趋势。

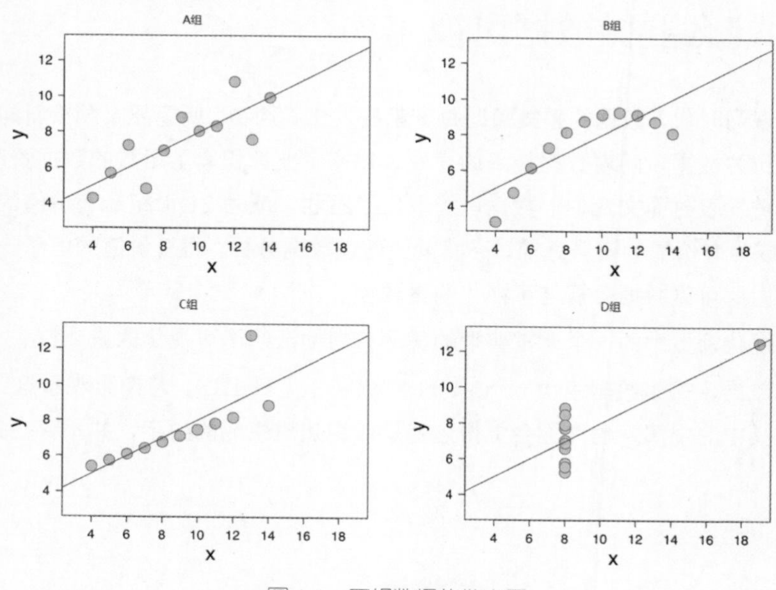

图 1.1 四组数据的散点图

事实上，这四组数据是由英国统计学家佛兰克·安斯库姆（Frank Anscombe）精心组合而成的。这四组数据中的 x、y 在统计特征上惊人的一致，每组数据中的 x、y 对应的均值、方差、相关系数、线性回归线都是一样的，这进一步证明了数据可视化在数据分析中的重要性。这四组数据就是统计学上著名的安斯库姆四重奏（Anscombe's Quartet），又称为安斯库姆四重奏陷阱。

我们在生活和工作中会遇到各种各样的数据，可视化将杂乱无序的数据变成规律、能辅助决策的信息。信息辅助决策，不同信息之间产生联系，这种联系又可以形成为人类所用的知识。总体而言，数据可视化有以下优点：

（1）更符合人类的直觉思维，人类大脑接收的信息 90%以上是通过视觉获取的。

（2）数据和图表相辅相成，图表在尊重数据的基础上帮助数据"传情达意"。

（3）数据是图表背后的"灵魂"，在数据的基础上设计的可视化，最终还需要依靠数据来支撑。

（4）可视化是数据的升华，往往能将洞见扩展到对比、趋势、关系及分布等总体特征。

1.3　如何进行数据可视化

在进行数据可视化时，我们很容易就能联想到使用柱形图来比较分类数据，使用折线图来表达时间变化趋势。但是要真正理解为什么图表能快速地传递信息，就需要研究如何有效地构建可视化。数据可视化的关键是借助前置属性（Pre-attentive Attributes）。前置属性可以让人类的大脑以毫秒为单位获取重要信息，对于其他不相关的干扰信息选择性忽略。数据可视化中常见的前置属性如图 1.2 所示。

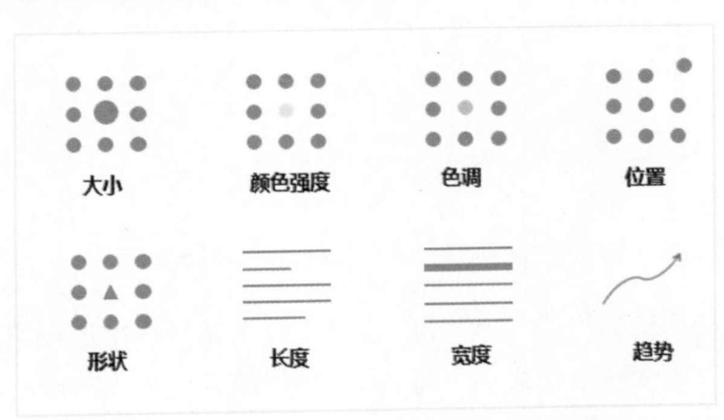

图 1.2　数据可视化中常见的前置属性

我们通过一个例子来理解前置属性为何是高效的，以及它是如何应用在数据可视化中的。

请从图 1.3 中快速地找出数字“6”，并回答一共有多少个数字“6”？

6 1 4 7 6
2 6 7 7 3
2 2 8 3 3
1 8 3 5 2
9 0 4 8 6
0 8 8 4 2
5 8 1 7 0
1 6 9 2 3
6 9 2 4 2
5 0 6 2 3

图 1.3 从数字中找到所有的数字“6”

这是一个简单的问题，但是在不借助前置属性的情况下，你需要花费不少时间查看所有的数字，并数出数字“6”的个数。如果利用前置属性使目标数字“6”做出微小改变，就能实现快速地辨别和计数。如图 1.4 所示，分别改变数字“6”的大小和颜色以后，寻找数字“6”就变得简单了。前置属性让数字“6”凸显出来，我们几乎可以毫不费力地将注意力集中在突出显示的数字“6”上，从而实现快速计数。

6 1 4 7 6
2 6 7 7 3
2 2 8 3 3
1 8 3 5 2
9 0 4 8 6
0 8 8 4 2
5 8 1 7 0
1 6 9 2 3
6 9 2 4 2
5 0 6 2 3

6 1 4 7 6
2 6 7 7 3
2 2 8 3 3
1 8 3 5 2
9 0 4 8 6
0 8 8 4 2
5 8 1 7 0
1 6 9 2 3
6 9 2 4 2
5 0 6 2 3

图 1.4 前置属性“大小”与“颜色”应用示例

这个简单示例是前置属性“大小”和“颜色”在文本环境中的应用。前置属性可以在我们不察觉的情况下改变获取信息的方式，因此构建数据可视化的核心就是寻找正确的前置属性对数据的规律进行展现，将重要的信息第一时间传递给阅读者。

数据可视化的本质是利用前置属性，使用颜色、形状、大小、方向等作为数据的视觉编码，快速传递信息。那么数据可视化的流程是怎样的呢？一般，数据可视化分为五个阶段：准备数据、分析数据、数据清洗、选择图表类型、可视化数据。在通常情况下，可视化是针对某个问题或假设进行验证的，先对数据进行清洗、规范和分析，然后选择合适的图表展现，并发现见解。但这并不意味着问题的结束，对原本问题的解答或假设的验证，也许只是下一个问题的开始。所以可视化的整体流程并不是线性的，而是一个循环流程，如图 1.5 所示。

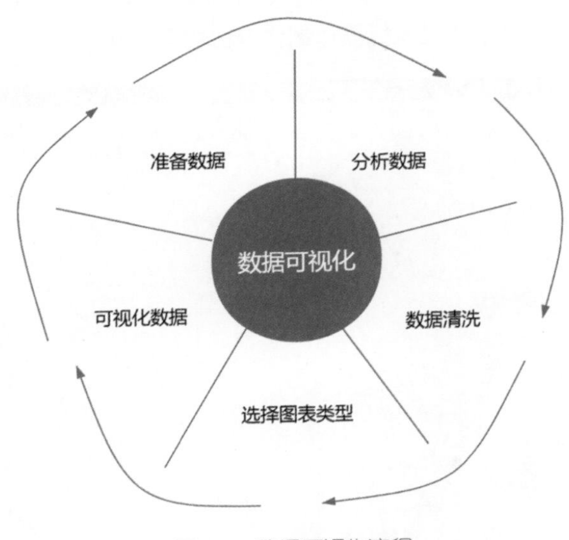

图 1.5　数据可视化流程

1.4　数据可视化的常用软件

本节简单介绍几种常用的数据可视化软件，笔者根据它们的特点将其分为三大类：工具型可视化软件、代码型可视化软件和在线作图工具。工具型可视化软件有丰富而简单的制图操作界面，可以快速出图。代码型可视化软件需要用户掌握专门的编程语言，入门门槛较高。在线作图工具作为轻量级作图工具的最大特点是在线免安装，傻瓜式操作，却能输出精美图表。

1. 工具型可视化软件

工具型可视化软件的特点是简单易用，不需要复杂的编程过程，符合大部分职场人士的需求。工具型可视化软件基于界面操作，所见即所得，Excel 是其中最常用的软件，如图 1.6 所示。使用 Excel 制图不需要技巧，它作为高效的内部沟通工具，适用于快速搜索数据，展示结果。Power BI、Tableau 等商业智能（BI，Business Intelligence）可视化软件也较常用，虽然精通它们需要掌握特定的数据分析语言，但是简单的可视化需求完全可以无代码实现，所以笔者将其归类为工具型可视化软件。其他工具型可视化软件还有专业的统计软件，如 SPSS，也可以通过鼠标操作制作专业的可视化图表。

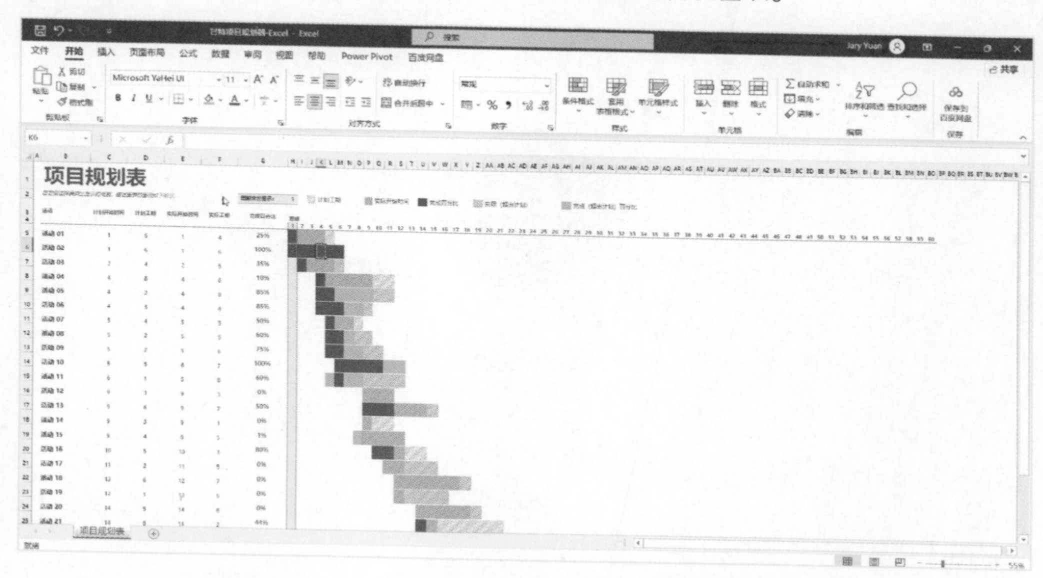

图 1.6 在 Excel 中利用条件格式制作项目管理甘特图

2. 代码型可视化软件

代码型可视化软件指无法通过简单的用户界面作图，需要通过代码指定图表要素才能完成图表制作的可视化软件。代码型可视化软件包括 Python，它可以安装各种功能的模块，由此带来强大的可视化功能，并且大部分 Python 的可视化库是免费开源的。Python 的可视化库有 Matplotlib、Pyecharts、Plotly Express、Seaborn 等，如图 1.7 所示是 Pyecharts 制图示例。Python 数据可视化的应用十分广泛，在自然科学、工程技术、金融和通信等领域都有对应的专业工具。其他代码型可视化软件还有专业的绘图软件 Matlab 及统计分析语言 R 语言，掌握它们也需要了解特定的编程语言，它们的共同特点是作图功能强大，绘图精准、专业。

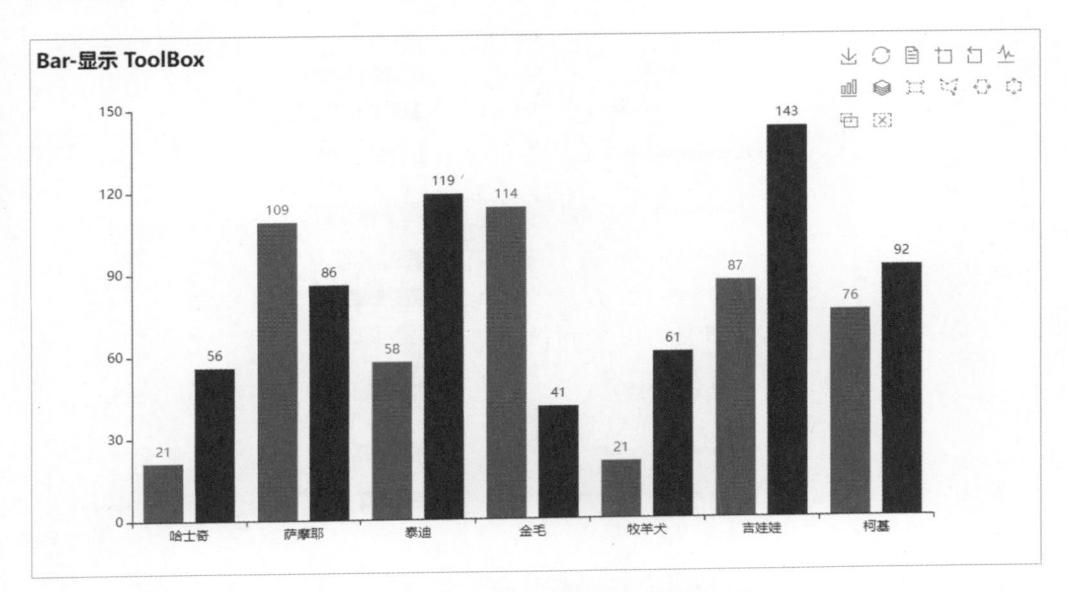

图 1.7　Python 可视化库 Pyecharts 制图示例

3．在线作图工具

随着数据可视化技术不断发展，数据可视化开始搬到了“云端”，各种轻量级的在线数据可视化工具应运而生。使用这些在线作图工具作图简单，只需要单击鼠标就可以完成操作。同时，使用它们时不需要复杂的安装过程，只需要使用浏览器打开网址就可以进入操作界面。

常用的在线作图工具包括：开普勒（Kepler）、微软-沙舞（SandDance）、Flourish 工作台（Flourish Studio）、花火（hanabi）和 Datawrapper 网站，读者可使用搜索引擎找到对应网站后进行尝试，你会发现在线作图工具不仅简单，而且制作的图表之精美也是普通作图软件很难媲美的，如图 1.8 所示。

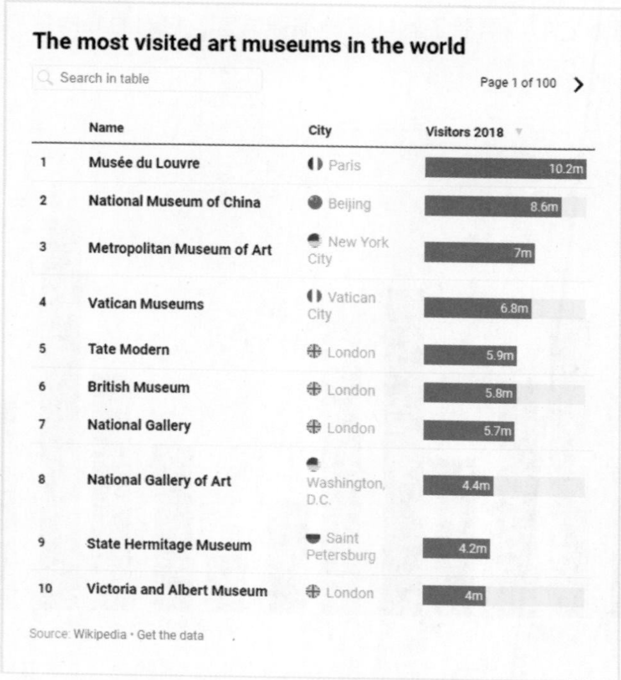

The most visited art museums in the world

Search in table　　　　Page 1 of 100 >

	Name	City	Visitors 2018
1	Musée du Louvre	Paris	10.2m
2	National Museum of China	Beijing	8.6m
3	Metropolitan Museum of Art	New York City	7m
4	Vatican Museums	Vatican City	6.8m
5	Tate Modern	London	5.9m
6	British Museum	London	5.8m
7	National Gallery	London	5.7m
8	National Gallery of Art	Washington, D.C.	4.4m
9	State Hermitage Museum	Saint Petersburg	4.2m
10	Victoria and Albert Museum	London	4m

Source: Wikipedia · Get the data

图 1.8　在线作图工具 Datawrapper 制图示例

1.5　数据可视化的应用场景

可以将数据可视化可以理解为用图形描绘信息，并传达信息的过程。利用图形对数据进行直观的展示，可以帮助我们快速获取信息，并做出决策。从公路限速标识到商务沟通、数据新闻、信息图表等，到处都有数据可视化的身影。

1．商务沟通

在数据可视化的众多应用场景中，最常见的就是商务沟通。在商务沟通中，我们需要的不仅仅是枯燥的数据报表，更需要了解数据背后的对比、趋势、占比关系等信息。进行工作汇报时，使用的图表一般要求简洁，删除不必要的元素，使用合适的图表类型，传达结论性观点，如图 1.9 所示。一般分类比较及时间趋势多用柱形图或折线图表达，结构与占比多用饼图或环形图表达。

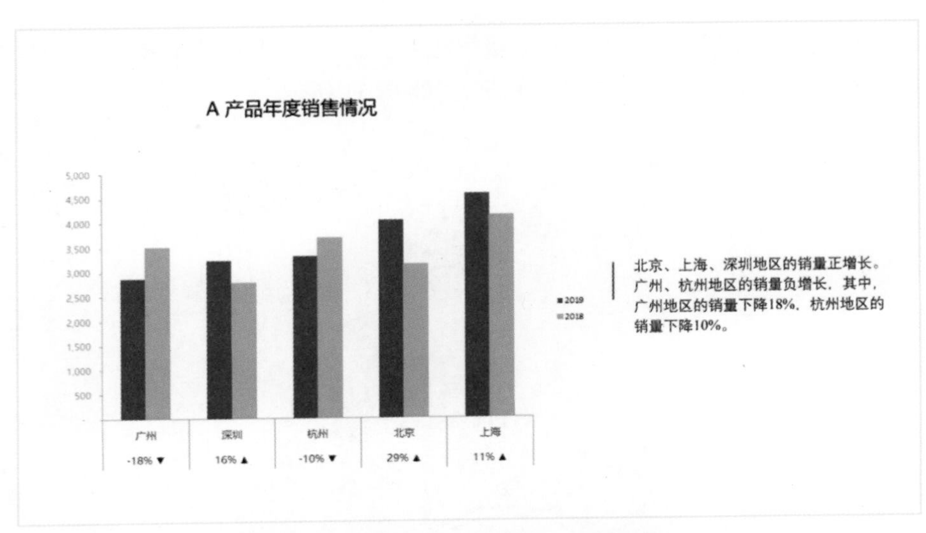

图 1.9　进行工作汇报时使用的可视化图表

2．数据新闻

数据可视化在新闻领域一直占据非常重要的地位，数据新闻结合数据及可视化手段使新闻观点传达地更简洁有力。国外的专业杂志，如《经济学人》、《华尔街日报》、《商业周刊》等将数据可视化发挥到了极致，它们的图表设计一直是业界的标杆，如图 1.10 所示。

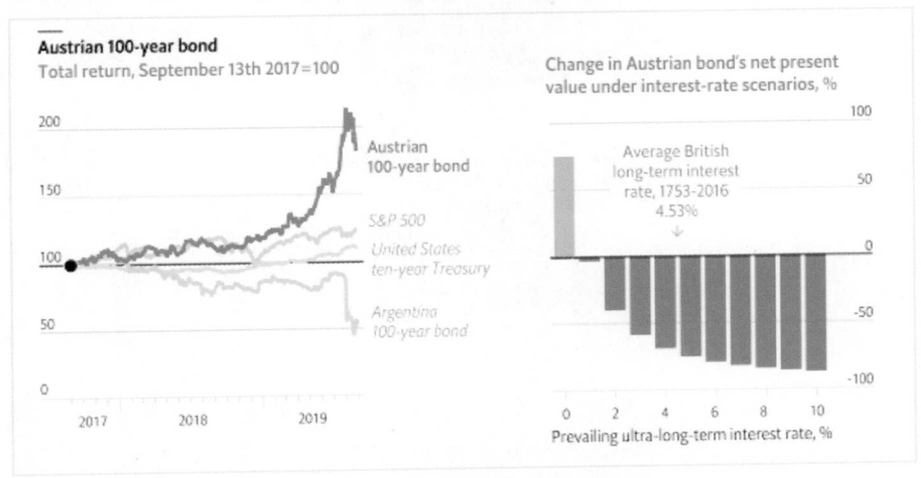

图 1.10　来自《经济学人》杂志的图表设计

国内也有不少专业的新闻团队在数据新闻领域深耕，如网易数读、澎湃美数课、DT 财经等。它们都使用数据叙述新闻，将新闻热点与图表设计结合，给大众带来轻量级的阅读体验。新冠疫情期间，疫情数据可视化极大地帮助我们了解疫情的发展。疫情期间类似的数据新闻是我们出行非常重要的决策依据，如图 1.11 所示。

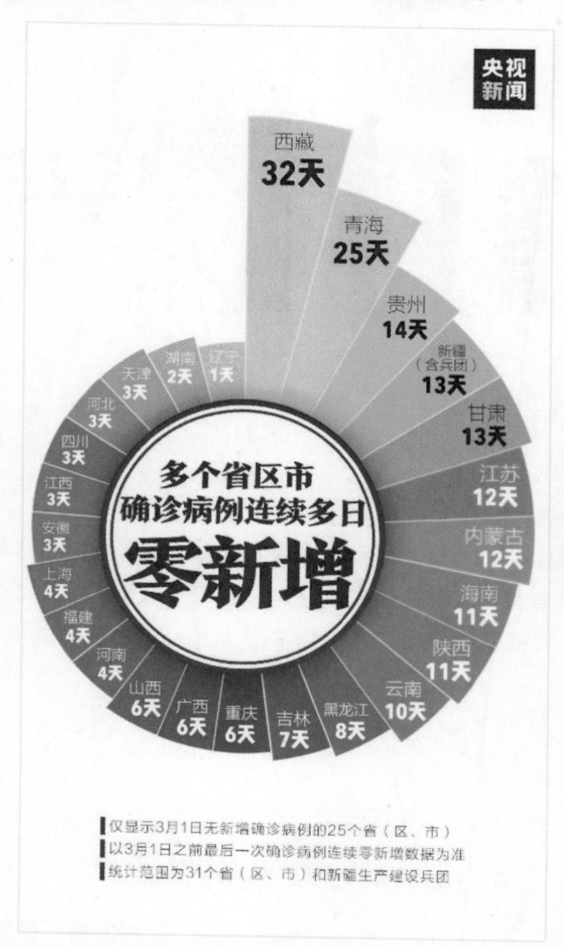

图 1.11　疫情零新增数据可视化（央视新闻）

3．信息图表

信息图表（Infographic）指通过视觉化的方式将信息、数据、知识等进行高效传达。信息图表和可视化设计息息相关，信息图表的流行也是可视化得到广泛应用的结果之一。信息图表通常包含一个或多个数据可视化图表。除了图表，还有为内容量身定制的其他视觉表达元素，它们的共同特点是紧扣主题，为传达主题信息提供助力，如图 1.12 所示。

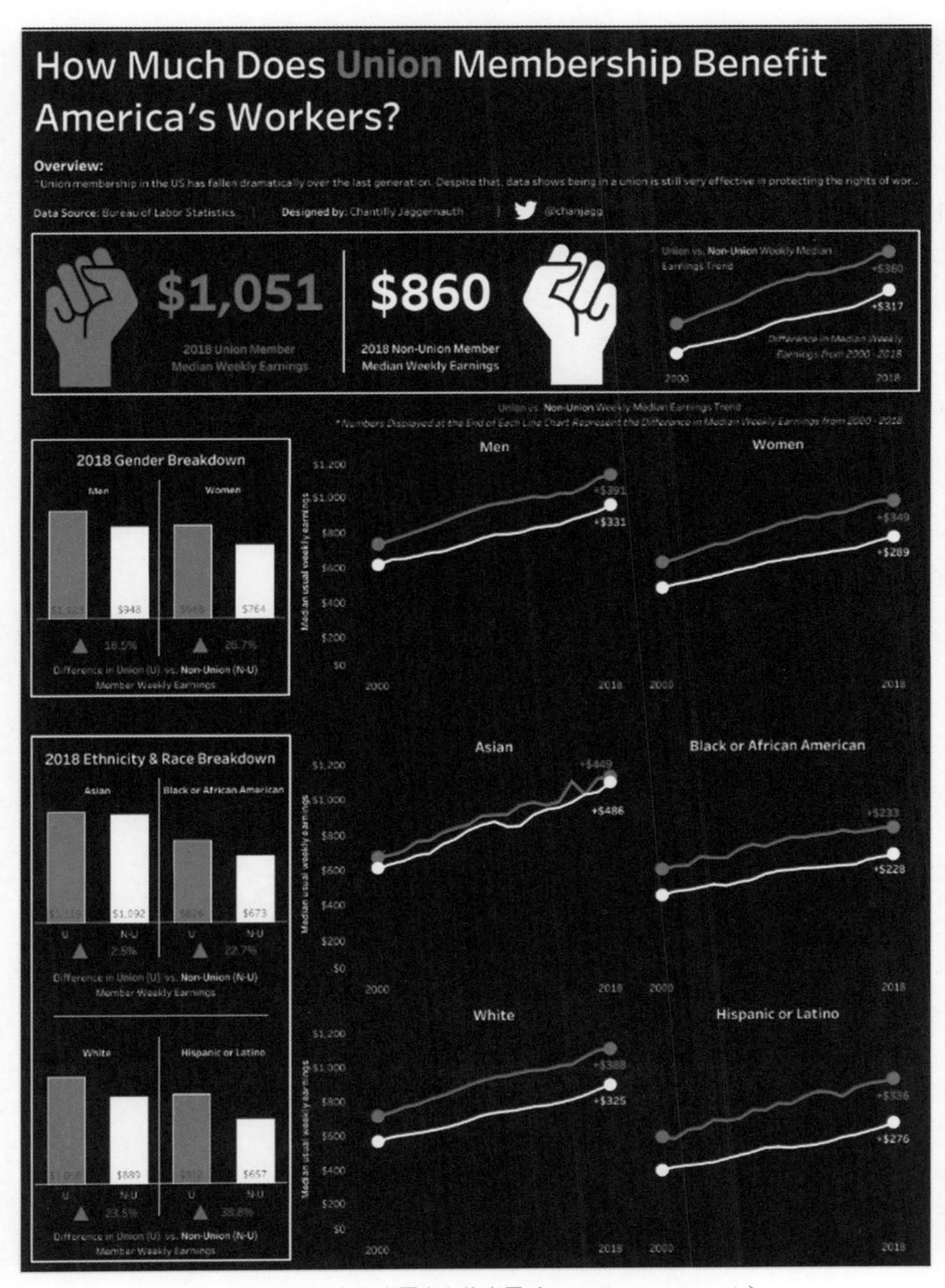

图 1.12　可视化在信息图表上的应用（Chantilly Jaggernauth）

1.6 总结

本章介绍了数据可视化的基本知识和常用工具，为读者理解可视化、应用可视化打下基础。了解了数据可视化的基本原理和流程之后，我们就可以进一步学习可视化的另一种形式——仪表板。仪表板报告可以说是不同数据可视化组件的集合。以仪表板的形式展示数据分析与可视化结果已越来越普遍，后面的章节将重点对仪表板的设计流程进行详述，并以“一简一繁”两大案例进行数据可视化实战练习。

第 2 章

仪表板设计原则

2.1 什么是仪表板

仪表板（Dashboard），又称仪表盘，是指通过数据可视化手段，将重要信息有序地集合在同一个版面中，为使用者提供特定主题分析与决策支持。仪表板可以被理解为数据可视化的一种高阶形式。随着数据科学的发展及可视化技术的不断深化，仪表板得到了更多重视，使用场景也越来越广泛。

2.1.1 汽车驾驶仪表盘

当我们驾驶一辆汽车时，为了能够准确地掌握行驶速度、行驶里程、车内外温度、定位等信息，每辆汽车都会配置一个由指针仪表、符号灯等组成的驾驶仪表盘。汽车驾驶仪表盘是我们了解整车状态与运行情况最重要的部位，是驾驶员获取必要信息安全驾驶的前提，如图 2.1 所示。

图 2.1　汽车驾驶仪表盘

2.1.2 飞机运行驾驶舱

飞机运行驾驶舱是飞行员控制飞机各种飞行参数的座舱，飞机运行原理较复杂，它的仪表板设计也更精细。飞机运行驾驶舱也利用指针仪表、指示图标、符号灯等实时地向飞行员提供飞机整体状况及运行过程中各项指标的情况，进而为安全驾驶保驾护航。

2.1.3 UI 设计数据看板

很多软件和 App 都为用户提供了数据统计分析功能。为了让用户更直观地掌握后台的统计信息或了解数据背后的趋势、对比情况等，UI 设计师通常会设计布局合理、简洁美观、重点突出的可视化图表组合，这些组合形成用户数据看板。设计精良的后台数据看板不仅能给用户舒适的观感，还能快速地给用户提供全面、易懂的数据信息，引导用户决策。UI 设计领域有非常多的优秀设计作品，我们在设计数据仪表板时可以多加参考和借鉴，如借鉴它们在配色、导航、布局、交互等方面的设计，如图 2.2 和图 2.3 所示。

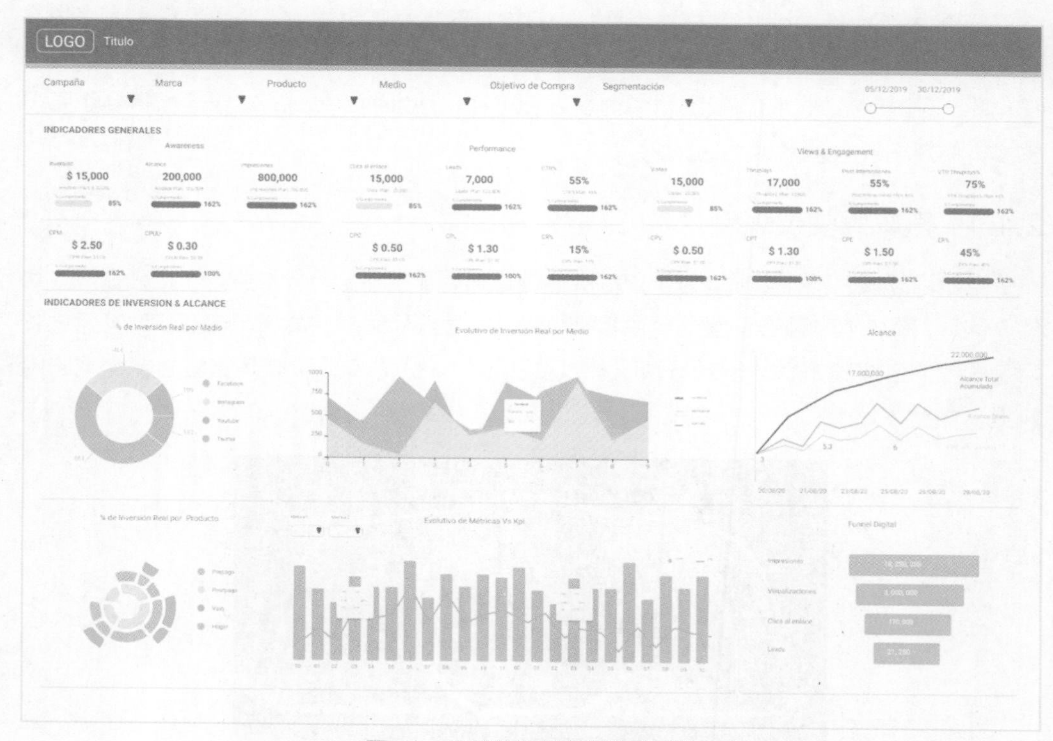

图 2.2　电脑软件后台的数据看板

图 2.3 手机应用的数据看板

2.1.4 商业分析仪表板

在数字化时代，企业的正常运营离不开对数据的追踪。无论是对组织内人力资源的盘点、公司财务状况的诊断，抑或是对外产品的销售情况等，都是每家企业必须清楚认识和及时掌握的。企业整体运行状况如何？运营成本与经济利润如何？与既定战略目标偏离多少？这些都是管理决策者关注和需要掌握的信息。商业分析仪表板针对管理者关心的重点，对经营数据进行综合分析和可视化展示，通过简洁的仪表板来呈现所有信息、显示趋势、揭示风险，从而发现企业内部发生的改变，确保企业稳健运营。

商业分析仪表板关注的是如何在职场中将枯燥、复杂的数据报表转化为有设计感、简洁美观、重点突出的数据分析报告。同时，商业分析仪表板强调便捷的分享与协作，通过交互技巧，提高组织内部协同和沟通的效率，如图 2.4 和图 2.5 所示。

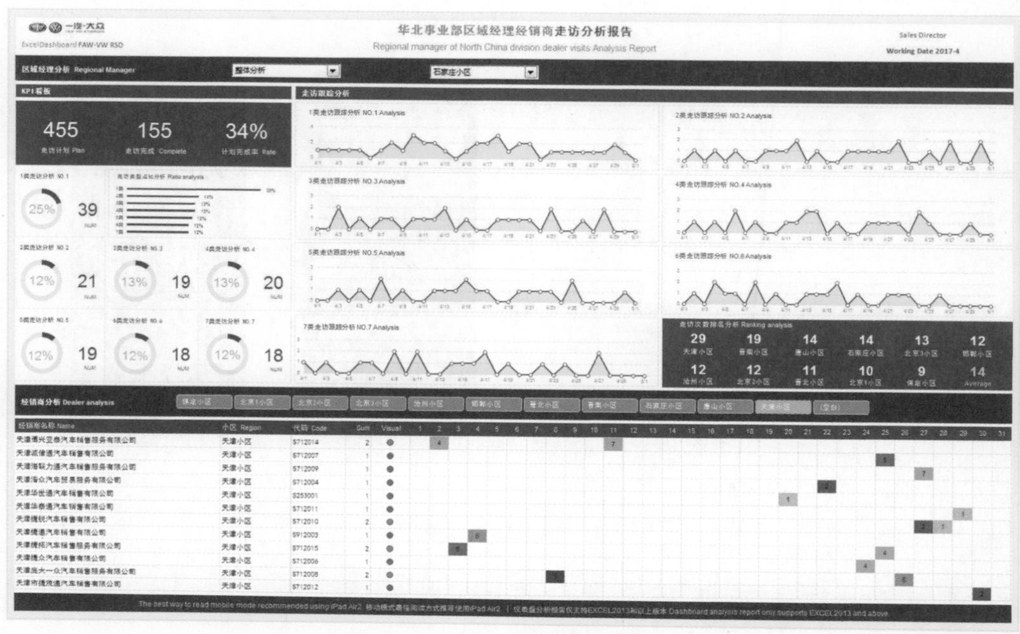

图 2.4　基于 Excel 设计的商业分析仪表板（姜辉老师作品）

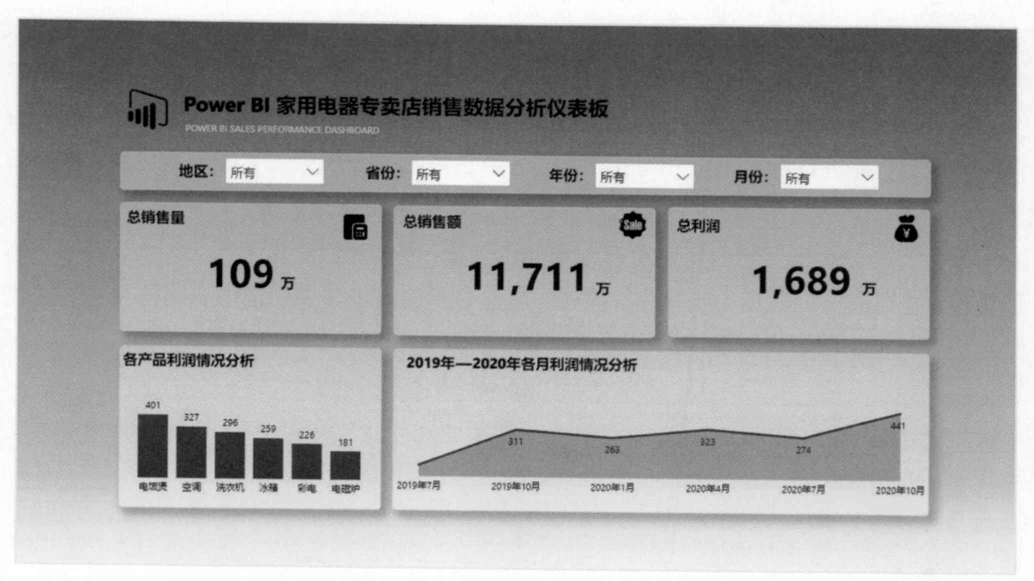

图 2.5　基于 Power BI 设计的商业分析仪表板（本书入门案例）

2.2 为什么要学习仪表板

研究表明，人类通过视觉获取的信息只能记住 10%；通过文字获取的信息能记住 20%；通过图像获取的信息则可以记住 80%。人们常说一图胜千言，仪表板设计的目的是将信息图形化，帮助人们从复杂、枯燥的数据环境中获取信息并记忆。我们可以从下面这个例子来感受一下仪表板的魅力。

2021 年，全国人口普查结果显示全国人口共 141178 万，与 2010 年相比增长 5.38%，年平均增长率为 0.53%。2010 年，全国人口普查结果显示全国人口共 133972 万，年平均增长率为 0.57%；2000 年，全国人口普查结果显示全国人口共 129533 万，年平均增长率为 1.07%。

我们可以将上述内容做成简易的仪表板，如图 2.6 所示。

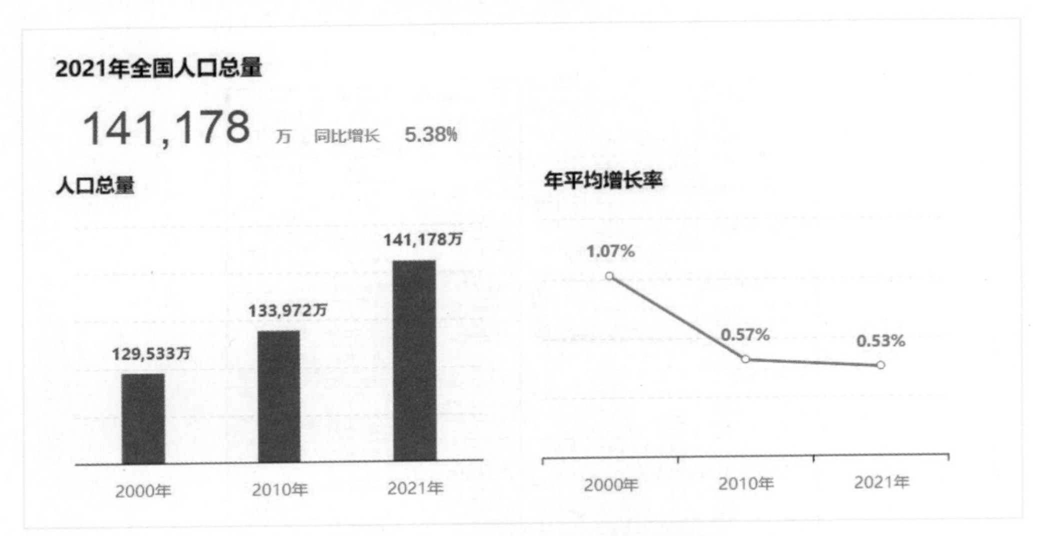

图 2.6　2021 年全国人口普查数据看板

把数据通过仪表板的形式展示出来，能使数据的主次之分更明显。我们不仅能获知全国人口总量及年平均增长率，对于数据的对比关系和发展趋势也能清楚地掌握。仪表板是数据可视化的升级，好的仪表板能突出重点、快速传递信息，将使用者的注意力集中在重点内容上。

2.3 常见的仪表板设计工具

随着可视化技术的成熟与可视化仪表板应用的推广，仪表板设计领域涌现了越来越多的优秀设计工具。本节为大家介绍三款可视化设计软件，它们在仪表板设计上各具特色。由于它们兼顾易用性和高效性，所以在数据分析和可视化领域广受欢迎。

2.3.1 Excel

虽然 Excel 在职场上是无人不知、无人不晓的，但是它在仪表板方面的开发能力并不是所有人都知道的。结合 Excel 常用函数、基本图表、数据透视表、数据透视图等功能就可以设计出专业的仪表板。Excel 仪表板设计在国外有悠久的历史，第一个有迹可循的 Excel 仪表板作品来自数据可视化专家查理・基德（Charley Kyd），如图 2.7 所示。它诞生于 1990 年，那时 Excel 还没有流行，当时的主流电子表格软件是 Lotus 1-2-3。

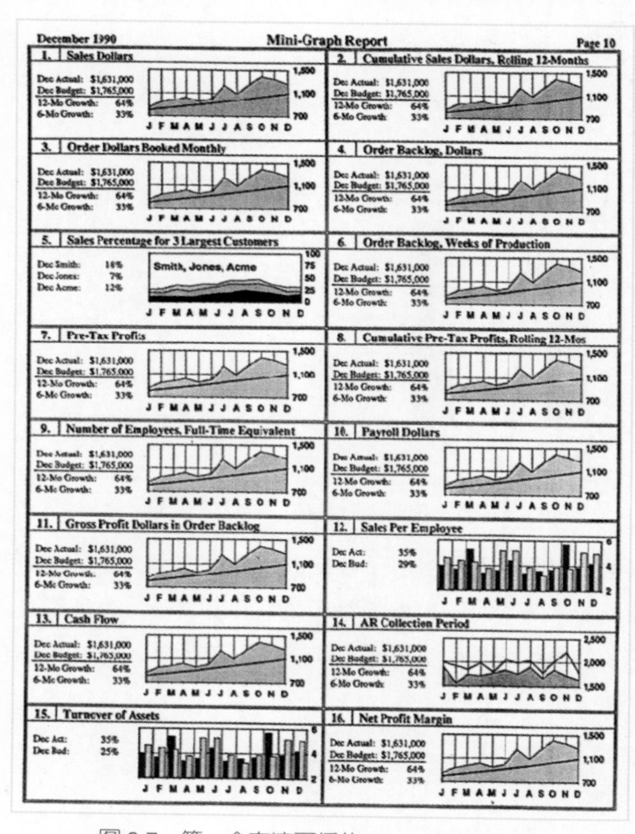

图 2.7 第一个有迹可循的 Excel 仪表板作品

查理·基德在其代表作 *Dashboard Reporting with Excel* 中详细地叙述了使用 Excel 制作仪表板报告的各种技巧，讲述了通过结合 Excel 单元格及图表功能实现杂志级仪表板制作的方法，值得我们学习、借鉴。

另一位数据可视化领域的著名专家是斯蒂芬·斐（Stephen Few），他的著作 *Information Dashboard Design* 对仪表板进行了定义，通过对比分析和理论阐述讲解仪表板设计的原则。斯蒂芬·斐发明了子弹图，用它替代在仪表板中司空见惯的圆形仪表盘。斯蒂芬·斐设计的仪表板作品如图 2.8 所示。

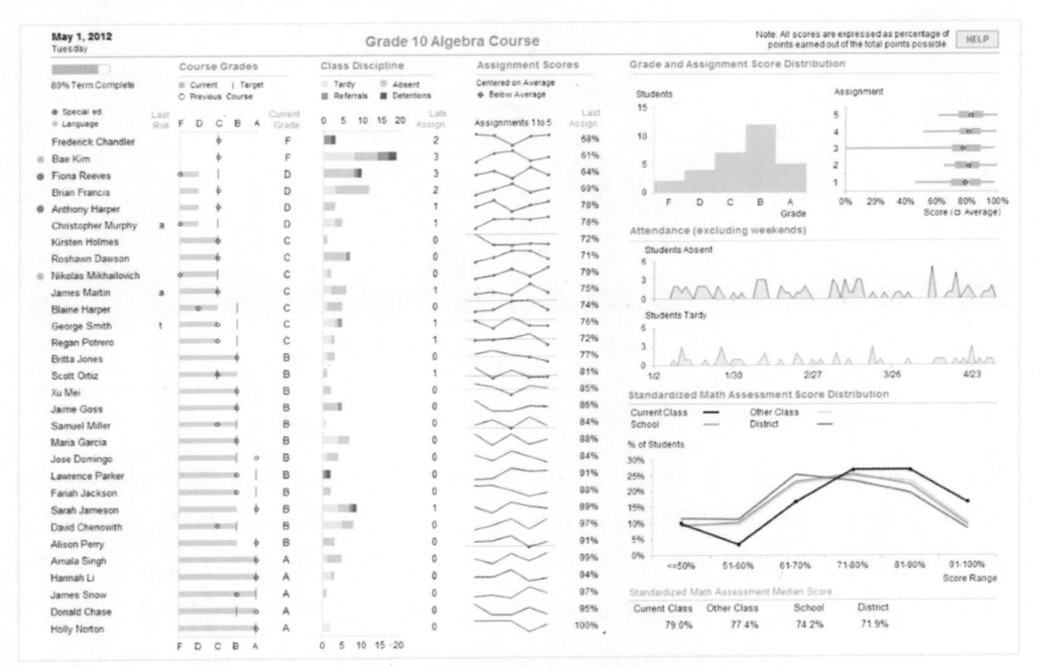

图 2.8　斯蒂芬·斐设计的仪表板作品

国内研究 Excel 仪表板设计的人并不多，姜辉是其中之一，他的书《Excel 仪表盘实战》分享了一整套将普通数据报表设计成仪表板报告的方法，系统地将 Excel 仪表板的开发经验总结成适用于国内职场人士使用的设计方法和理论。经过多年的探索和实战，姜辉有了自己的设计风格，形成了@exceldashboard 风格的 Excel 仪表板，如图 2.9 所示。

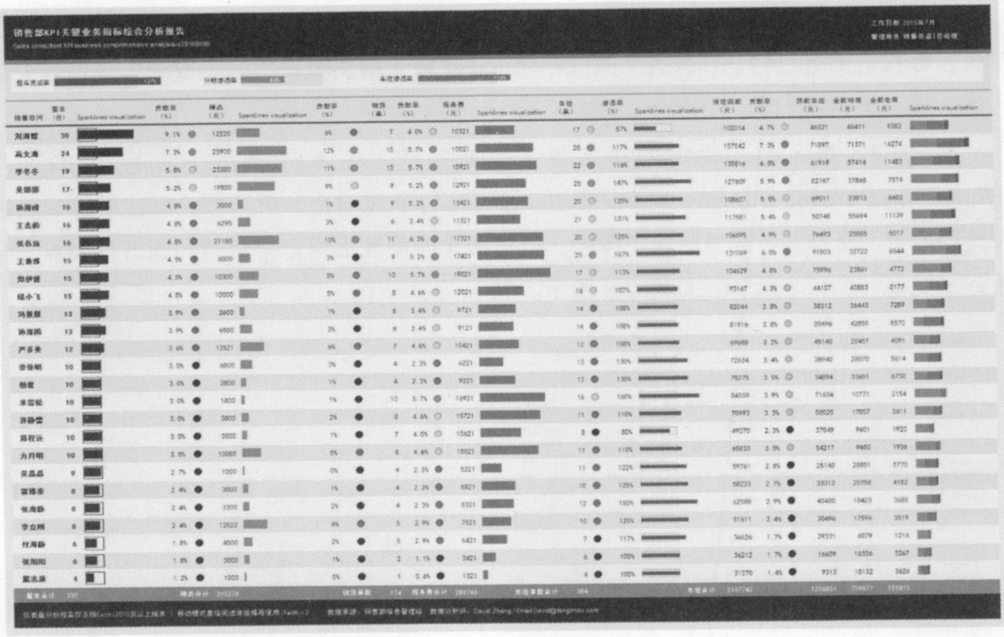

销售部KPI关键业务指标综合分析报告

Sales consultant KPI business comprehensive analysis

工作日期 2015年7月

管理角色 销售总监|总经理

整车完成率 127% 分期渗透率 43% 车险渗透率 114%

销售顾问	整车（台）	贡献率（%）	精品（元）	贡献率（%）	装潢（单）	贡献率（%）	服务费（元）	车险（单）	渗透率（%）	保险回款（元）	贡献率（%）	贷款返点（元）	全款特殊（元）	全款收费（元）
刘海霞	30	9.1%	12220	6%	7	4.0%	10321	17	57%	102014	4.7%	46321	46411	9282
高文海	24	7.3%	25950	12%	10	5.7%	15021	28	117%	157542	7.3%	71897	71371	14274
李冬冬	19	5.8%	25380	11%	10	5.7%	15921	22	116%	130816	6.0%	61919	57414	11483
吴丽丽	17	5.2%	19500	9%	9	5.2%	12921	25	147%	127609	5.9%	82167	37868	7574
孙海峰	16	4.8%	3000	1%	9	5.2%	13421	20	125%	108627	5.0%	69011	33013	6603
王杰屿	16	4.8%	6295	3%	6	3.4%	11321	21	131%	117581	5.4%	50748	55694	11139
张名扬	16	4.8%	21180	10%	11	6.3%	17321	20	125%	106695	4.9%	76493	25085	5017
王贵辉	15	4.5%	6000	3%	9	5.2%	17421	25	167%	131069	6.0%	91803	32722	6544
郑伊健	15	4.5%	10300	5%	10	5.7%	19021	17	113%	104629	4.8%	75996	23861	4772
胡小飞	15	4.5%	10000	5%	8	4.6%	12021	16	107%	95167	4.3%	44107	40883	8177
冯敏慧	13	3.9%	2600	1%	6	3.4%	9721	14	108%	82044	3.8%	38312	36443	7289
孙海鹏	13	3.9%	6580	3%	6	3.4%	9121	14	108%	81916	2.8%	30496	42850	8570
严多多	12	3.6%	12521	6%	7	4.0%	10421	13	108%	69688	3.2%	45140	20457	4091
李佳明	10	3.0%	6000	3%	4	2.3%	6221	13	130%	72624	3.4%	38940	28070	5614
杨蕾	10	3.0%	2800	1%	4	2.3%	9221	13	130%	75275	3.5%	34894	33651	6730
宋富松	10	3.0%	1800	1%	10	5.7%	16921	16	160%	84559	3.9%	71634	10771	2154
许静雪	10	3.0%	3800	2%	8	4.6%	15721	11	110%	70993	3.3%	50525	17057	3411
陈程远	10	3.0%	3000	1%	7	4.0%	10621	8	80%	49070	2.3%	37549	9601	1920
方月明	10	3.0%	10080	5%	8	4.6%	15021	11	110%	65833	3.0%	54217	9680	1936
吴晶晶	9	2.7%	1000	0%	4	2.3%	5221	11	122%	59761	2.8%	25140	28851	5770
雷博泰	8	2.4%	3000	1%	4	2.3%	8821	10	125%	58223	2.7%	33313	20758	4152
张海静	8	2.4%	3300	2%	4	2.3%	8321	12	150%	62588	2.9%	40400	18423	3685
李立辉	8	2.4%	12522	6%	5	2.9%	7521	10	125%	51611	2.4%	30496	17596	3519
付海静	6	1.8%	4500	2%	5	2.9%	6421	7	117%	36626	1.7%	29331	6079	1216
张阳阳	6	1.8%	3000	1%	2	1.1%	3421	6	100%	36212	1.7%	16609	18336	3267
雷志康	4	1.2%	1000	0%	1	0.6%	1321	4	100%	31070	1.4%	9313	18132	3626

整车合计 330 精品合计 215278 装潢单数 174 服务费合计 289746 车险单数合计 384 保险合计 2167742 1256651 759077 151815

仪表盘分析报告仅支持Excel2010及以上版本 | 移动模式最佳阅读体验推荐使用iPad Air2 数据来源：销售部信息管理组 数据分析师：David Zhang / Email:David@tangzhou.com

图 2.9 @exceldashboard 风格 Excel 仪表板

2.3.2 Power BI

Power BI 是从 Excel 中的 Power Query、Power Pivot、Power View 发展而来的，但是它在数据分析和可视化方面却强于 Excel。Power BI 继承了微软的设计风格，软件界面和 Office 系列软件保持一致，操作简单易上手。Power BI 的模块之一——Power Query 集成了丰富的数据清洗操作，基本已将数据清洗涉及的常用操作设计成了功能菜单，单击鼠标就可以完成操作。Power Pivot 和 DAX 能在多表关联的数据模型基础上进行多维度、全方位的数据分析与透视。在可视化方面，除了自带的基础图表，应用商城也提供了各种高级图表供用户选择。

不同于 Excel，Power BI 桌面版的诞生就是为了设计和分享仪表板。使用 Power BI 设计的仪表板不仅充满设计感，而且基于 Power Query 和 Power Pivot 可以实现一键刷新。仪表板设计包含大量数据分析以外的工作，如排版、交互设计、配色美化等，因此能实现一键刷新非常重要。如图 2.10 所示是 Power BI 官方仪表板示例。

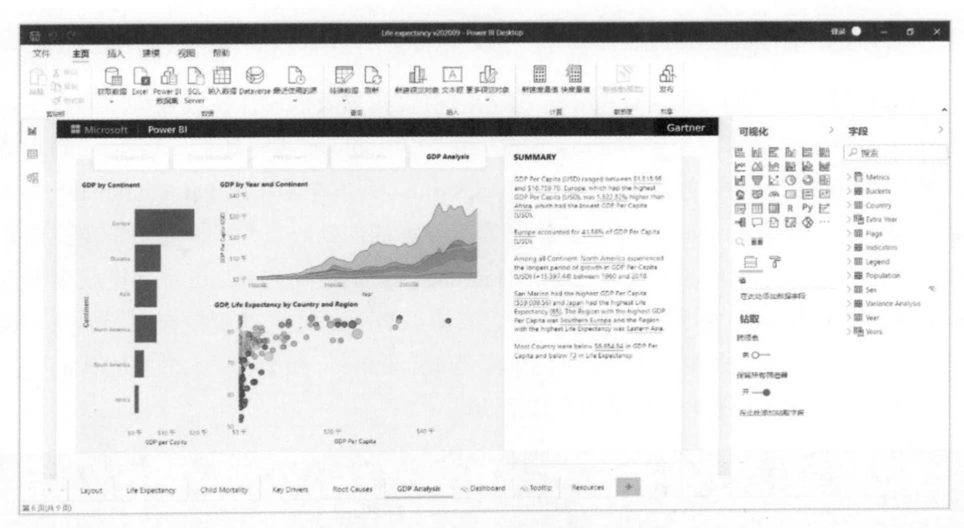

图 2.10　Power BI 官方仪表板示例

在科技领域研究分析方面受到高度认可的咨询公司 Gartner，每年都会对商业智能领域的各大公司平台进行市场分析和总结。它主要从产品的可执行性（如产品服务、销售表现等）和未来愿景的清晰完整性两个维度去分析和评价一家公司的 BI 产品。2021 年 2 月，Gartner 魔力象限连续十四年将 Microsoft 评为领导者，而微软能保持领先，Power BI 功不可没，如图 2.11 所示。

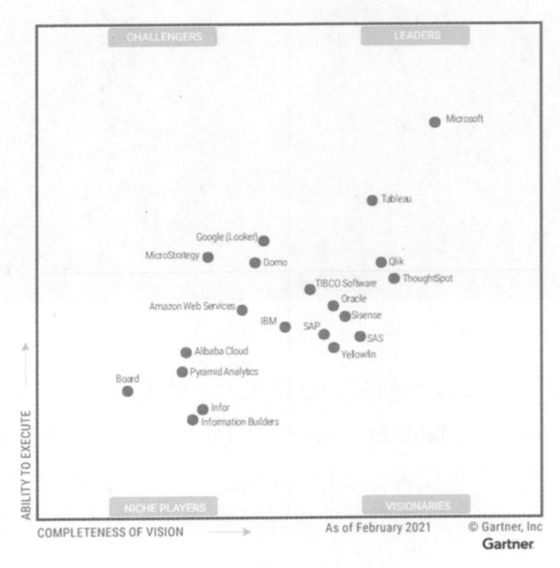

图 2.11　魔力象限图

2.3.3 Tableau

Tableau 成立于 2003 年，是 Power BI 在可视化和仪表板设计领域强有力的对手，从图 2.11 魔力象限图中可以看到 Microsoft 位列第一，Tableau 紧随其后。Tableau 的三位创始人是 Christian Chabot（首席执行官）、Chris Stolte（开发总监）及 Pat Hanrahan（首席科学家），其中，Pat Hanrahan 也是皮克斯动画工作室的创始成员之一，曾负责皮克斯动画工作室视觉效果渲染软件的开发。在 Pat Hanrahan 的加持下，Tableau 的作图机制要远胜 Power BI。使用 Tableau 作图的过程是创造，而使用 Power BI 作图则是在内置的图表类型中配置字段，并没有太多发挥想象力的空间。因此，Tableau 被誉为“大数据时代的梵高”。使用 Tableau 制作的可视化作品如图 2.12 所示。

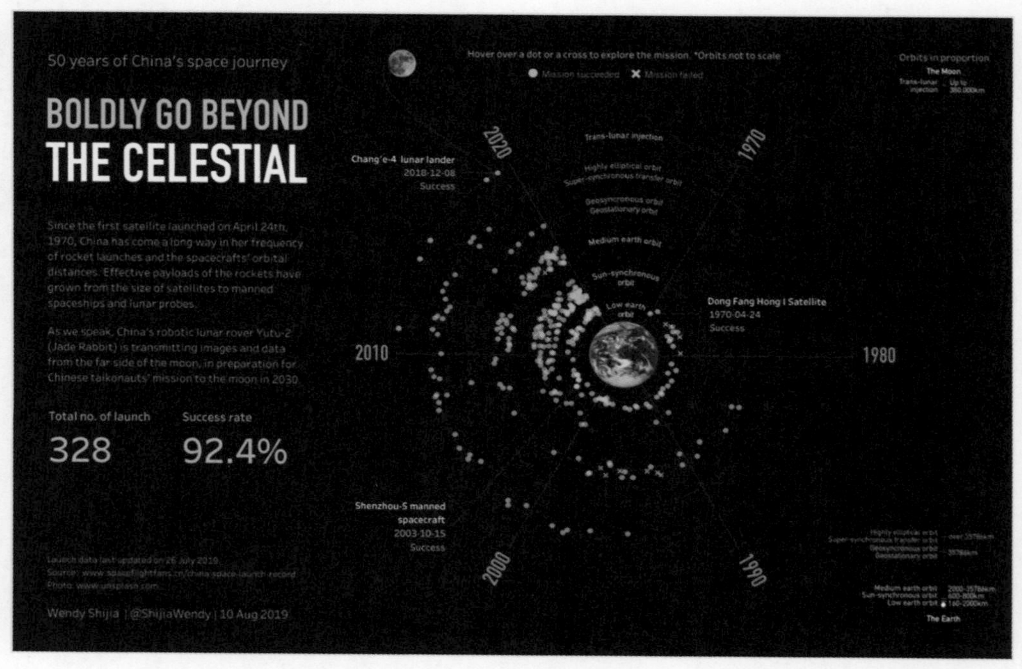

图 2.12 Tableau Zen Master（禅师）汪士佳在 Tableau Public 上分享的作品

和 Power BI 一样，Tableau 也拥有一整套强大的数据可视化分析生态系统，主要有三大软件产品：Tableau Desktop、Tableau Server 及 Tableau Prep Builder。其中，Tableau Desktop 是一款桌面版数据可视化分析软件；Tableau Server 提供在线协作与分享；Tableau Prep Builder 类似于 Power Query，用于数据预处理和清洗，如图 2.13 所示。

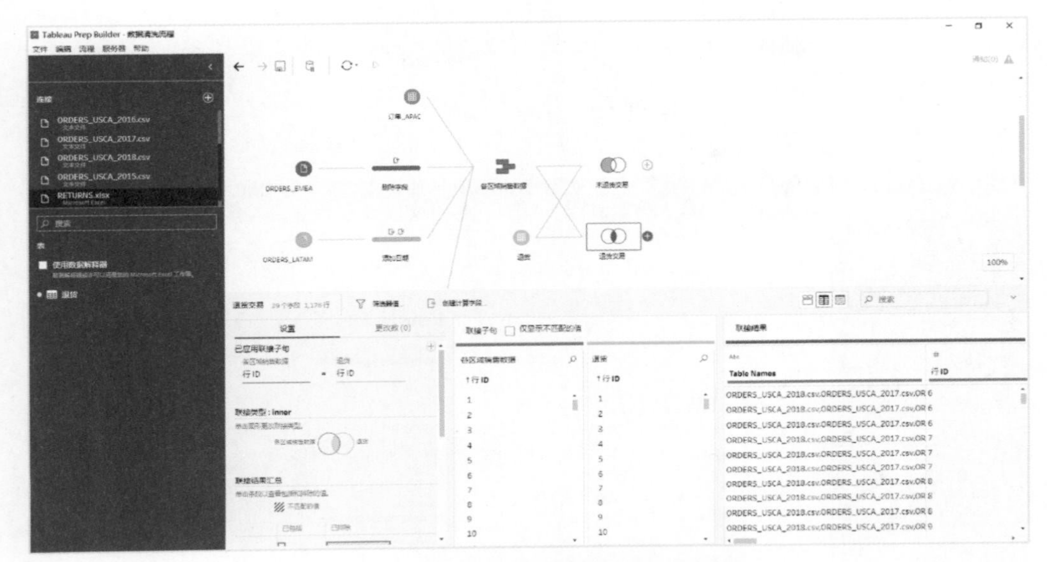

图 2.13　Tableau Prep Builder 数据清洗流程

2.3.4　其他可视化软件

除了以上介绍的职场中常见的数据可视化软件，笔者还接触过几款知名度没那么高的可视化软件。因为它们使用起来相对复杂，所以普及度没有之前介绍的三款软件高。这里仅为读者做简单介绍，以拓宽视野，了解不同软件的仪表板的设计风格。

1. Oracle Data Visualization

Oracle Data Visualization（ODV）是 Oracle 公司推出的独立的数据可视化产品，也是 Oracle BI 产品 BIEE 商业智能平台的一部分。Oracle Data Visualization 的整体操作方式和 Power BI 类似，大部分图表都已经内置，除了基础图表，还包括琴弦图、桑基图、箱线图等高级图表。Oracle Data Visualization 也是通过拖放字段的方式制作可视化组件的，并由不同的可视化组件组合成仪表板页面。如图 2.14 所示为 Oracle Data Visualization 仪表板示例。

2. SAS Visual Analytics

SAS Visual Analytics 是 SAS 公司开发的一款具有 SAS 高性能分析技术的商业智能产品，主要包含三大模块：SAS Visual Data Builder（数据生成器）、SAS Visual Analytics Explorer（探索器）和 SAS Visual Analytics Designer（设计器）。SAS Visual Analytics 能满足用户连接数据、准备数据、汇总数据到可视化数据的全流程需求，可以协助用户快速创建报表或仪表板，并方便地通过移动设备查看或上网浏览。如图 2.15 所示为 SAS Visual Analytics 仪表板示例。

图 2.14　Oracle Data Visualization 仪表板示例

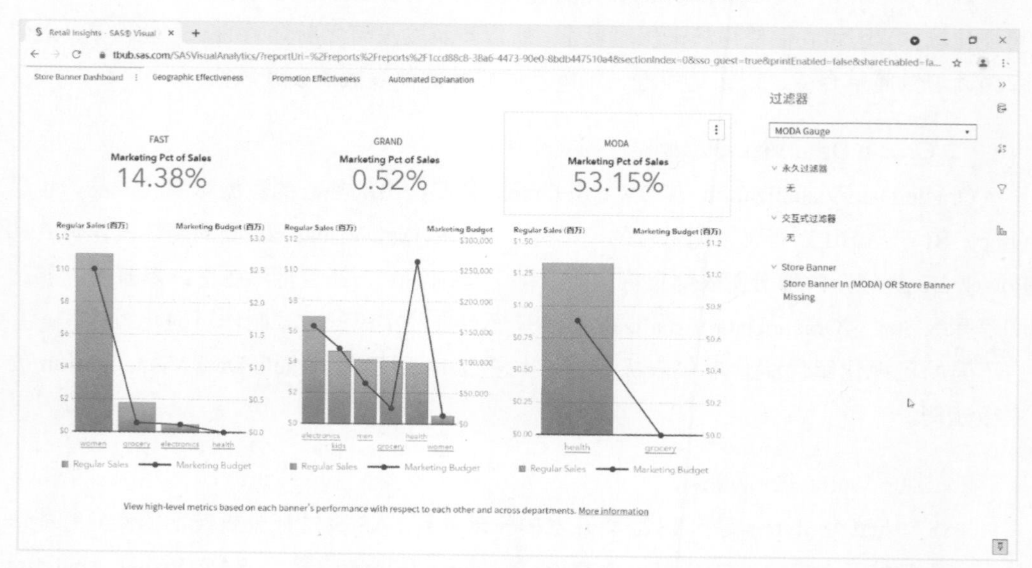

图 2.15　SAS Visual Analytics 仪表板示例

3. Dash

Dash 是一个用于构建 Web 应用程序的高效 Python 框架，因为它是基于 Python 的，所以使用它需要掌握足够的 Python 代码及语法规则。使用 Dash 构建仪表板最大的特点是可以直接结合数据分析 Python 代码，构建炫酷的基于 Web 的 UI 应用。Dash 在制作网页交互式仪表板方面有独特的优势。如图 2.16 所示为 Dash 仪表板示例。

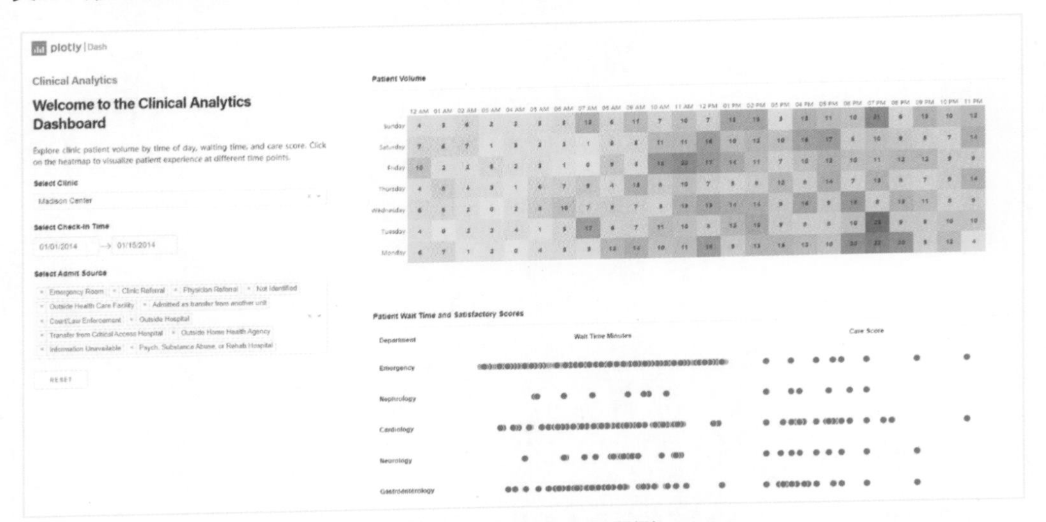

图 2.16　Dash 仪表板示例

2.4　仪表板设计流程

本书将仪表板设计流程归纳为四大环节：需求分析、布局设计、可视化设计、视觉升级，这四个环节又包含多个子环节。一般情况下，一个仪表板的诞生包括用户调查、数据准备、问题讨论、框架设计、风格确定、数据建模、图表选择、要素整合、数据验证、交互测试、发布分享等流程，如图 2.17 所示。不同的仪表板设计过程会有一定差异，但是重点流程不变，这里仅对四大关键环节进行详述。

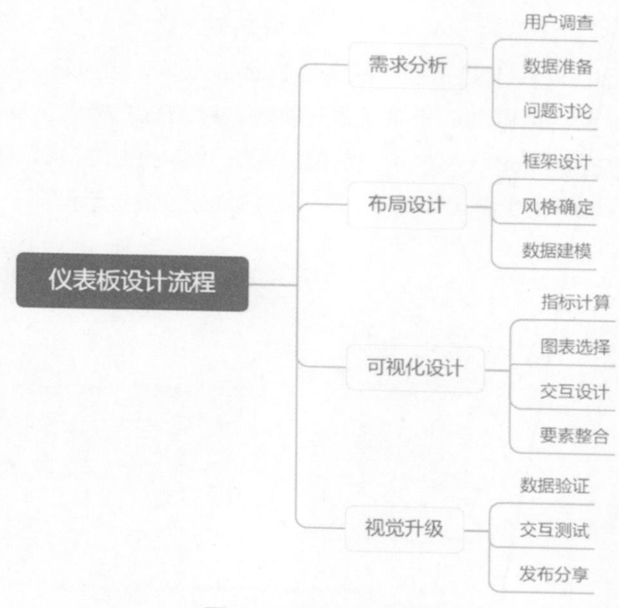

图 2.17　仪表板设计流程

2.4.1　需求分析

需求分析主要是在用户需求的基础上明确分析数据及问题。不同类型的仪表板关注的重点不同，业务分析型仪表板重点关注的是业务，交互式仪表板还需要关注用户体验，但仪表板的最终目的都是服务用户。除为用户带来全新的视觉体验以外，能否满足用户需求也是衡量仪表板设计是否成功的关键因素。所以用户需求调研是仪表板设计的起点，也是重点。我们可以使用 5W1H 原则进行梳理。

- What：仪表板的主题是什么？要分析什么？实现的目标是什么？
- Who：仪表板面向的最终用户是谁？是高层管理者、中层管理者、数据分析师，还是公众？
- Why：为什么要做仪表板分析报告？是周期性地回顾业务指标情况，还是通过实时数据对案件或预警进行跟踪处理？是对项目投入的产出分析？是对销售目标完成情况的跟踪？
- Where：用户在什么场景下使用仪表板？是在大型会议上公开演示，还是在办公室的电脑中查看？是否通过手机或平板查看？是借助网络，还是直接阅读纸质版？
- When：用户什么时候阅读？阅读时间有多少？

- How：用户看完仪表板以后需要怎么做？具体动作是什么？仪表板有没有指向性结论？

使用 5W1H 原则非常适合对产品需求进行挖掘，仪表板归根结底是一个产品。笔者根据 5W1H 原则设计了仪表板需求分析工具，如图 2.18 所示。借助仪表板需求分析工具，我们就可以在设计仪表板之前做好需求分析，将用户需求逐层细化分解，得到仪表板的雏形。

仪表板需求分析文档

1 仪表板概览

标题：

目的：

评估日期：

2 使用用户 可多选

高层管理者　中层管理者　数据分析师　公众

3 查看设备 可多选

笔记本电脑　平板　手机　纸张

4 查看方式 可多选

网页　PDF　PowerPoint　图片

5 仪表板主体内容

周期性总结汇报　目标进度跟踪　投入产出分析　项目后评估

图 2.18　仪表板需求分析工具

2.4.2　布局设计

布局设计是确定仪表板整体框架的过程。布局设计最重要的是体现对秩序的追求和实践，目的是让信息呈现整洁、有序，所以布局的首要原则是对齐。如图 2.19 所示是笔者使用 Excel 设计的古典风格的仪表板框架。在这样一个井然有序的布局中，即使我们暂时未添加相关的分析图表和数字，也能感受到信息传达的秩序与设计的专业、严谨。

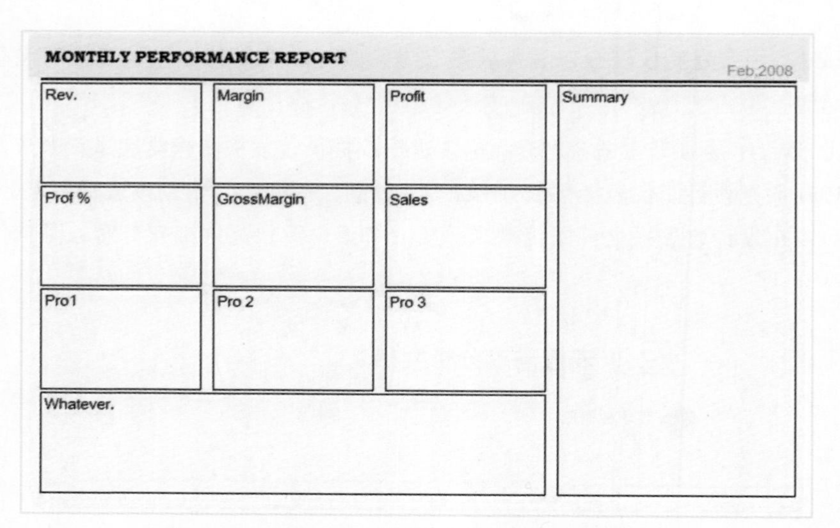

图 2.19　使用 Excel 设计的古典风格的仪表板框架

如图 2.20 所示是笔者使用 UI 设计软件 Figma 设计的商务风仪表板框架，模块之间是严格对齐的，同类元素的尺寸相同，间距一致，页边距也整齐划一。对于仪表板而言，在整个视觉设计方面始终保持一致非常重要。Figma 的网格系统可以帮助我们设计出精美的仪表板布局。

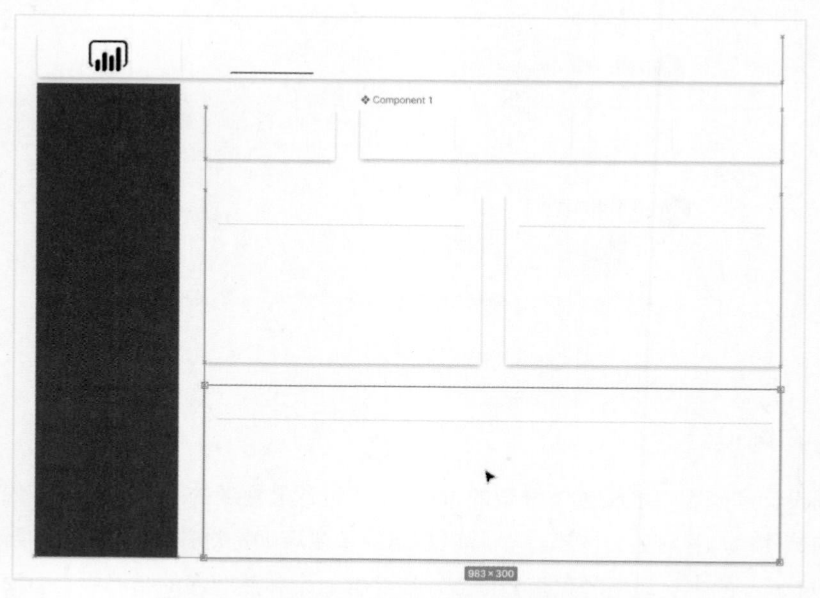

图 2.20　使用 Figma 软件设计的商务风仪表板框架

布局是有设计感的仪表板制作的基础。合理的仪表板布局可以提高设计的可读性和层次结构，清晰地传达重点，让人眼前一亮。仪表板设计除了包括必要的文字、数字和图表，还包括切片器、导航、图标、LOGO、自定义参数等辅助元素。因此，仪表板布局不但追求平衡的布局，还需要考虑画布空间的利用率。

2.4.3 可视化设计

可视化设计最重要的是培养良好的数据表达能力，熟悉数据模型建立、指标计算、图表选择及视觉化表达。在商业智能领域，可视化设计是一个很大的范畴，可以包括主题配色、风格选择、数据建模、指标计算、图形设计、图标装饰及交互技巧等内容，如图 2.21 所示。

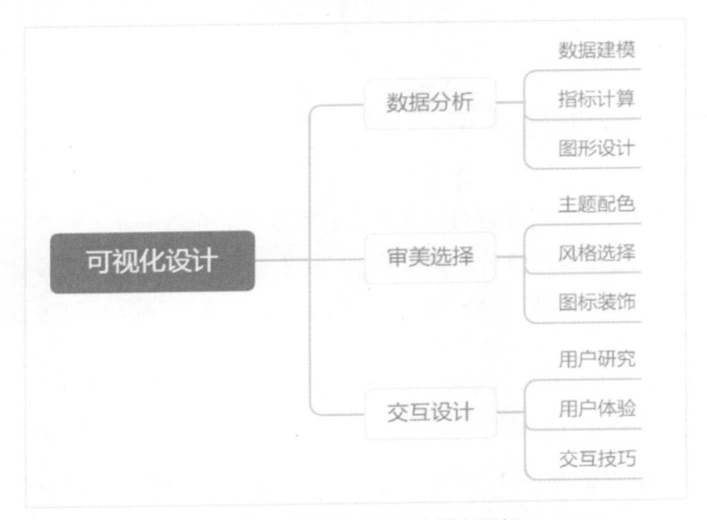

图 2.21　可视化设计的相关内容

数据分析是可视化设计的基本要求，可视化设计其实是对数据进行编码和解码的过程，其中，解码代表我们对数据的理解和分析，编码则考验我们对图形、文字及数字表达力的掌握。商业智能软件（如 Power BI、Tableau 等）将数据分析抽象成数据模型及度量值计算，相比传统可视化软件（如 Excel），它们在一定程度上增加了数据分析的挑战性，然而它们对图形设计的加强却使可视化更加清晰流畅。

大部分数据分析工作者对审美的思考是缺失的，他们会更关注数据的质量、数据预处理、指标计算等。我们应该学会“像设计师一样思考”，在颜色搭配、风格选择、图标使用等方面也下点功夫，提高分析结果的辨识度，从而获得更快速的响应。

交互设计本是 UI 设计领域的内容，现在在数据分析领域也变得越来越重要。商业智能软件在交互技巧上不断发展，使得数据分析结果的展示更加丰富、有趣。对用户体验的思考、对交互的思考将是仪表板设计的重要发展方向。

2.4.4 视觉升级

仪表板设计应该遵循 PDCA 循环。PDCA 循环又称戴明环，是质量管理的重要理论。PDCA 循环将质量管理分为四个阶段，即计划（Plan）、执行（Do）、验证（Check）和复盘（Action），这四个阶段环环相扣，形成一个闭环。仪表板设计也要做到提前规划、落地执行、使用反馈、检测升级，所以对仪表板进行二次检查、交互检查、反馈改进就变得非常重要。视觉升级不仅是对细节的完善和补充，更重要的是在使用过程中对仪表板进行复盘升级。

2.5 仪表板的排版

在数据分析的基础上，选择合适的图表进行可视化，并将生成的图表不加约束地放置在画布上，这在一定意义上讲也是创建仪表板。但是，本书强调的是“有设计感的仪表板”，因此排版对此起到非常关键的作用，本节分别从排版工具及排版原则两方面讲解排版的重要性及原则。

2.5.1 排版工具

明确了分析需求及各部分可视化分析组件以后，我们就可以为仪表板绘制一个框架草图。如果说需求分析和数据分析是仪表板设计的第一步，那么绘制布局框架则是仪表板呈现设计感的第一步。用于仪表板排版的工具有很多，甚至可以直接使用纸和笔绘制草图。下面介绍笔者使用过的四款软件。

1. Power BI

Power BI 关于布局设计方面的功能有限，我们更多的是利用它获取数据、分析数据、制作可视化图表等。其实，Power BI 也提供了少量适用于排版设计的功能，如矩形、智能参考线等。我们可以先用矩形将 Power BI 的画布进行分隔，并利用智能参考线对齐；然后，用大小不同的矩形代表不同的分析区，并添加文字描述；最后，画出简单的布局草图，如图 2.22 所示。

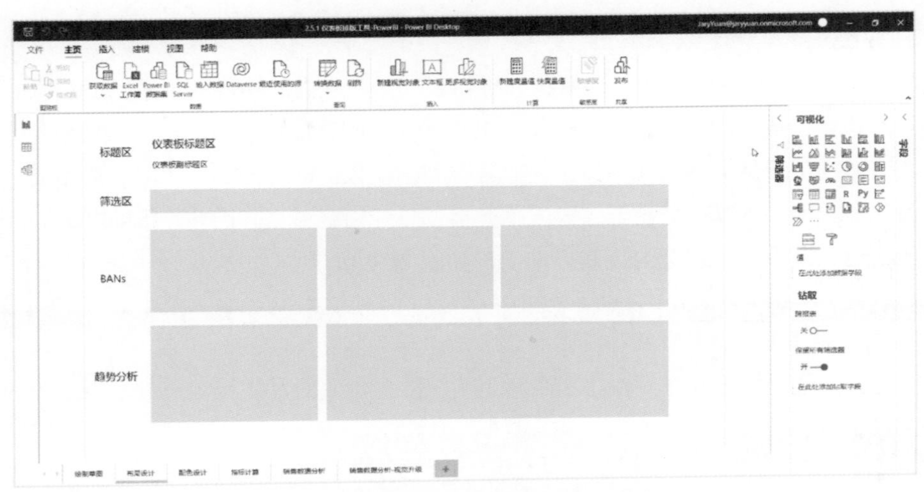

图 2.22　使用 Power BI 进行排版设计

2．PowerPoint

PowerPoint 不仅可以用于常规的工作汇报，它还是一款优秀的设计软件，在仪表板排版设计方面也毫不逊色于 Power BI。很多优秀的仪表板作品都会在 PowerPoint 中提前设计好框架布局。使用 PowerPoint 不仅能实现智能对齐，还能轻松地实现渐变、阴影、边缘柔化等效果，这些效果的应用能使仪表板增色不少，如图 2.23 所示。在 PowerPoint 中设计好的背景可以直接被另存成图片，不需要截图。这有利于严格把控仪表板背景图片的大小及清晰度。在仪表板设计中，使用 PowerPoint 设计封面及进行排版布局是非常常见的。

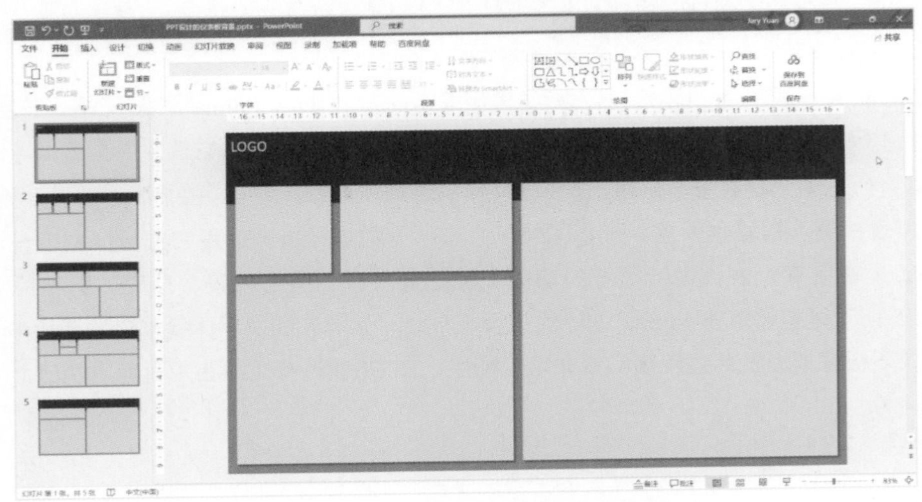

图 2.23　使用 PowerPoint 进行仪表板排版

3. Excel

Excel 的定位一直是数据的存储和分析，它在设计方面的功能并不多。Excel 并没有智能对齐功能，那么如何利用它进行仪表板布局设计呢？Excel 是由单元格构成的，行和列的交叉形成了天然的网格化系统，这非常有利于图表的对齐分布。同时，借助 Excel 的锚定及拍照功能，可以将图表无缝嵌入单元格或单元格区域中。因此，借助 Excel 的栅格化单元格也可以设计出规范的仪表板框架，如图 2.24 所示。

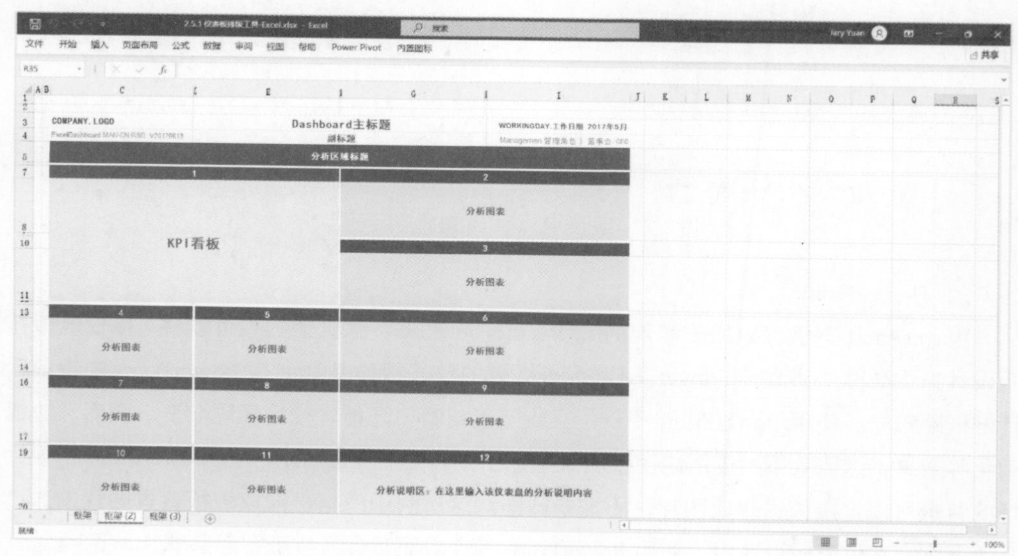

图 2.24　使用 Excel 进行仪表板排版

4. Figma

Figma 是用户界面（UI）设计软件，界面非常简洁。同时，Figma 是基于 Web 开发的，只要打开浏览器就可以使用它，无须在本地安装软件。并且，因为它使用的是云端存储机制，支持通过浏览器共享与协作，所以分享作品时只发送链接即可。由于出色的设计能力，它在仪表板设计领域也大放异彩，国外已经有不少数据分析师使用它进行仪表板设计。Figma 具备所有仪表板设计需要的功能，如智能对齐、网格系统、渐变、圆角等。如图 2.25 所示是笔者基于 Figma 设计的仪表板布局。就笔者的使用体验来讲，使用 Figma 进行仪表板框架设计的过程确实是非常流畅的，非 UI 设计师也能在短时间内快速上手。

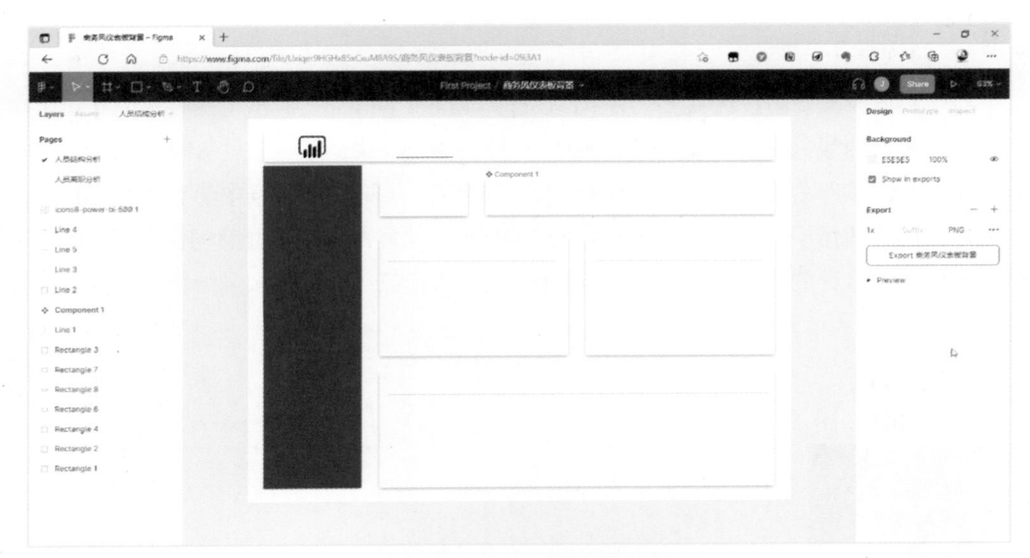

图 2.25　使用 Figma 进行仪表板排版

Figma 不仅有出色的设计能力，在 Figma 设计社区中也沉淀了非常多设计出众的仪表板模板，如图 2.26 所示，而且这些模板都是可以一键复制到本地的。笔者认为学会使用 Figma 进行仪表板排版将是仪表板设计中非常重要的一环，当然，这并不一定需要数据分析师自己完成。

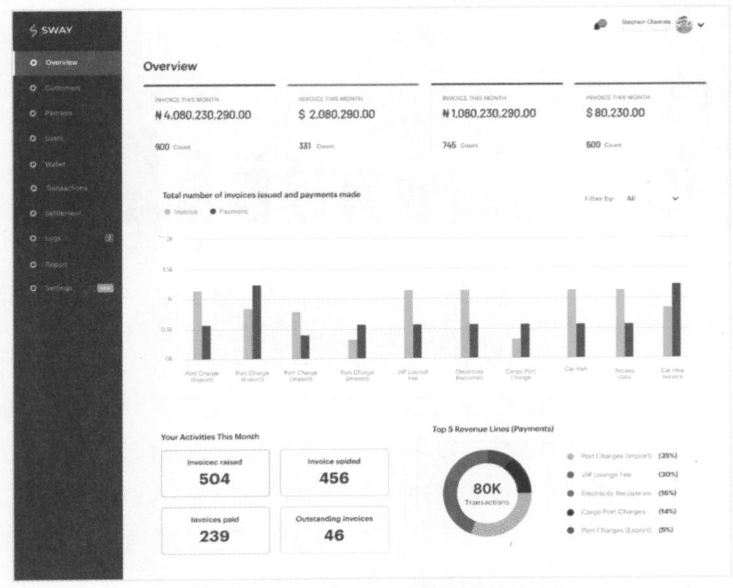

图 2.26　在 Figma 设计社区中分享的仪表板设计作品（@kingsleyomin23）

2.5.2 排版原则

在《写给大家看的设计书》一书中，设计师 Robin Williams 提出了在版式设计领域非常有名的设计四原则，即对比（Contrast）、重复（Repetition）、对齐（Alignment）、亲密（Proximity）。这四个原则早已渗透到 PPT 设计领域，众多 PPT 教程中都有涉及。其实，这些原则同样适用于仪表板设计，运用好这些原则，才能做出有设计感的仪表板。接下来就以笔者之前设计的商务风仪表板框架为例分别介绍这四个原则。人员结构分析仪表板如图 2.27 所示。

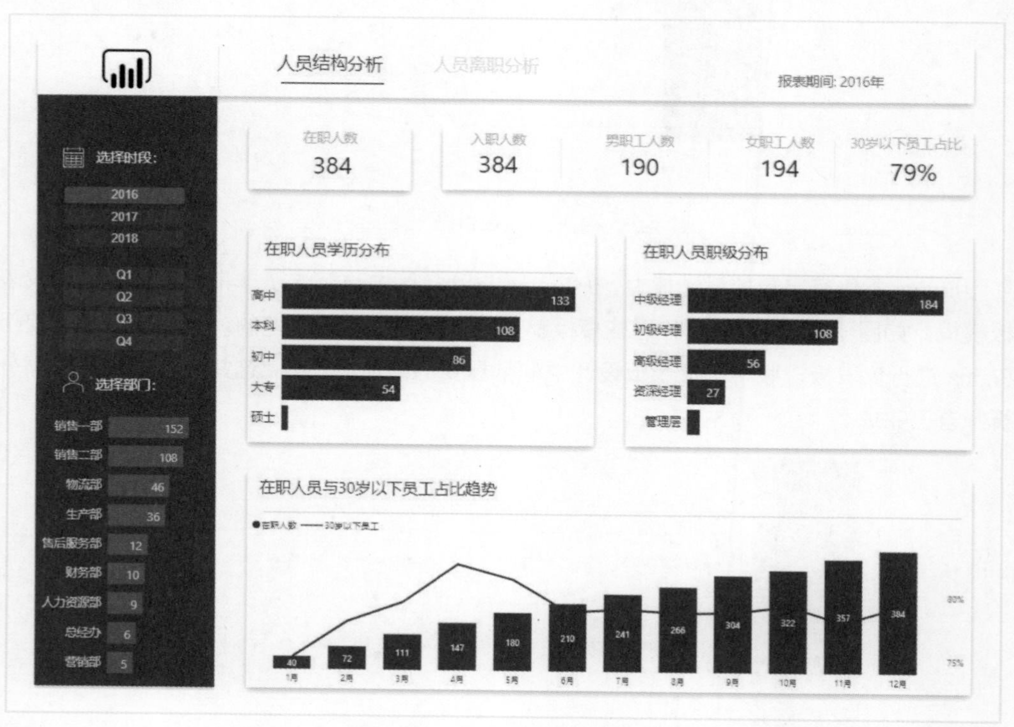

图 2.27 人员结构分析仪表板

1．对比

优秀的排版一定是层次分明、重点信息突出的，对比就是区分层级、突出重点最常用的方法。在版面中实现对比的方法有很多，如大小对比、颜色对比、形状对比与位置对比等。人员结构分析仪表板页面中有多处对比，如导航栏中的“人员结构分析”与“人员离职分析”在字体颜色上的对比，这让使用者能快速地判断当前页面是“人员结构分析”页面，也能快速地获知还有“人员离职分析”页面等待我们去探索。

2．重复

Robin Williams 在《写给大家看的设计书》一书中对重复的描述是“设计的某些方面需要在整个作品中重复”。重复的元素可以有很多，如字体、颜色、大小、线条、空白等。重复并不是单纯地复制，更强调统一，可以是字体的统一、配色的统一，甚至可以是整体版式设计的统一。因此，我们也可以将重复原则理解为统一原则。在商务风人力资源仪表板中，“人员结构分析”与“人员离职分析”页面就在版式设计上保持了统一，如图 2.28 所示。

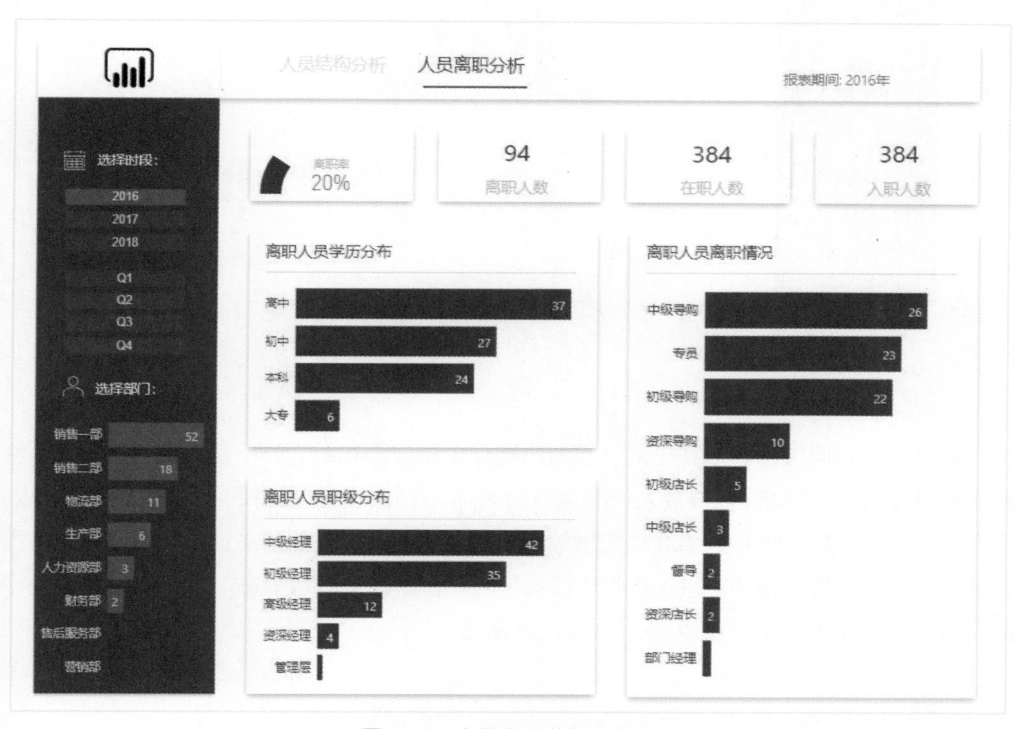

图 2.28　人员离职分析仪表板

3．对齐

对齐是指将文字、图表在水平或垂直的方向上对齐。对齐的最佳实践是使高度相关的元素以参考线为基准对齐、均匀地分布。对齐的方式有多种：左对齐、右对齐、上对齐、下对齐、两端对齐、居中对齐、分散对齐等。在商务风人力资源仪表板的框架设计之初，我们就坚持将相关性高的内容严格对齐，如图 2.29 所示。

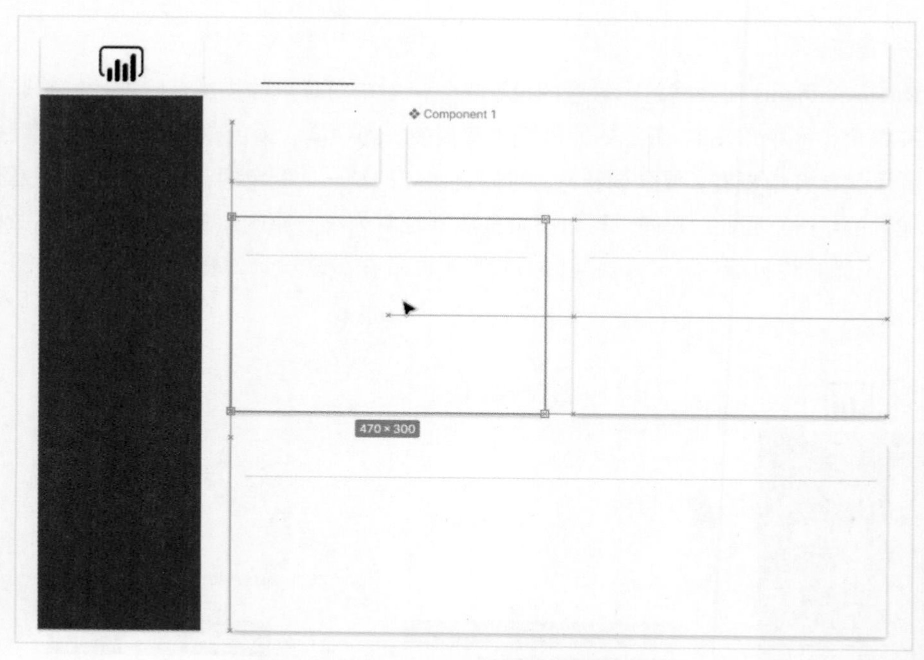

图 2.29　严格对齐的仪表板布局设计图

4．亲密

亲密是指将同类内容放在一起，它们的物理位置应该靠近，而不能远离。将存在关联的元素放在同一个区块，也符合人们阅读时的习惯。亲密原则就是将展示内容按不同层级、不同信息分类以后，使关系亲近的信息放在一起，使关系疏远的信息远离。在商务风人力资源仪表板中，我们将“在职人员学历分布”与“在职人员职级分布”对齐放在仪表板中部的同一行上就体现了亲密原则，如图 2.30 所示。

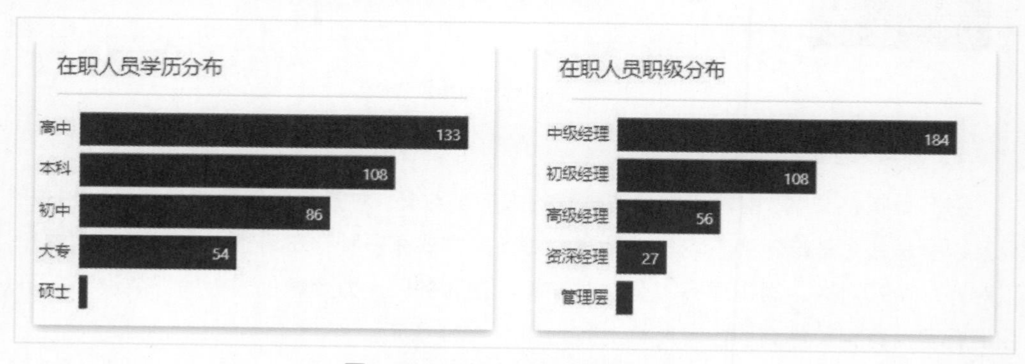

图 2.30　同类内容按亲密原则放置

以上就是版式设计中的四原则，它们互相独立又互相影响。遵循以上原则设计的仪表板不一定是完美的，但能保证布局方面是合格的。一个通过对比突出重点、使用重复元素、保持协调统一且对齐分布、均匀排列的仪表板，视觉效果是不会太差的。如果一个仪表板看起来整洁、有趣，那么它往往更易于阅读。

2.6　仪表板应用场景

也许很多人不知道“仪表板”这个词，但是见过仪表板的人却不少。“天猫双十一”大屏、丁香医生的疫情地图、抖音数据展示屏、电影中科技感十足的电子操作台等，这些数据可视化与仪表板应用经常在不经意间出现在人们眼前。另外，在企业端有面向高层管理人员的经营管理驾驶舱，也有面向业务人员的自助式商业智能分析系统。可视化与仪表板应用在企业中也随着信息化建设的推进而快速发展。仪表板的具体应用场景在前面已经一一列举过了，这里就不再详细介绍。

2.7　总结

本章重点讲解仪表板的设计原则，也讲解了仪表板的分类、整体设计流程等。本章属于实战前的理论与知识铺垫。通过对仪表板应用场景的介绍、功能分类及实现工具的梳理，加深读者对仪表板设计相关背景知识的了解，应重点理解对比、重复、对齐、亲密四大原则在仪表板设计中的重要性。在后续章节中，这四大原则将不断地被应用到实战案例中。

正如本章所讲的，仪表板设计工具众多，本书将重点介绍 Power BI 这款软件在数据可视化与仪表板设计中的应用。从第 3 章开始，笔者将带领读者从零开始入门 Power BI 数据分析与可视化。

第3章

Power BI 入门

3.1 从 Excel 到 Power BI

随着大数据技术和自助商业智能分析工具在国内的不断发展，对 Excel 使用者来说，跳出传统的 Excel 分析思维，面对海量数据时从更宽广的视角去分析和发现问题变得越来越重要。不同于 Excel“所见即所得、所做即所得”的传统分析方法，Power BI 要求使用者对数据库基本概念有一定的了解，使用抽象思维分析和解决问题。Power BI 在继承 Excel 强大的数据透视概念的同时，也不断地发挥着其独特的魅力。

3.1.1 数据透视表与数据透视图

数据透视表对于 Excel 来说是有变革意义的数据分析工具。如果没有数据透视表，在 Excel 中实现不同条件的分类汇总则需要借助 SUMIF()、SUMIFS()、COUNTIF()、COUNTIFS()、AVERAGE()、AVERAGES()等函数。数据透视表的出现使多条件汇总变得非常轻松，“筛选”区域、“行”区域、“列”区域支持多个字段，并且数据透视表将这种分类汇总工作变成了拖放式操作，无须输入任何公式，如图 3.1 所示。

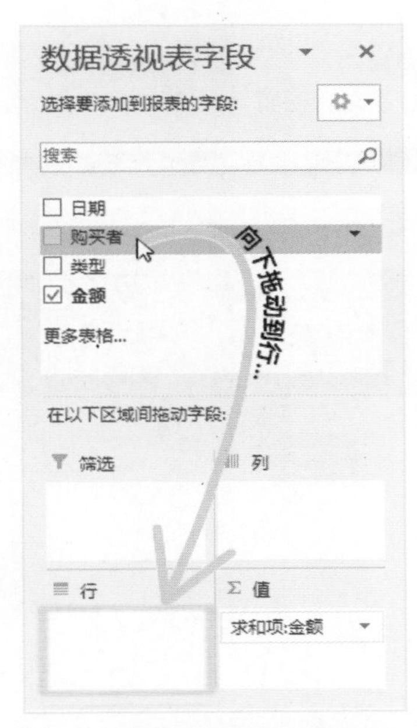

图 3.1　拖动字段实现按条件求和

数据透视图是数据透视表的孪生兄弟，但数据透视图的使用频率较少。数据透视图与数据透视表的使用方法基本一致，通过字段的拖放实现从不同维度进行分析，只是展示的方式是图表。数据透视图不仅将图表的展示过程变得快捷、方便，而且能使分析过程动态化、可交互，如图 3.2 所示。

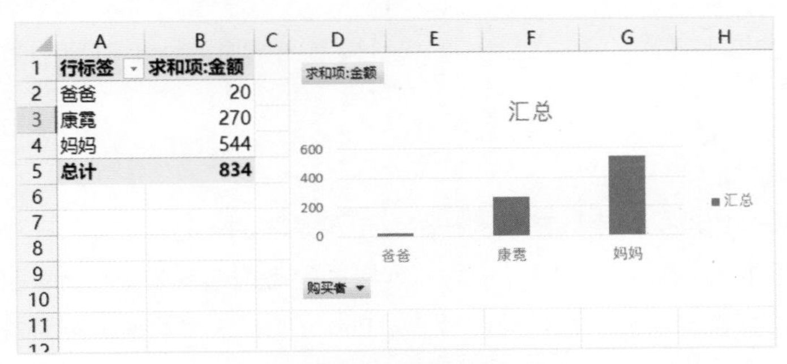

行标签	求和项:金额
爸爸	20
康霓	270
妈妈	544
总计	**834**

图 3.2　数据透视图

学习 Power BI 为什么要从数据透视表和数据透视图讲起？因为 Power BI 不仅继承了数据透视表的拖放式操作，并且它的基本原理也是对数据源进行不同维度、不同层面、不同聚合方式的透视（如果读者对 Tableau 有所了解，则会发现 Tableau 也是基于“数据透视”概念发展而来的）。只是 Power Query 查询编辑器成百倍地增强了数据抽取、转换和加载（ETL）的能力，同时，DAX 函数将数值的计算方式进行了更加全面的扩展，可视化组件极大地丰富了数据可视化展示的方式，如图 3.3 所示。

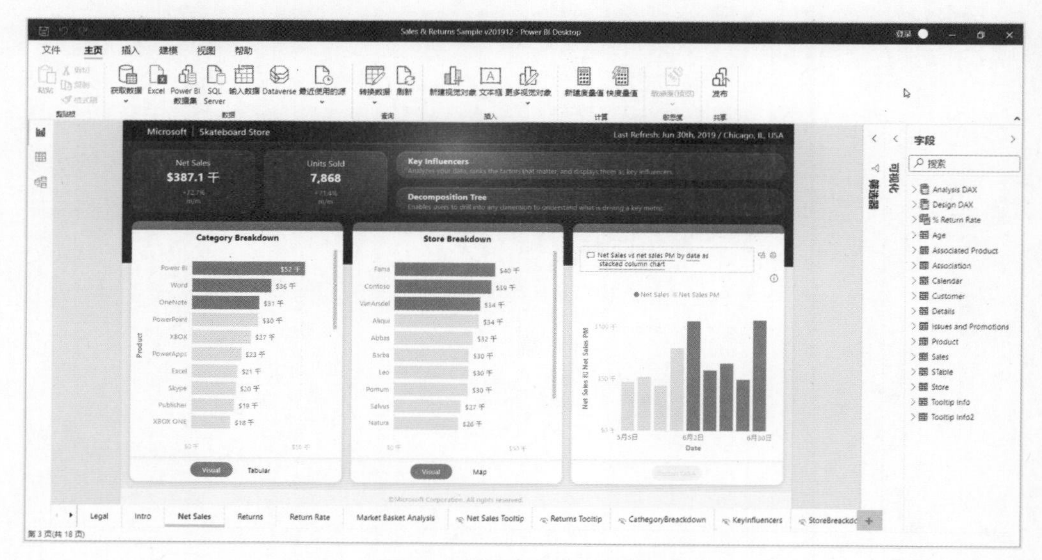

图 3.3　微软官方仪表板案例

3.1.2　Power BI 的数据库思维

在 Excel 中进行数据处理非常方便，用户可以使用命名区域、函数公式、数据透视表、VBA 等工具，而且每个单元格都可以存储文本、数值、公式等各种类型的信息。学习 Power BI 则需要换一种思考方式，掌握数据库的核心概念在使用 Power BI 进行数据处理和建模时将大有帮助。

1. 字段与记录

表是由行和列组成的，字段是表的一列，记录是表的一行。在 Excel 中，对一列数据的类型没有严格要求；在 Power BI 中，同一列数据的类型必须是一致的，因为在 Power BI 中使用公式时整列数据都会执行相同的计算。Power BI 使用的是列存储式表，相比行存储式表，列存储式表在执行计算时能有效地减少读取时间。比如，我们需要计算销售额列的总和时，更直观的方式是直接取出销售额列，并对该列进行求和。这就是列存储式表的处理方式，也是比较符合人类处理思维的方法。而在行存储式表中，需要逐行从左到右扫描，找到该行的销售额后继续扫描，直到表格最后一行，最后将数值汇总。列存储式使 Power BI 可以轻松突破 Excel 只能存储 1,048,576 行的限制，并且在海量数据处理时保持较高的运行效率。

2. 事实表与维度表

在数据库中，事实表（Fact Table）的主要特点是包含用于计算汇总的数值字段，以及一个或多个用于关联分析维度的索引字段，如业务销售明细、交易记录等。维度表（Dimension Table）包含数据分析维度，是用户分析数据的窗口。维度表为事实表提供不同维度的详细描述性信息，如日期表、人员信息表、产品信息表等。理解事实表与维度表的概念对于我们理解 Power BI 的数据建模有很大帮助。虽然，Power BI 中的表（Datasheet）和 Excel 中的工作表（Spreadsheet）看起来非常相似，但实际上它们是完全不同的。在 Power BI 的表中，你无法定位到某个单元格，也无法直接修改表中的数值或者在任意单元格中自定义计算，但这些在 Excel 中都是没有限制的。

3. 关系

关系是两个独立的表互相关联的一种机制。在日常的数据处理中，如果两个表格可以通过索引列进行合并，则它们存在关系。在简单的场景中，可以将关系类比成 VLOOKUP() 函数。如果关联两个表的字段（索引列）在其中一个表中是唯一不重复的，而在另一个表中存在重复值，则这两个表存在一对多关系。

两表的一对多关系是最常见的关系，还存在一对一关系、多对多关系。

一对一关系：一个表中的每行记录在另一个表中有且仅有一条记录与之匹配。这种情况下建议直接将两个表合并。

多对多关系：两表的记录都能在另一个表中找到多条互相匹配的记录。比如，一个客户可以买多种商品，一种商品也能同时卖给多个客户。在建模时，存在多对多关系的表通常需要通过中间表建立关系。初学数据建模时不建议使用多对多关系。

3.2 初识 Power BI

Power BI 是微软研发的用于商业数据分析的一整套生态系统，涵盖微软商业智能解决方案的全流程：数据连接、清洗与转换、数据建模、可视化、共享和协作。本节简单介绍 Power BI 功能和应用，重点讲解 Power BI 桌面版的下载与使用，以及基于 Power BI 的简易数据分析与可视化案例。

3.2.1 Power BI 与 Power BI 桌面版

Power BI 生态主要包含 Power BI 桌面版、Power BI 在线服务、Power BI 移动版、Power BI 报表服务器。这里简单介绍 Power BI 服务和应用生态，如图 3.4 所示。

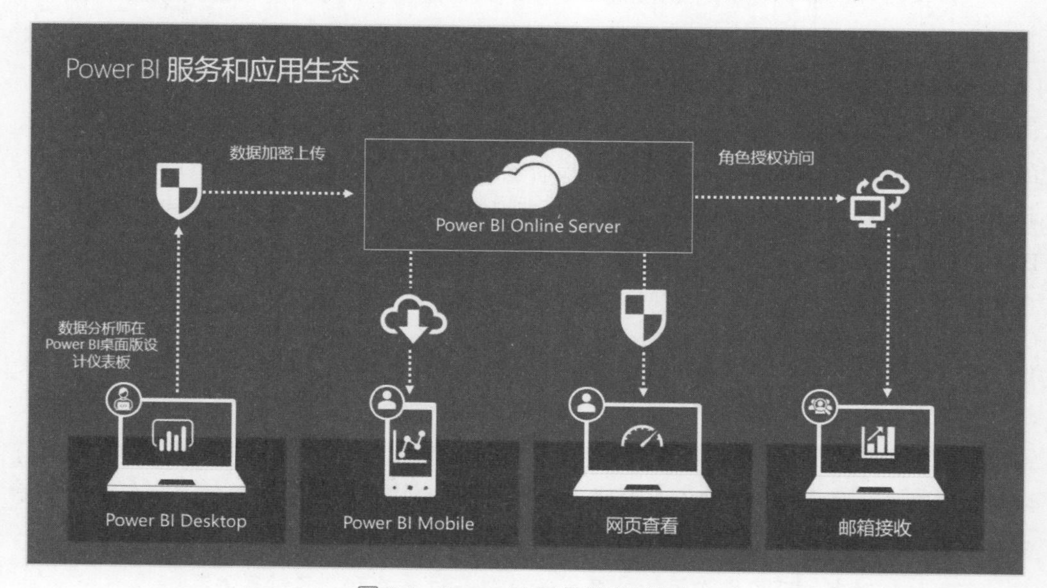

图 3.4 Power BI 服务和应用生态

- Power BI 桌面版（Power BI Desktop）：诞生于 2015 年 7 月，是安装在 Windows 系统中的应用软件（Mac 暂时不支持）。Power BI 桌面版提供了强大的数据查询、清洗与建模分析功能，基本包括整个数据分析与可视化的过程。一般情况下，Power BI 桌面版是商业数据分析的起点。即使如此，Power BI 桌面版的使用却是完全免费的。
- Power BI 在线服务（Power BI Online Service）：微软提供的云服务平台。报表创建好之后，可以将其一键发布到在线服务器，拥有特定权限的用户可以在线查看或修改报表。Power BI 桌面版擅长建模与分析，Power BI 在线服务专注于分享与协作。
- Power BI 移动版（Power BI Mobile）：在移动设备上查看报表，支持 Android、iOS、Windows Phone 等移动端。在移动终端安全访问和实时查看 Power BI 报表，让用户随时随地可以共享与协作。

Power BI 报表服务器（Power BI Report Server）：Power BI 报表服务器是一个本地报表服务器，包含管理报表的门户。用户可以采用不同的方式访问报表，例如，通过浏览器、移动设备或电子邮件查看报表。

Power BI 桌面版包含三大模块：数据查询、数据分析和数据可视化，它是 Power BI 生态系统的基石。在大部分情况下，Power BI 的工作流大多开始于 Power BI 桌面版，数据分析人员在 Power BI 桌面版中进行数据的清洗、建模和可视化分析，然后创建不同主题的仪表板报告，最后将其发布到网络与人共享。本书重点介绍 Power BI 桌面版的使用，书中提到的"Power BI"，在无特殊声明的情况下一般指 Power BI 桌面版应用软件。

3.2.2　下载与安装 Power BI 桌面版

本节介绍 Power BI 桌面版的下载与安装方法，详细介绍本地下载安装与微软应用商店（Microsoft Store）安装的两种方法。

1. 本地下载安装

本地下载安装适用于不同版本的 Windows 用户。先通过搜索引擎找到 Power BI 官网，然后在导航栏中单击"产品"按钮，在弹出的下拉列表中选择"Power BI Desktop"选项，如图 3.5 所示。

图 3.5　单击"产品"按钮

在弹出的网页中单击“查看下载或语言选项”按钮，如图 3.6 所示。如果单击“免费下载”按钮，将会跳转到微软应用商店。

图 3.6　单击“查看下载或语言选项”按钮

网页跳转到语言选择页面后，在“选择语言”中选择“中文（简体）”，随后整个页面转换成中文页面。单击“下载”按钮，根据计算机操作系统选择 32 位或 64 位安装包。下载完成以后双击运行安装包即可完成安装，如图 3.7 所示。

Microsoft Power BI Desktop

重要！选择下面的语言后，整个页面内容将自动更改为该语言。

选择语言：　中文(简体)　下载

图 3.7　选择语言

2．微软应用商店安装

对于使用 Windows 10 系统的用户，微软推出了更方便的安装方法：应用商店安装。

执行“开始”→“Microsoft Store”命令，进入应用商店，搜索到“Power BI Desktop”，单击“安装”按钮即可，如图 3.8 所示。

图 3.8 微软应用商店安装

安装完成以后，可以单击“启动”菜单旁边的“…”按钮，从弹出的菜单中选择“固定到‘开始’菜单”或“固定到任务栏”选项，如图 3.9 所示，以方便下次启动。

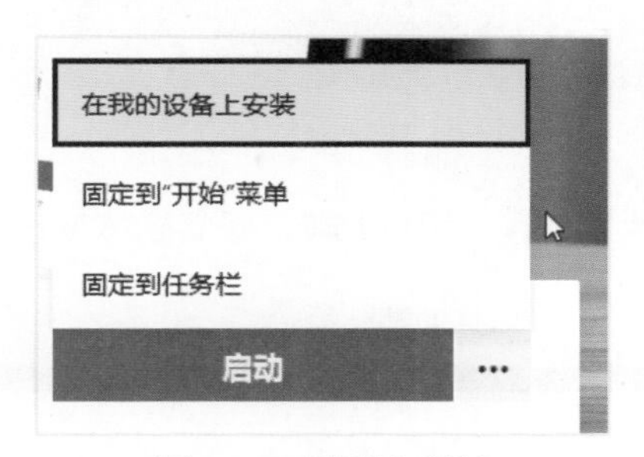

图 3.9 “启动”菜单

这两种安装方法各有优点：使用本地下载安装法安装的软件适用于更多的 Windows 平台，兼容性较好；使用微软应用商店安装法安装的软件定期自动更新，但是需要登录微软账户。在微软几乎每月更新一次 Power BI 的大背景下，推荐使用第二种安装方式，可以省去每月重复下载更新的烦恼。

3.2.3 Power BI 界面一览

Power BI 经过多个版本的迭代后，延续了微软 Office 系列软件功能区（Ribbon）风格的用户界面。如果读者使用过 Microsoft Office 2007 及以上版本的 Excel、Word 或 PowerPoint 等软件，那么对 Power BI 的用户界面就不会感到陌生。

打开 Power BI 以后，会看到如图 3.10 所示的欢迎界面，可以选择登录 Power BI 在线服务账号，如果暂时不想注册，则可以直接关闭该界面进入 Power BI，也可以单击左上方的“获取数据”按钮开始使用 Power BI。

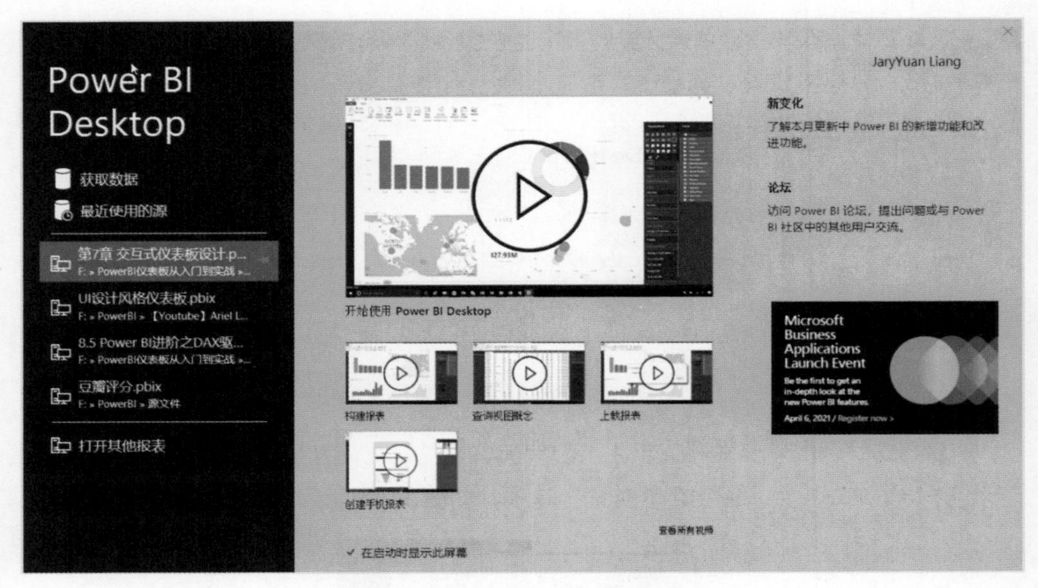

图 3.10 Power BI 的欢迎界面

Power BI 的主界面分为功能区、视图切换、设置窗格及画布四部分，如图 3.11 所示。

图 3.11 Power BI 的主界面分区

- 功能区：集合了 Power BI 的大部分功能。
- 视图切换：将主视图切换为报表视图、数据视图或模型视图。

- 设置窗格：包含“筛选器”窗格、“可视化”窗格及“字段”窗格。通过“筛选器”窗格，可以对报表、报表页、视觉对象应用筛选；通过“可视化”窗格，可以选择不同的图表类型，并设置图表字段、标题、颜色等属性；“字段”窗格包含模型中的表和字段名（列名）。
- 画布：生成可视化视觉对象的区域。Power BI 中的计算或作图都在画布中进行，在报表视图“可视化”窗格中选择图表类型并设置字段后，图表就会呈现在画布中。最新版本的 Power BI 在画布中间添加了“向报表中添加数据”功能，如图 3.12 所示，大大方便了我们获取常用的数据类型。

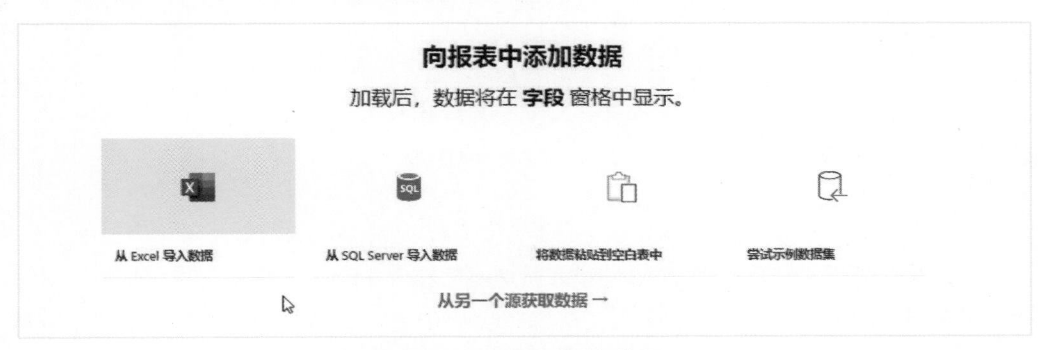

图 3.12　向报表中添加数据

若想熟练使用 Power BI，还需要了解另外一个用户界面——Power Query 查询编辑器。在 Power BI 的功能区中找到“主页”选项卡，单击“查询”分区的“转换数据”按钮，就可以进入 Power Query 查询编辑器用户界面，如图 3.13 所示。

- 功能区：集合了 Power Query 数据清洗、转换大部分功能。
- 查询列表：展示当前数据模型的所有查询。单击不同的查询名称，可以预览不同的数据。
- 查询设置：可以修改查询名称，同时在“应用的步骤”中记录通过功能区界面按钮执行的所有数据清洗步骤，这是 Power BI 自动化数据处理过程的基础。用户在 Power Query 中的处理动作都会在应用步骤中以 M 代码的形式被记录下来。
- 数据预览区：连接到 Power Query 的数据表都会在数据预览区中进行展示。当我们对数据执行清洗、转换操作时，可以通过数据预览区实时地看到应用效果。

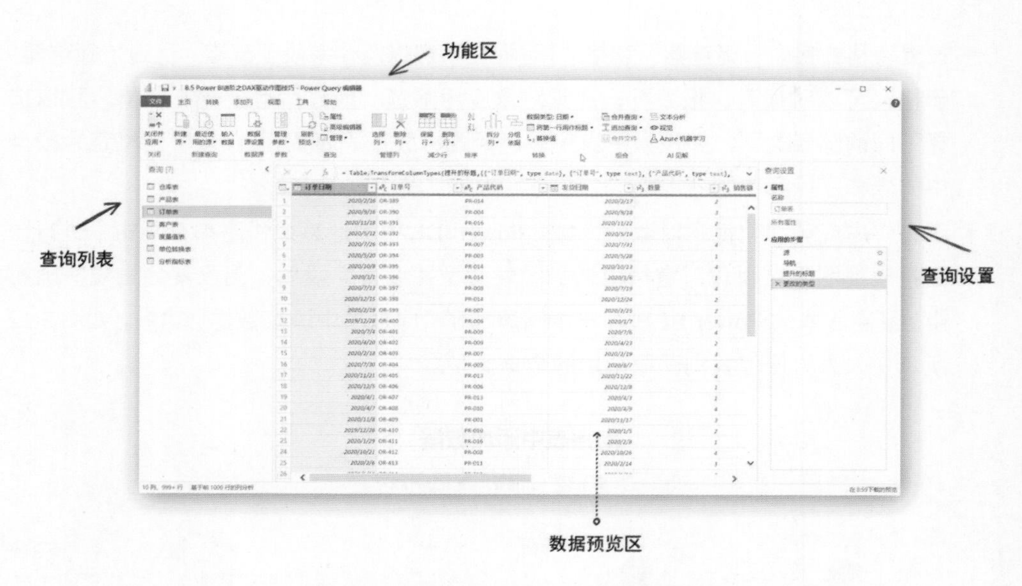

图 3.13　Power Query 查询编辑器用户界面

熟悉用户界面是熟练掌握 Power BI 高阶功能的基础。Power BI 用户界面的学习最简单也最容易被忽略。磨刀不误砍柴工，熟悉 Power BI 的用户界面可以让数据清洗、数据建模及可视化流程更顺畅。

3.2.4　入门案例——门店销售数据可视化实战

本节从文件合并开始，讲解如何使用 Power BI 制作销售分析报告，帮助读者熟悉 Power BI 的用户界面功能，初步认识 Power BI 数据清洗、数据建模与可视化的整体流程。源数据为某公司 2016 年到 2018 年的销售数据，以 Excel 格式存储在同一个文件夹中，每份销售数据表中仅包含日期、销售人员 ID、销量、销售金额等信息，如图 3.14 所示。

	A	B	C	D	E
1	日期	销售人员ID	销量	销售金额	
2	10/20/2018	3	100	300	
3	10/14/2018	4	100	100	
4	12/20/2018	5	400	1200	
5	10/23/2018	2	300	900	
6	11/16/2018	3	100	100	
7	10/30/2018	5	400	800	
8	11/5/2018	5	100	200	
9	12/28/2018	1	100	300	
10	11/20/2018	1	100	200	

图 3.14　销售数据

基于销售明细我们将建立两张仪表板分析报告，如图 3.15 和图 3.16 所示。

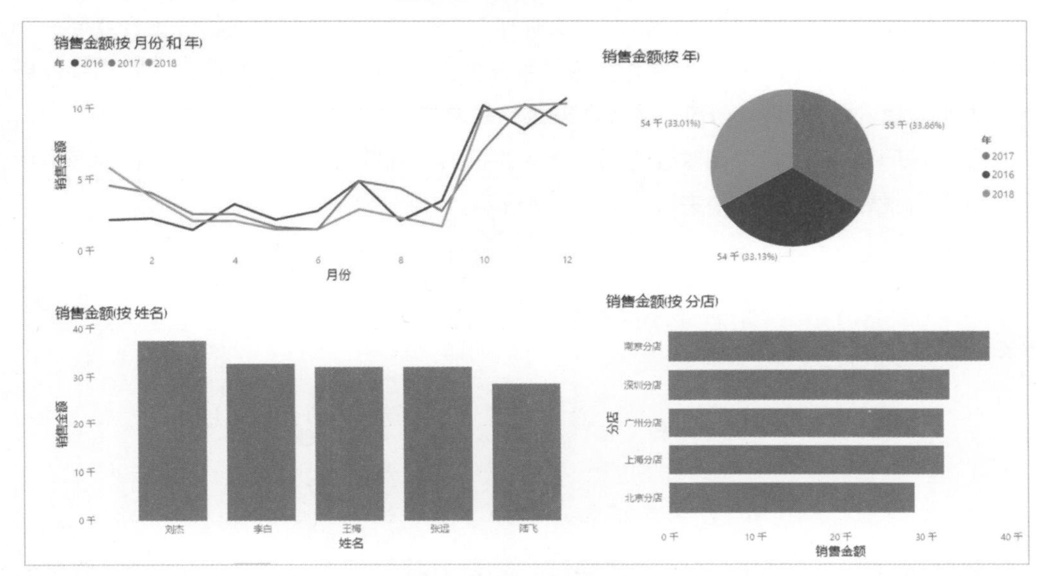

图 3.15　销售金额分析

图 3.16　销售金额与销量对比分析

1. 从文件夹获取数据

3 年的销售数据分散在不同的 Excel 文件中，因此第一个任务就是将数据合并到一个文件中，很多人会使用复制粘贴操作完成这项任务。如果数据是按月存储的呢？这项任务将变得很艰巨。利用 Power BI 的从文件夹获取数据功能可以解决这个问题。

① 打开 Power BI，关闭欢迎界面，找到并单击“获取数据”按钮，从下拉列表中找到“更多”，然后选择“文件夹”，如图 3.17 所示。

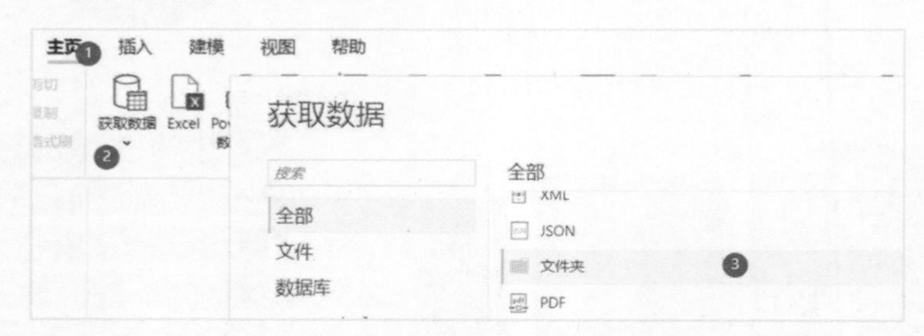

图 3.17 从文件夹获取数据

② 在弹出的对话框中，可以通过单击“浏览”按钮导航到文件夹所在位置，也可以将提前复制好的文件路径粘贴到文本框中，单击“确定”按钮，如图 3.18 所示。

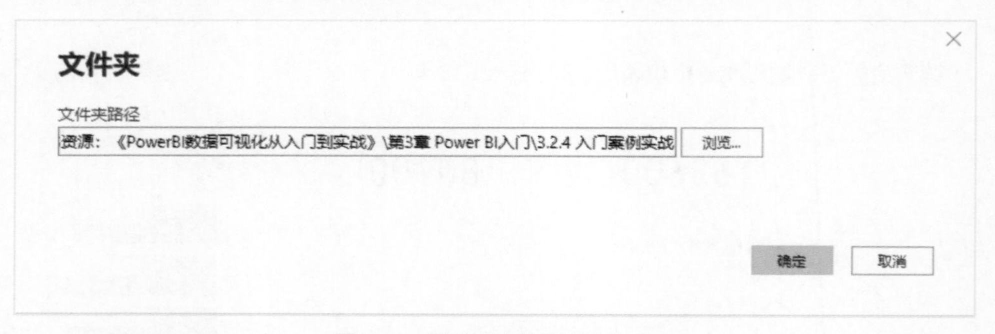

图 3.18 导航到文件所在文件夹

③ 当需要合并的 Excel 文件格式一致时，可以直接选择“合并和加载”功能合并数据，如图 3.19 所示。

图 3.19　选择“合并和加载”功能合并数据

④ 在弹出的对话框中选择 Excel 中需要合并的工作表，这里选择“Sheet1”，如图 3.20 所示。

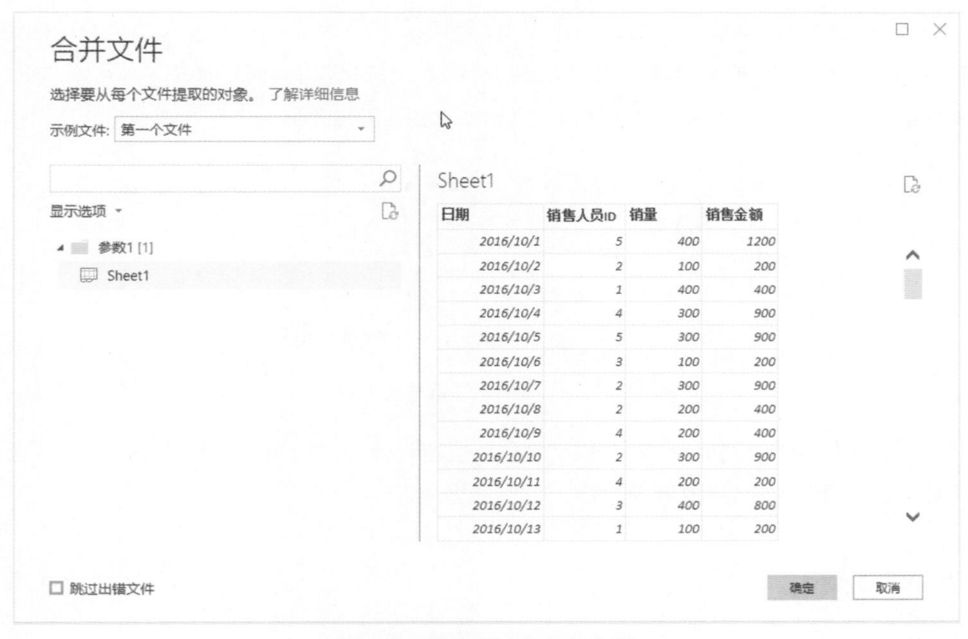

图 3.20　选择要合并的工作表

单击“确定”按钮以后，Power BI 就开始合并和加载数据。数据加载完成后，报表视图的画布并没有发生变化，当我们切换到数据视图时，可以看到合并后的销售数据明细，如图 3.21 所示。

Source.Name	日期	销售人员ID	销量	销售金额
2016.xlsx	2016年10月1日	5	400	1200
2016.xlsx	2016年10月3日	1	400	400
2016.xlsx	2016年10月12日	3	400	800
2016.xlsx	2016年10月19日	5	400	800
2016.xlsx	2016年11月2日	2	400	1200
2016.xlsx	2016年11月6日	2	400	400
2016.xlsx	2016年11月22日	2	400	800
2016.xlsx	2016年11月25日	5	400	1200
2016.xlsx	2016年12月12日	2	400	400
2016.xlsx	2016年12月14日	2	400	800
2016.xlsx	2016年12月17日	4	400	800
2016.xlsx	2016年12月27日	4	400	1200
2017.xlsx	2017年10月1日	5	400	800

图 3.21　数据视图中合并后的销售数据

2．输入数据

在数据明细中，销售人员的信息是以 ID 存储的，一共有五位销售人员，我们知道每个 ID 对应的销售人员姓名及所在分店。如果销售人员的信息存储在 Excel 中，可以从 Excel 中加载数据，也可以手工输入（或粘贴）数据，如图 3.22 所示。

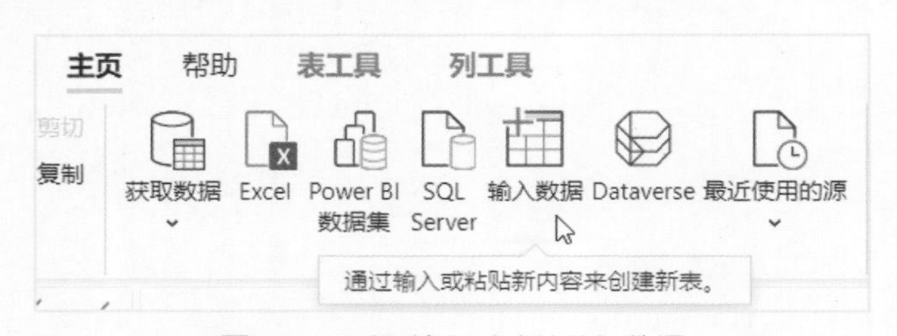

图 3.22　手工输入（或粘贴）数据

在“主页”选项卡中，单击“输入数据”按钮，弹出“创建表”对话框，可以手工输入（或粘贴）想要添加到模型的数据，如图 3.23 所示。

图 3.23　添加数据

单击“加载”按钮，数据就会被添加到 Power BI 模型中，从“字段”窗格中可以看到新添加的表及其列名，如图 3.24 所示。

图 3.24　“字段”窗格中显示的新添加的表

3. 创建关系

将销售人员信息表加入模型是为了丰富数据分析维度，让我们可以从销售人员及分店的角度去分析数据。在 Excel 中，需要使用 VLOOKUP()函数将销售人员信息表中的“姓名”和“分店”字段匹配到销售数据中，而在 Power BI 中只需要建立两表的关系即可。

切换到模型视图，我们可以看到 Power BI 已经自动检测到两个表的关系。单击两个表之间的关系线，可以看到它们是基于销售人员 ID 创建的一对多关系，如图 3.25 所示。

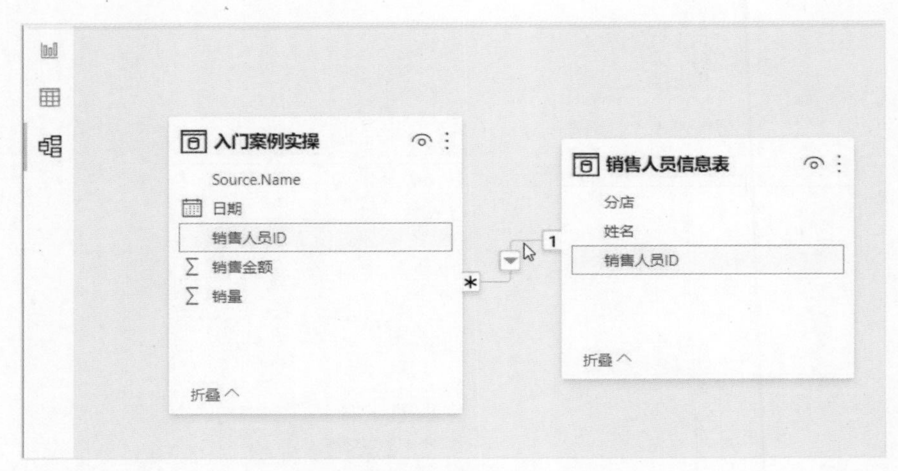

图 3.25　升级版的模型视图

这里的一端可以理解为表中用以匹配的列不存在重复，多（*）端可以理解为匹配列中的数据是有重复的。具体到我们的示例就是：销售明细表中的“销售人员 ID”列是重复的，因为一个销售人员可以有多笔销售记录；而销售人员信息表中的“销售人员 ID”列是不重复的，因为一个 ID 只能对应一个销售人员。

如果 Power BI 没有自动检测到关系，或者建立的关系是错误的，我们可以将错误的关系删除，并手工建立关系。如图 3.26 所示，在“主页”的“管理关系”选项中可以添加、编辑或删除各表之间的关系。

图 3.26　管理关系

当然，建立关系最简单的方法是将一个表中互相匹配的字段拖放到另一个表的匹配字段之上。如图 3.27 所示，单击销售明细表中的“销售人员 ID”列，拖动字段到销售人员信息表的“销售人员 ID”列上方，即可建立如图 3.25 所示的关系。

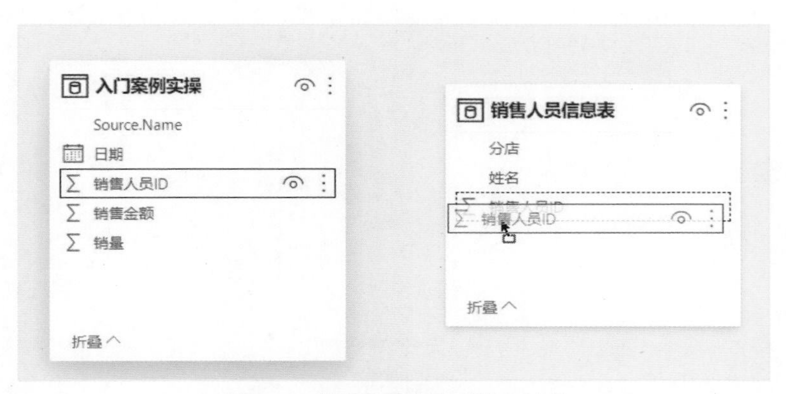

图 3.27　使用拖放的方式建立关系

4．添加“年”和“月份”列

为了能按照年和月份维度对销售数据进行分析，需要基于销售明细表中的“日期”字段添加“年”和“月份”两列。使用 Power BI 的“新建列”或 Power Query 的“添加列”功能都可以实现这一操作，这里讲解使用 Power Query 的“添加列”功能实现的方法。

在 Power BI 的功能区中单击“主页”选项卡的“转换数据”按钮，进入 Power Query 编辑器，如图 3.28 所示。

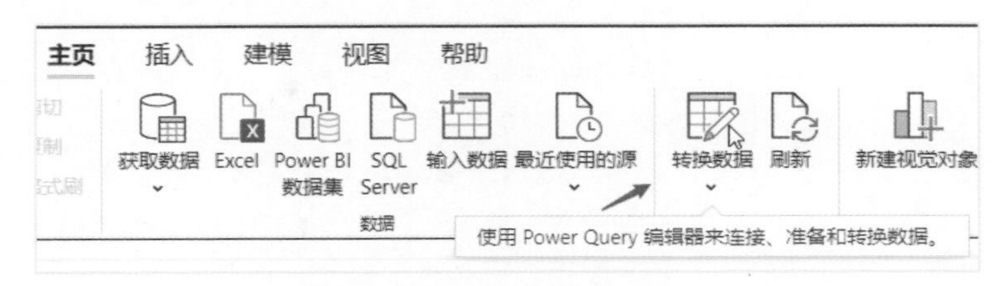

图 3.28　单击“转换数据”按钮

进入 Power Query 编辑器以后，我们可以重命名之前合并数据的查询，在查询设置中，将名称改为“销售明细表”，如图 3.29 所示。

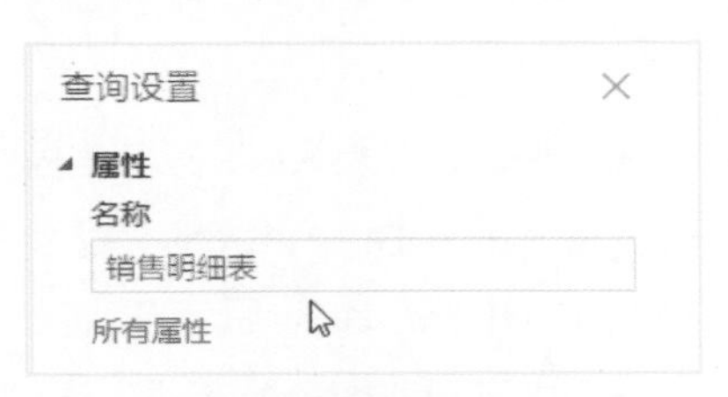

图 3.29　重命名查询

单击选中“日期”列，在 Power Query 功能区中单击“添加列”选项卡中的“日期”按钮，添加“年”选项，如图 3.30 所示。

图 3.30 添加“年”选项

用同样的方法添加“月份”字段后，单击“主页”选项卡中的“关闭并应用”按钮，从“字段”窗格中就能看到已经添加的“年”和“月份”字段了，如图 3.31 所示。

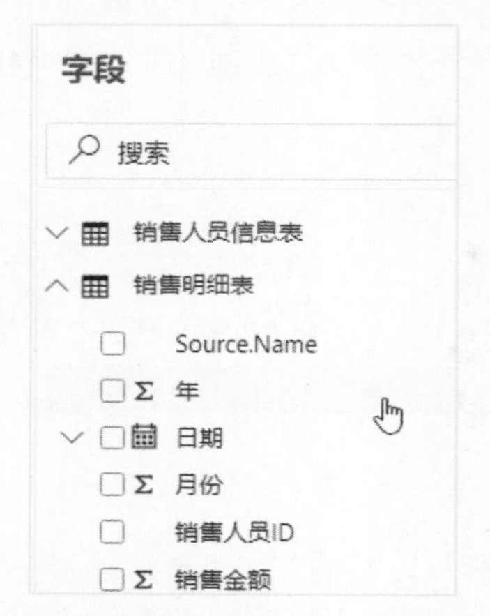

图 3.31 在“字段”窗格中新添加的“年”和“月份”字段

5. 制作可视化看板

Power BI 的作图机制和 Excel 不同，在 Excel 中，需要先使用数据透视表或函数公式准备数据，然后将其插入图表；在 Power BI 中，大部分时候是先选择图表，然后将相关字段拖放到图表元素中，数据的计算由 Power BI 后台自动完成。

下面是本例销售数据分析报告中可视化图表的制作方法。

1）制作折线图及饼图

单击“可视化”窗格中的“折线图”按钮，将销售明细表中的“月份”字段拖放到“轴”中，将“年”字段拖放到“图例”中，将“销售金额”字段拖放到“值”中，折线图就制作好了，如图 3.32 所示。

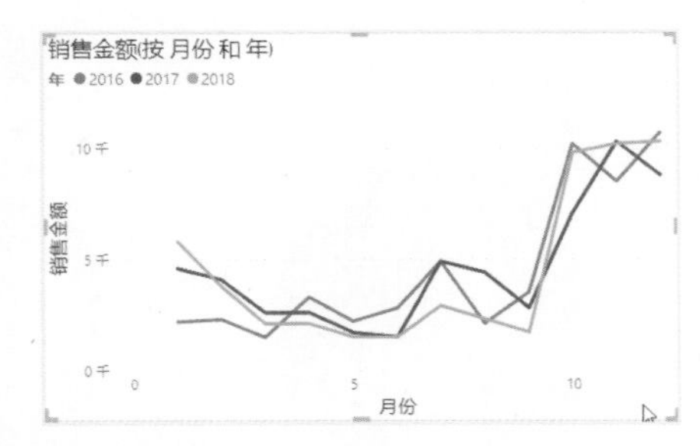

图 3.32　在 Power BI 中制作折线图

总结一下 Power BI 的作图过程：首先在“可视化”窗格中单击“折线图”按钮，然后在“可视化”窗格下方的字段选项中配置图表构成的字段，这里将“月份”、“年”及“销售金额”字段拖放到折线图中，Power BI 按“月份”和“年”对数据进行筛选分类，最后对不同月份和年的“销售金额”进行汇总。这个过程和在 Excel 中制作数据透视表的过程非常相似，只是 Excel 数据透视表以表格数据的形式展示分类汇总的结果，Power BI 则直接以图表的形式展示分类汇总的结果。另外，在“字段”窗格中，折线图使用的字段都被勾选了，如图 3.33 所示。

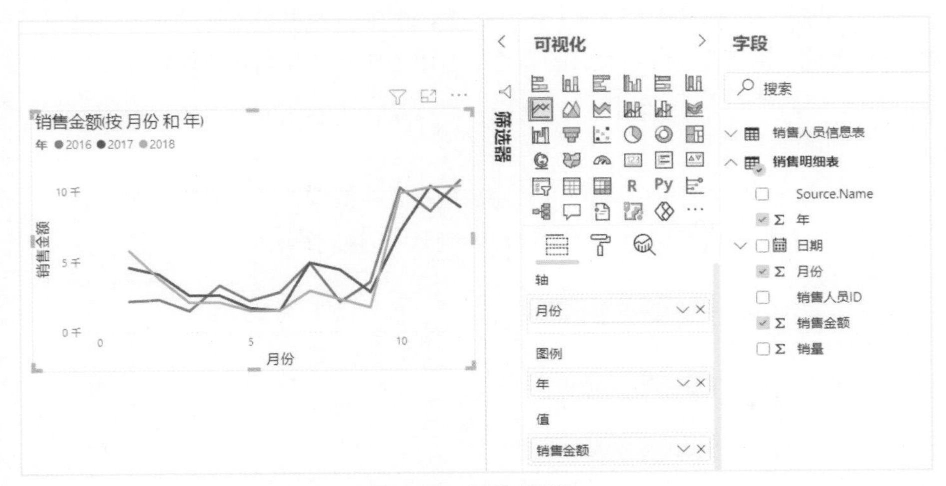

图 3.33　折线图制作

理解了 Power BI 的作图过程，制作销售额年度占比分析饼图就非常简单了。在“可视化”窗格中选择“饼图”选项，在“字段”窗格中分别将“年”及“销售金额”字段拖放到“图例”及“值”中，如图 3.34 所示。

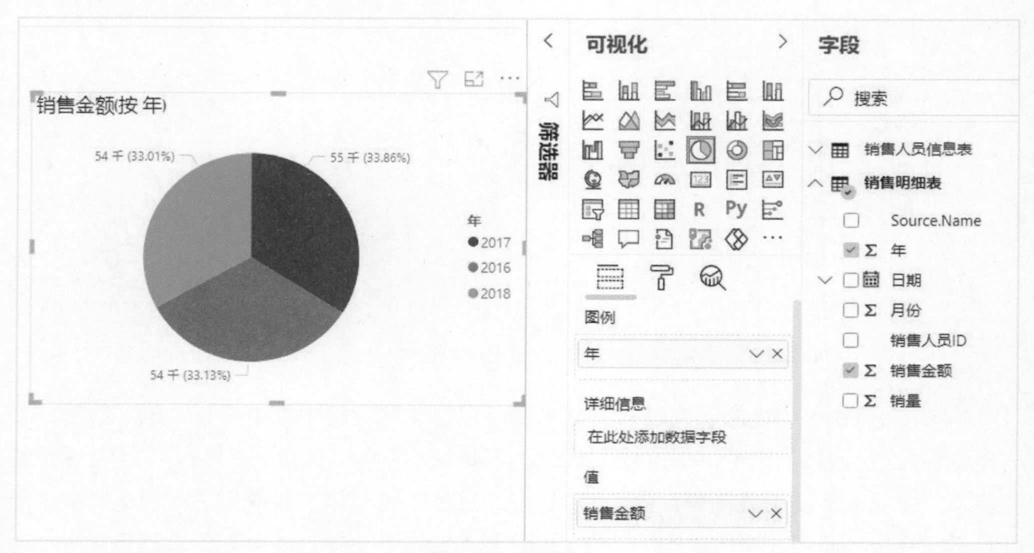

图 3.34　饼图制作

2）制作柱形图及条形图

柱形图和条形图的制作方法和折线图及饼图的制作方法差不多。只是我们需要的字段“姓名”及“分店”并不在销售明细表中。在 Excel 中，如果需要从“姓名”及“分店”的维度分析数据，需要使用 VLOOKUP()函数将两个字段匹配到销售明细表中，也就是在 Excel 中无法实现跨表分析。在 Power BI 中，我们建立了表间关系，这使得跨表分析变得可行。

单击“可视化”窗格中的“堆积柱形图”按钮，将销售人员信息表中的“姓名”字段拖放到“轴”中、将销售明细表中的“销售金额”字段拖放到“值”中，柱形图就制作完成了，如图 3.35 所示。

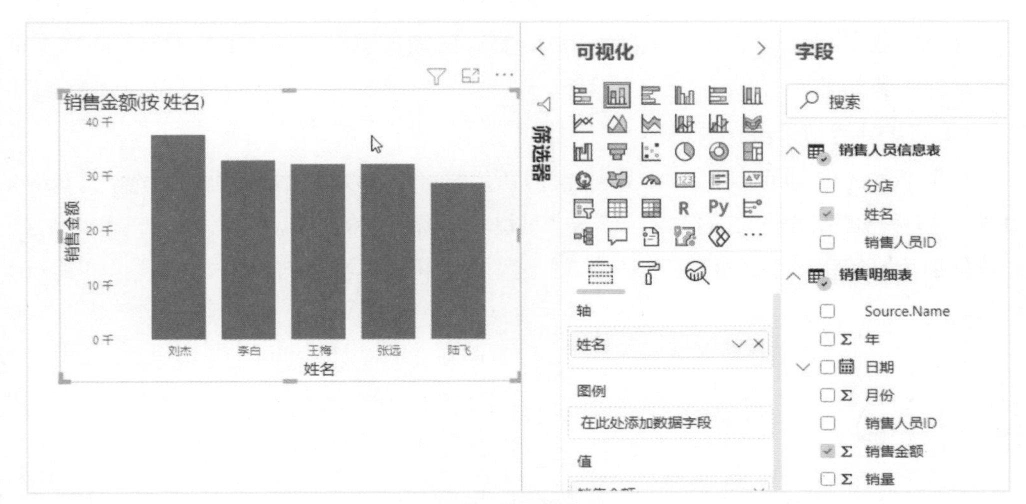

图 3.35　柱形图制作

制作条形图时，可以先复制一个柱形图，选中该柱形图，在“可视化”窗格中将图表类型更改为“堆积条形图”，然后单击条形图“轴”字段右边的×按钮将“姓名”字段删除，将“分店”字段拖放到“轴”字段即可。

至此，第一个仪表板就制作完成，如图 3.36 所示。

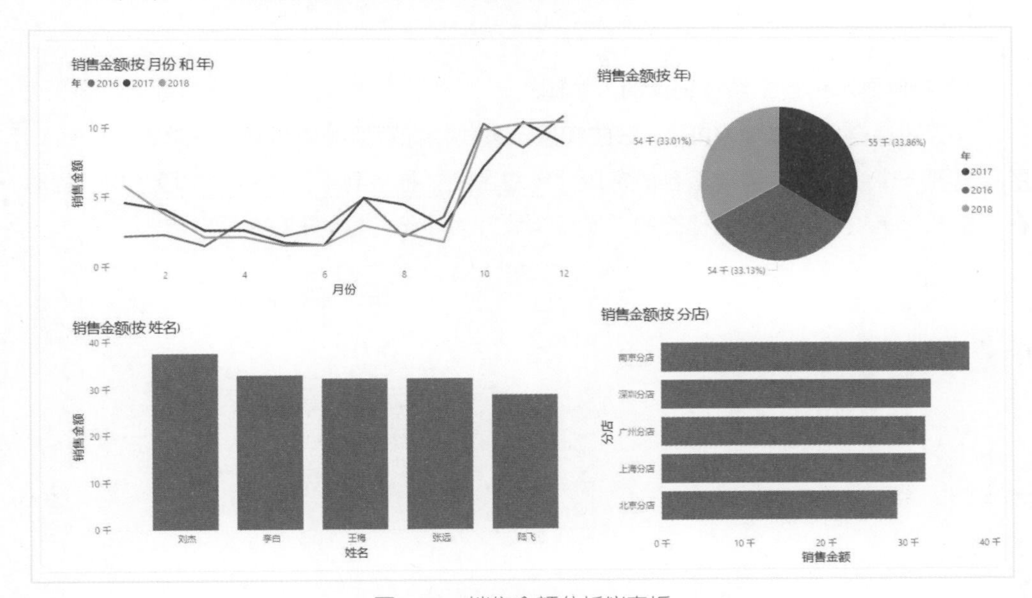

图 3.36　销售金额分析仪表板

完成销售金额分析仪表板的制作以后，制作销售金额与销量对比分析仪表板就不难了，具体步骤如下。

1）制作分店切片器

利用 Power BI 也可以制作切片器，使用切片器可以直观地对数据进行筛选。在 Power BI 中，切片器的制作方法很简单，单击“可视化”窗格中的“切片器”按钮，将“分店”拖放到切片器的字段中。同时，在“格式”选项中，将切片器方向改为“水平”，如图 3.37 所示。

图 3.37 插入水平切片器

2）制作显示销售金额及销量的卡片图

卡片图适合用来表现 KPI，在跟踪和展示重要指标数值时使用频率非常高。制作卡片图只需要一个字段，将需要聚合的字段“销售金额”拖放到卡片图的“字段”中，同时，在“格式”选项中设置数据标签的“显示单位”为“无”，如图 3.38 所示。

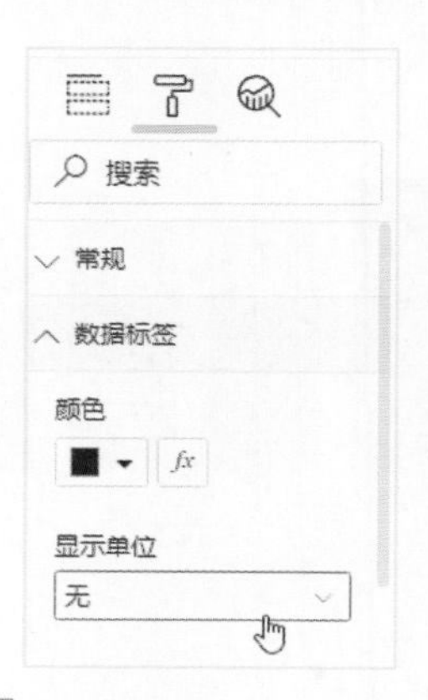

图 3.38 卡片图设置

3）制作可下钻的折线图

有时为了对比两个指标的发展趋势，可以将两个不同的数值字段拖放到折线图的值字段中。比如，在本例中，折线图的“值”字段包含“销售金额”及“销量”两个字段，同时，“轴”字段包含“年”和“月份”两个字段。在“轴”字段中放入多个字段后，Power BI 的图表就能实现向上或向下钻取，即可以自由选择从不同的详细级别显示图表。如图 3.39 所示，在完成折线图的字段配置后，需要单击折线图上方的“展开层次结构中的所有下移级别”按钮，才能将图表按年显示。

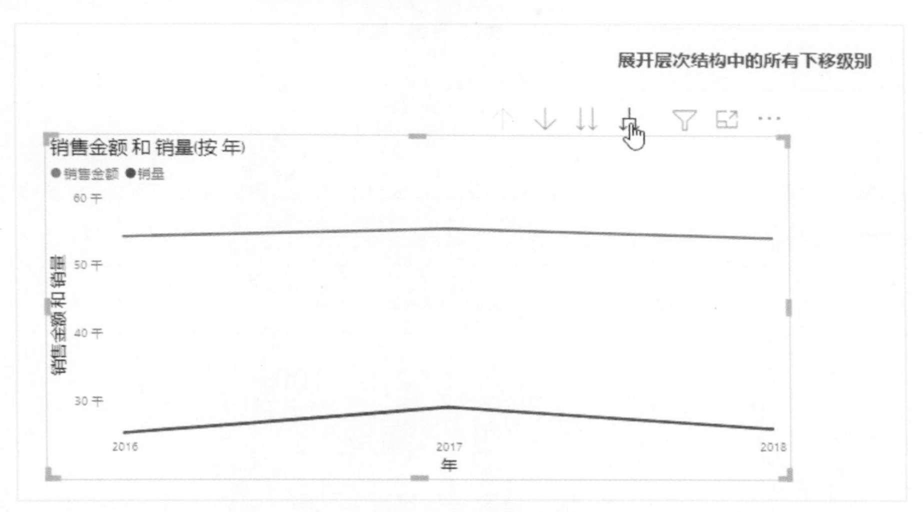

图 3.39 图表中的层级下钻

制作好的折线图默认按销售金额降序排序，所以需要通过图表上方的“更多选项”按钮调整图表的排序方式，这里改成按“年 月份”升序排序，如图 3.40 所示。

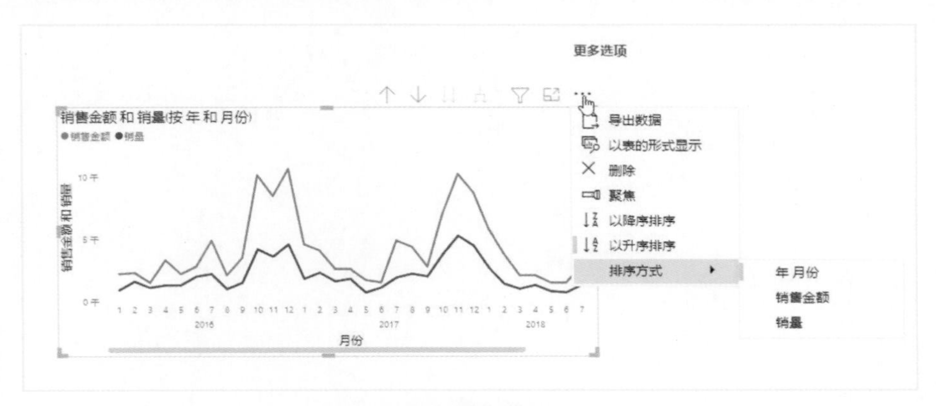

图 3.40 修改图表排序方式

在“可视化格式设置”选项中将 X 轴的连续标签关闭，以去除 X 轴上重复的年标签。

条形图的制作比较简单，这里不再赘述，请读者自己动手制作。

4）插入文本框、形状等修饰仪表板

在 Power BI 功能区的“插入”选项卡中有一个“元素”分区，在这里可以插入文本框、按钮、形状及图像等非图表元素，如图 3.41 所示，这些功能是美化仪表板的关键。

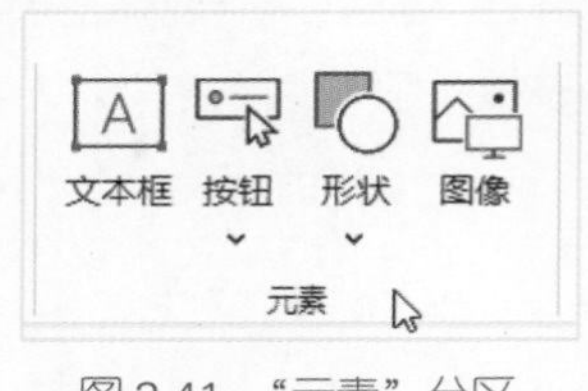

图 3.41 “元素”分区

比如，本例中的仪表板标题，就是先插入文本框，并在其中输入文字，再设置字体、字号制作而成的，如图 3.42 所示。

图 3.42 仪表板标题设置

为了区分标题与仪表板内容，增加仪表板的层次感，在它们之间插入线条形状，并在“设置形状格式”选项中设置将线条旋转 90°，使其水平放置，如图 3.43 所示。

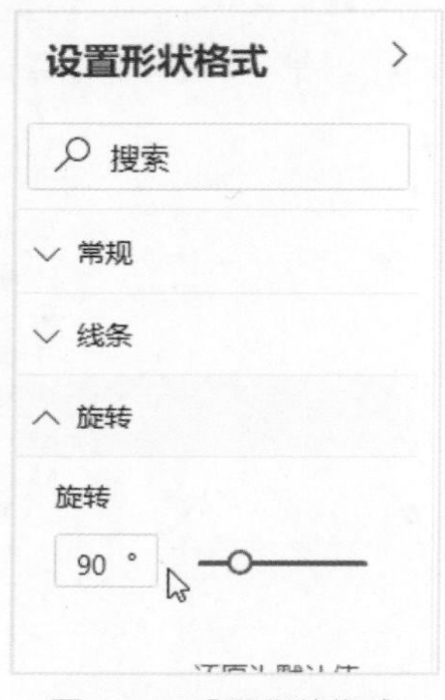

图 3.43 设置形状格式

完成以上设置后，第二个仪表板也制作完成了，具体效果如图 3.44 所示。

图 3.44　销售金额与销量对比分析仪表板

学习完第 3.2.4 节的入门案例后，读者应该能在 Power BI 中进行简单的数据分析及可视化展示；对视觉对象有了初步了解；知道如何插入切片器、折线图等；能在视觉对象的格式设置窗口对视觉对象显示的文本、颜色等常规选项进行设置；了解在画布上视觉对象是可以自由移动与布局的。这将为后面的深入学习打下基础。

3.3　数据查询：Power Query

Power Query 的出现可以说是数据工作者的福音，它创造性地将几乎所有的数据清洗步骤集成在功能菜单中。无论你是用 Excel 进行数据整理的小白，还是使用 Python 等计算机代码处理数据的高手，使用过 Power Query 以后，你一定会惊讶它强大的数据清洗功能，又对它的友好程度感到赞叹。

3.3.1　Power Query 简介

Power Query 又叫 Power Query 查询编辑器，是 Power BI 中内置的数据获取、转换与加载（ETL）的功能模块。Power Query 可以通过界面菜单实现大部分在 Excel 中需要手工处理的数据清洗操作。读者通过这一节的学习将初步掌握 Power Query 的基础功能，能使用 Power Query 界面集成的功能实现数据清洗的自动化，大量节省数据预处理的时间。

3.3.2 网页抓取示例：Excel 中有多少个函数

本节用 Power Query 回答一个有趣的问题：Excel 中一共有多少个函数？在解答这个问题的过程中掌握 Power Query 的相关操作。为了准确回答这个问题，可以在微软官方网站的在线帮助文档中找到现有函数列表，利用 Power Query 的网页抓取功能将函数列表加载到 Power BI 中做进一步统计。

1. 从 Web 获取数据

Power Query 几乎支持导入所有格式的源文件，不仅能轻松地获取本地文件，还支持从市面上主流的数据库中直接获取数据。同时，通过 Power Query 还可以轻松抓取网页数据。

① 打开 Power BI，执行“主页”→“获取数据”→“Web”命令，如图 3.45 所示。

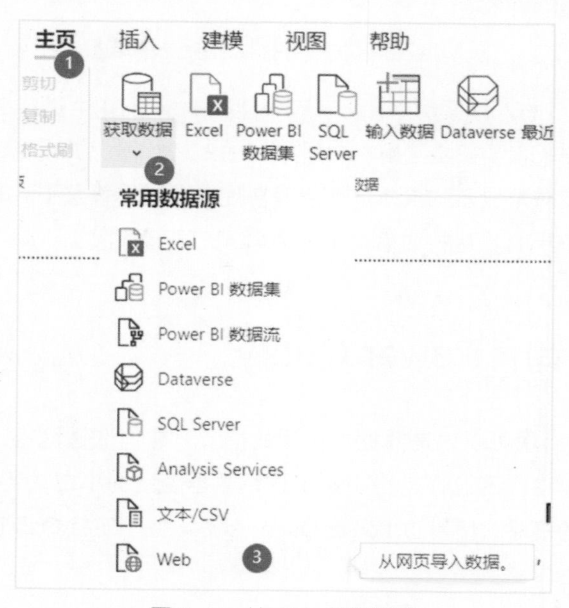

图 3.45 从 Web 获取数据

② 在弹出的对话框中输入微软官方帮助文档中 Excel 函数列表所在的网址，如图 3.46 所示。

图 3.46　输入函数列表所在的网址

③ 单击“确定”按钮出现“导航器”窗口，窗口左侧是该网页包含的所有表，窗口右侧显示数据预览。在本例中，表 1 包含我们需要的数据，勾选“表 1”前面的复选框，如图 3.47 所示。

图 3.47　“导航器”窗口

勾选相应表格以后，“加载”按钮自动高亮显示。如果单击“加载”按钮，则表格会跳过 Power Query，直接加载到 Power BI 中。这种情况适用于加载的数据无须进行转换清洗的情况。在本例中，单击“转换数据”按钮，对函数列表进行提升标题、拆分列、重命名列、替换值等简单清洗操作。

2．数据清洗

单击“转换数据”按钮，将函数列表加载到 Power Query 中，可以通过功能区中的操作对数据进行重塑、清洗和转换。

1）提升标题

观察加载的函数列表发现 Power Query 没有正确地识别列名，如图 3.48 所示。大部分时候 Power Query 能正确地识别数据表格的列名，如果没有完成识别，则可以手动提升标题。提升标题的设置很简单，在功能区的“主页”或“转换”选项卡中单击“将第一行作为标题”即可。

	Column1	Column2
1	函数名称	类型和说明
2	ABS 函数	数学与三角函数： 返回数字的绝对值
3	ACCRINT 函数	财务： 返回定期支付利息的债券的应计...
4	ACCRINTM 函数	财务： 返回在到期日支付利息的债券的...
5	ACOS 函数	数学与三角函数： 返回数字的反余弦值
6	ACOSH 函数	数学与三角函数： 返回数字的反双曲余...
7	ACOT 函数	数学与三角函数： 返回数字的反余切值
8	ACOTH 函数	数学与三角函数： 返回数字的双曲反余...
9	AGGREGATE 函数	数学与三角函数： 返回列表或数据库中...
10	ADDRESS 函数	查找与引用： 以文本形式将引用值返回...
11	AMORDEGRC 函数	财务： 使用折旧系数返回每个记账期的...
12	AMORLINC 函数	财务： 返回每个记账期的折旧值
13	AND 函数	逻辑： 如果其所有参数均为 TRUE，则返...
14	ARABIC 函数	数学与三角函数： 将罗马数字转换为阿...
15	AREAS 函数	查找与引用： 返回引用中涉及的区域个数
16	ARRAYTOTEXT 函数	文本： ARRAYTOTEXT 函数返回任意指定...
17	ASC 函数	文本： 将字符串中的全角（双字节）英...

图 3.48　加载到 Power Query 的函数列表

2）按分隔符分列

“类型和说明”列包含函数的类型及功能说明信息，它们是以“：”分隔的。在 Excel 中，使用“拆分”功能可以指定分隔符分列；在 Power Query 中，也可以实现按分隔符分列，并且适用场景更多。

选中“类型和说明”列，执行“转换”→“拆分列”→“按分隔符”命令，如图 3.49 所示，Power Query 会自动识别用于拆分列的分隔符，单击“确定”按钮即可。

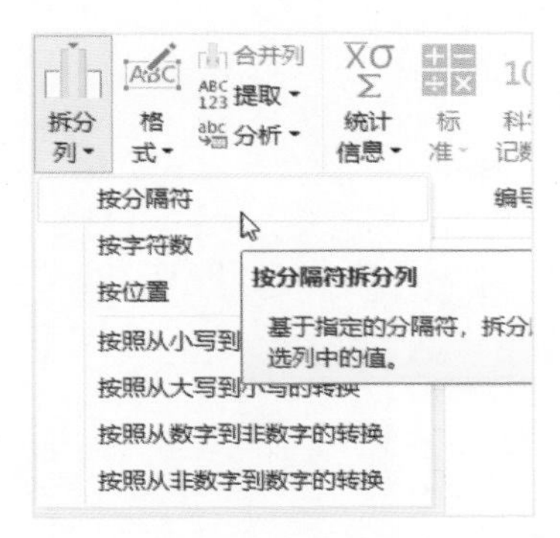

图 3.49　拆分列

3）重命名列

拆分以后的列分别被自动命名为“类型和说明.1”和“类型和说明.2”，因此需要修改列名称。双击列名就可以重新输入列名，将“类型和说明.1”重命名为“类型”，将“类型和说明.2”重命名为“说明”。

4）替换值

“函数名称”列中的每个函数名都包含“函数”两个字，可以统一将其删除。若在 Power Query 中删除某列中的特定字符，需要用到“替换值”命令。

选中“函数名称”列，右击，在弹出的快捷菜单中选择“替换值”命令，如图 3.50 所示。

图 3.50　“替换值”命令

在弹出的“替换值”对话框中，在“要查找的值”文本框中输入“函数”，“替换为”文本框留空，不输入任何文本，单击“确定”按钮即可批量删除该列中多余的“函数”字符，如图 3.51 所示。

替换值

在所选列中，将其中的某值用另一个值替换。

要查找的值

函数

替换为

> 高级选项

确定 取消

图 3.51 “替换值”对话框

完成以上清洗操作以后就可以将数据加载到 Power BI 中进行分析了，使用卡片图可以得知 Excel 中一共有 481 个函数，如果 Excel 增加新的函数，则单击 Power BI“主页”选项卡中的“刷新”按钮即可获得最新的函数个数。

3.3.3 常用数据清洗功能

将杂乱无章的数据整理成有规则的、可供分析的过程被称为“数据清洗”。在数据真正能被我们所用之前，删除空行和空列、分列、替换等操作都是数据清洗的过程。Power Query 将常用的功能内置在用户界面上，并提供强大的“录制”功能，这就使数据清洗的过程变得容易且可复用。

1. 删除重复记录

新建 Power BI 文件，将本章的案例文件加载到 Power Query 以后，观察数据可以发现第一个客户存在三条重复的记录，因此数据清洗的第一步是删除重复记录。

删除重复记录时需要注意的是如何定义重复的行，如果数据表中没有唯一标识，需要通过几列数据一起定义重复记录时，则删除重复记录时需要选中所有用于定义重复的列。

删除重复记录的操作很简单，选择“客户号”列，右击，在弹出的快捷菜单中选择“删除重复项”命令即可，如图 3.52 所示。

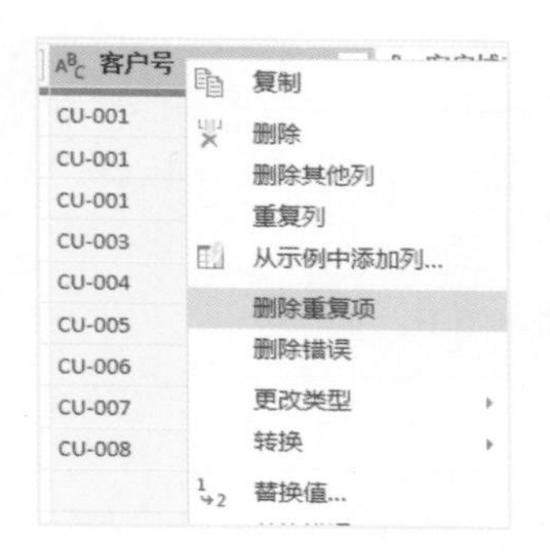

	客户名	客户号
1	令狐山	CU-001
2	武大	CU-003
3	张大力	CU-004
4	李美丽	CU-005
5	何美丽	CU-006
6	王子	CU-007
7	袁玲	CU-008
8		null

图 3.52　删除重复项

2．删除行

删除重复记录以后的数据存在空行（第八行），将该空行删除的方法有两种，一种是筛选去掉客户号中的空值，另一种是通过“删除行”中的“删除最后几行”命令删除最后一行，如图 3.53 所示。

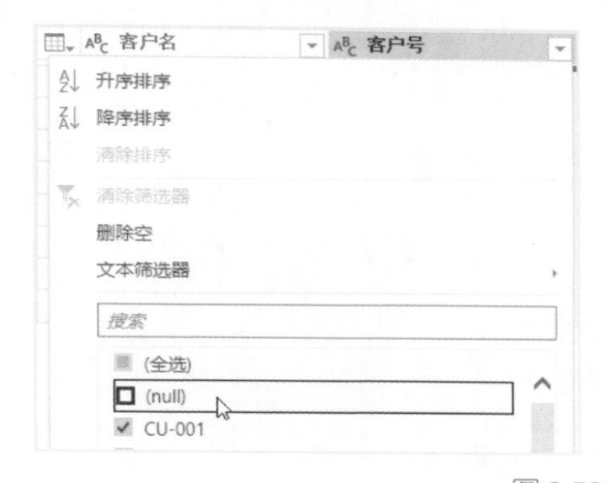

图 3.53　删除行

3．替换空值

空值分为空数值和空字符串两种。对于不同的空值可以采取不同的处理方法。一般而言，对于空数值（null），可以选择将其替换成“0”；对于文本数据中存在的空字符串，可以选择将其替换成“未知”。

替换空值的快捷方法：选中空值所在的单元格，右击，在弹出的快捷菜单中选择“替换值”命令，则 Power Query 自动将所选单元格中的值（null）填充到“要查找的值”文本框中，在“替换为”文本框中输入“0”，单击“确定”按钮即可，如图 3.54 所示。

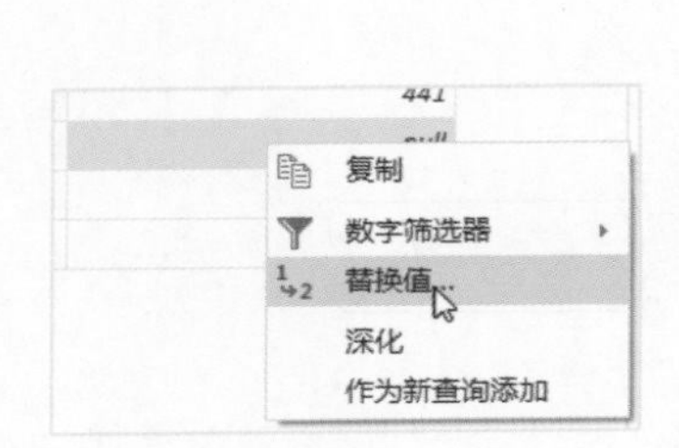

图 3.54　替换值

4．提取

Power Query 提供了丰富的文本提取功能，分布在 Power Query 的“转换”和“添加列”选项卡中。在“转换”选项卡中使用提取功能，则会在原来的列上执行操作，替换原来的列。在“添加列”选项卡中使用提取功能，则会新建一列，在新列中执行操作，保留原来的列，如图 3.55 所示。

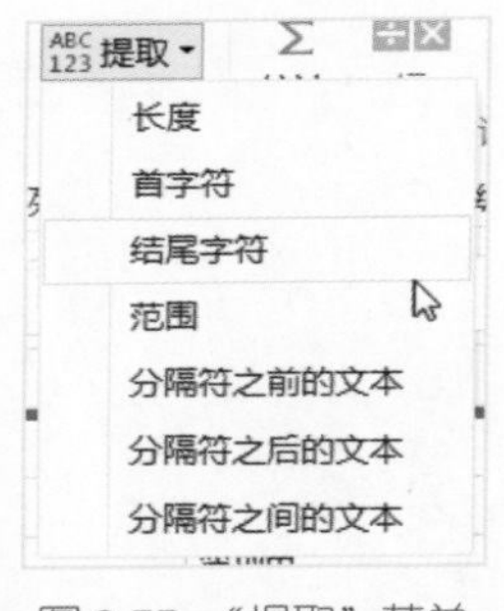

图 3.55　“提取”菜单

“提取”菜单各选项的功能如下。

- 长度：提取所选列的字符数，与 Excel 中的 LEN()函数功能相似。
- 首字符：按指定字符数提取所选列的前 n 个字符，和 Excel 中的 LEFT()函数功能相似。
- 结尾字符：按指定字符数提取所选列的后 n 个字符，和 Excel 中的 RIGHT()函数功能相似。
- 范围：从指定的位置起，提取指定长度的字符串，和 Excel 中的 MID()函数相似。
- 分隔符之前、分隔符之后、分隔符之间的文本：提取指定的分隔符之前、之后、之间的文本，可以设置方向及忽略的分隔符数。

回到案例文件中，我们可以从“注册编号”列提取客户的注册时间。选中该列，选择“添加列”→“提取”→“范围”命令，弹出“提取文本范围”对话框，“起始索引”设置为“7”，“字符数”设置为“10”，如图 3.56 所示。将新添加的列命名为“日期”。

提取文本范围

输入首字符的索引，以及要保留的字符数。

起始索引

7

字符数

10

确定 取消

图 3.56 “提取文本范围”对话框

5．数据类型转换

在 Power Query 中，为了方便用户理解，不同的数据类型都用一个独特的图标表示，列名左边的图标显示该列的数据类型，如图 3.57 所示。Power Query 中有丰富的数据类型，同一列数据的类型需保持一致。

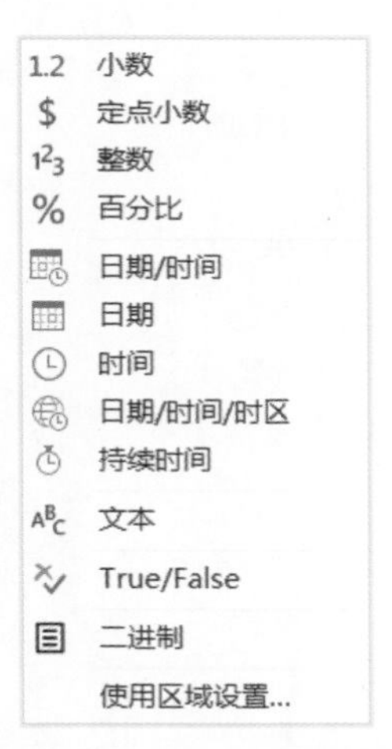

图 3.57 Power Query 中的数据类型

新建的日期列是文本型，单击列名左边的“ABC”，在弹出的列表中选择“日期”，就可以将其更改为日期型。在“主页”及“转换”选项卡中也可以进行数据类型的切换，选中日期列，右击，在弹出的快捷菜单中选择“更改类型”→“日期”命令，也可以完成数据类型的转换，如图 3.58 所示。

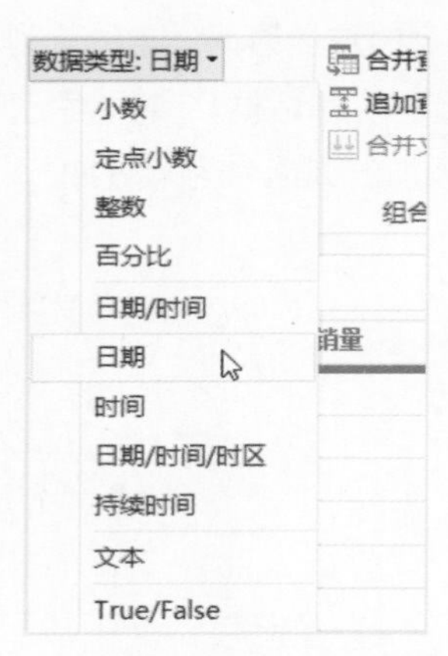

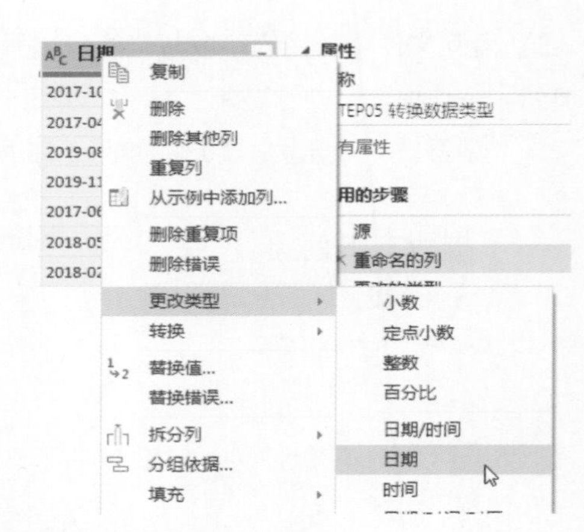

图 3.58　数据类型转换的两种方法

6．提取日期中的年、月、日

对于“日期”列，Power Query 提供了丰富的操作。在 Excel 中，可以使用 YEAR()、MONTH()、QUARTER()、DAY()函数分别提取日期中的年、季度、月和日；在 Power Query 中，不仅可以提取年、季度、月和日，还可以提取日期所在的周和天等，如图 3.59 所示，这一功能经常用于建立日期表。

图 3.59　Power Query 的日期处理

选中“日期”列，执行“添加列”→“日期”→“年”命令，就可以生成“年”列，如图 3.60 所示。使用同样的方法生成“月份”列。

日期	年	月份
2017/10/1	2017	10
2017/4/23	2017	4
2019/8/12	2019	8
2019/11/22	2019	11
2017/6/10	2017	6
2018/5/13	2018	5
2018/2/23	2018	2

图 3.60 生成“年”和“月份”列

7．删除列与选择列

在 Power Query 中删除列，只要选中需要删除的列，右击，在弹出的快捷菜单中选择“删除”命令即可，如图 3.61 所示。

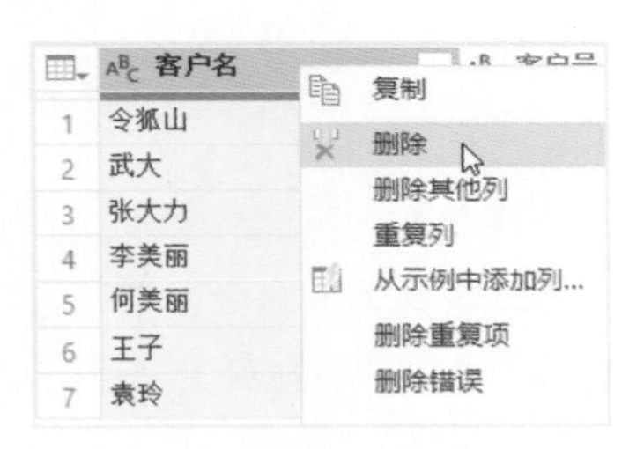

图 3.61 删除“客户名”列

当需要保留的列较少、需要删除的列很多时，可以选中需要保留的列，通过鼠标右键操作选择“删除其他列”命令。

选中“客户城市”列，按住 Ctrl 键，分别选择“销量”、“年”和“月份”列（按住 Ctrl 键可以选择不连续的多列），右击，从弹出的快捷菜单中选择“删除其他列”命令，如图 3.62 所示。

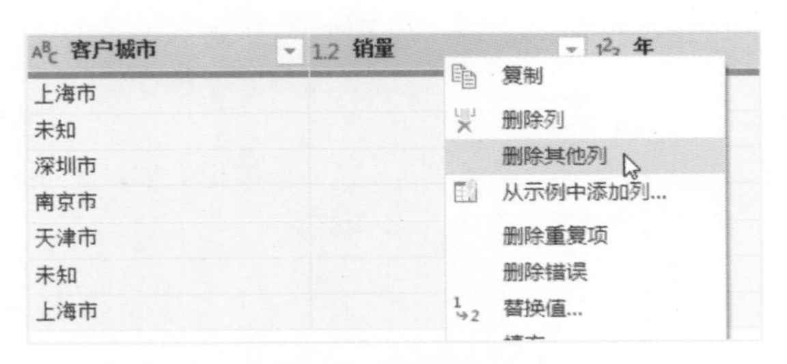

图 3.62 删除其他列

删除不必要的列、保留需要的列最简单的方法是使用“选择列”功能。执行“主页”→“选择列”命令，在弹出的“选择列”对话框中，勾选需要保留的列，单击“确定”按钮即可，如图 3.63 所示。

图 3.63　选择列

8．合并列

在 Power Query 中，可以通过简单的鼠标操作合并列，选中“年”列，按住 Ctrl 键，选择“月份”列，执行“转换”→“合并列”命令，在“合并列”对话框中选择自定义分隔符，输入“-”，将新列名设置为“年月”，如图 3.64 所示，单击“确定”按钮可以完成合并列操作。

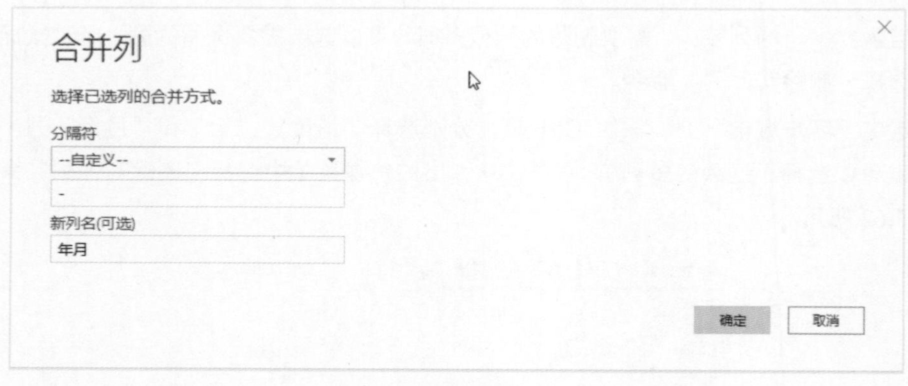

图 3.64　合并列

9．透视列

Power Query 的透视列对于传统 Excel 用户来说是一个新名词，其实它的作用和 Excel 的透视表相似。选中“年月”列，执行“转换”→“透视列”命令，在弹出的“透视列”对话框中，设置“值列”为“销量”，“聚合值函数”为“求和”，单击“确定”按钮就能完成透视，如图 3.65 所示。

图 3.65　透视列

从 Power Query 提供的文字说明来看，透视列就是使用当前选中列中的名称创建新列。其实，这个透视过程和在 Excel 数据透视表中将“客户城市”放在行区域、“年月”放在列区域、“销量”放在值区域求和实现的效果是一致的，如图 3.66 所示。

	客户城市	2017-10	2017-4	2019-8
1	上海市	409	null	null
2	南京市	null	null	null
3	天津市	null	null	null
4	未知	null	441	null
5	深圳市	null	null	221

求和项:销量	列标签				
行标签	2017-10	2017-4	2017-6	2018-2	2018-5
南京市					
上海市	409			560	
深圳市					
天津市			0		
未知		441			0
总计	409	441	0	560	0

在以下区域间拖动字段:
筛选　列：年月
行：客户城市　值：求和项:销量

图 3.66　Power BI 中的透视列与 Excel 中的透视表原理相同

10. 逆透视列与逆透视其他列

透视列后的表一般叫二维表，行和列的交叉处的值就是指定维度下的度量，这种表格形式比较符合人们的阅读习惯，却不利于数据分析。在 Power Query 中，可以通过逆透视一键将二维表转换为一维表。

选中“2017-10”列，按住 Shift 键的同时选中最后一列，可以将“2017-10”后面的列全部选中（按住 Shift 键可以选择连续的多列）。右击，在弹出的快捷菜单中选择“逆透视列”命令，如图 3.67 所示。

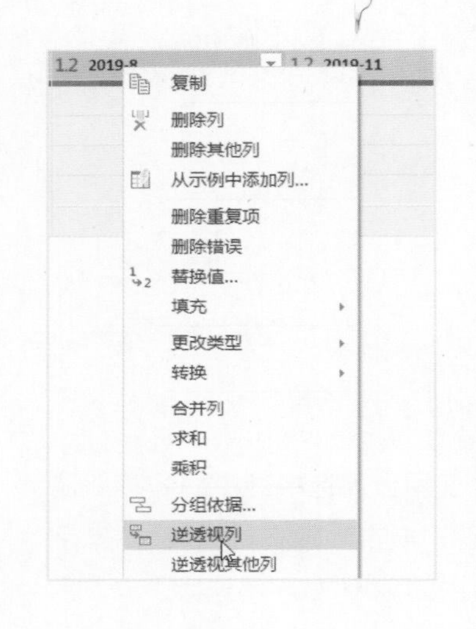

	客户城市	属性	值
1	上海市	2017-10	409
2	上海市	2018-2	560
3	南京市	2019-11	441
4	天津市	2017-6	0
5	未知	2017-4	441
6	未知	2018-5	0
7	深圳市	2019-8	221

图 3.67　逆透视列

因为这里除了“客户城市”列，其他列都需要进行逆透视，所以也可以只选中“客户城市”列，右击，在弹出的快捷菜单中选择“逆透视其他列”命令实现同样的效果。

以上介绍的基本操作都是在原表的基础上进行选择、删除和替换等。在转换数据时，经常需要增加新列来丰富数据分析的维度和度量，比如，从其他表中匹配字段，或者按一定规则计算出新字段。

我们再通过几个示例介绍 Power Query 的数据丰富功能。假设我们有已经准备好的 2019—2020 年的销量数据和各城市产品对照表，通过输入数据的方式将这两个表复制粘贴到 Power Query 中。当然，也可以从 Excel 文件中获取数据，保持与源文件的链接。

1. 追加查询

可以将追加查询理解为两个和多个结构一致的表格纵向合并，追加查询的执行结果是增加表格的行数。在 Excel 中，追加数据一般是先复制数据，然后粘贴数据，进行复制粘贴操作时需要保持列的顺序一致；在 Power Query 中，追加数据需要保持列的名称一致。

选中销量表查询，执行“主页”→“追加查询”命令，在“要追加的表”下拉框中选择“STEP10 追加查询”选项，如图 3.68 所示。

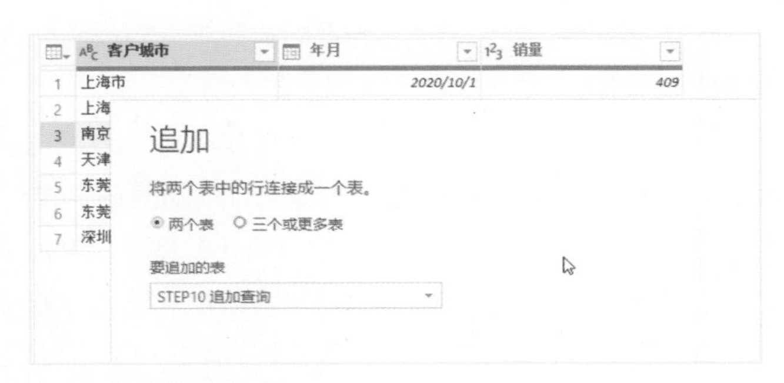

图 3.68　追加查询

两表完成追加以后的结果如图 3.69 所示，追加以后的表包含 2017—2020 年全部的销售数据。

	客户城市	年月	销量
1	上海市	2020/10/1	409
2	天津市	2020/6/1	332
3	东莞市	2020/4/1	425
4	南京市	2019/11/1	441
5	南京市	2019/11/1	425
6	深圳市	2019/8/1	221
7	深圳市	2019/8/1	221
8	东莞市	2019/5/1	332
9	上海市	2019/2/1	560
10	未知	2018/5/1	0
11	上海市	2018/2/1	560
12	上海市	2017/10/1	409
13	天津市	2017/6/1	0
14	未知	2017/4/1	441

图 3.69　追加查询结果

2．合并查询

合并查询是基于匹配列将一个表横向扩展，合并查询的执行结果是增加表格的列数。合并查询功能相当于 Excel 中的 VLOOKUP()函数，从匹配列出发在另一个表中查找对应的数据，然后将数据引用作为新的列。VLOOKUP()函数是 Excel 中使用最广泛的一个函数，合并查询的机制和 VLOOKUP()函数相似，但是功能比 VLOOKP()函数强大。在实现多列查找、逆向查找等情形时，VLOOKUP()函数一般需要配合 COLUMN()、MATCH()、INDEX()等函数使用，但使用 Power Query 只要单击就可以一次满足多种复杂的情形。

在此示例中，我们需要从产品对照表中找到产品名称和单价，可以根据“城市”列匹配需要的数据。

选中销量表，执行“主页”→“合并查询”命令，选择产品对照表，单击两个表的匹配列，即销量表的“客户城市”列及产品对照表的“城市”列。联结种类保持默认的“左外部（第一个中的所有行，第二个中的匹配行）”，单击“确定”按钮，如图 3.70 所示。

完成合并以后，得到的结果是包含表格的新列。在这里可以看到 Power Query 强大的原因之一，一个单元格中可以包含的数据不仅可以是常规的单个数值或文本，还可以是列表、表格、二进制文件等结构化数据。单击“产品对照表”列的“Table”字样，可以在下方预览当前单元格中包含的数据，如图 3.71 所示。

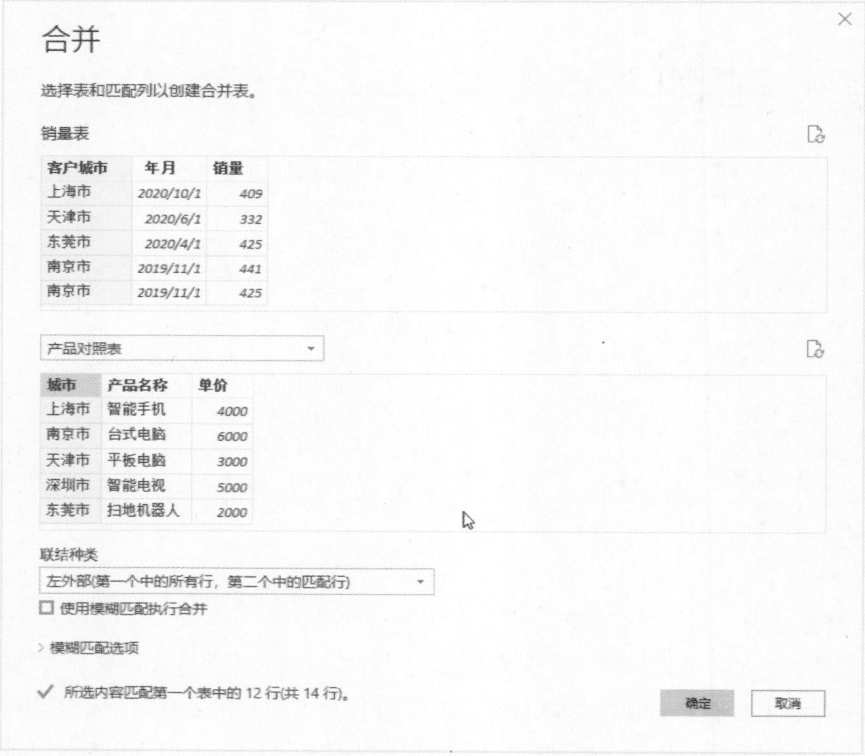

合并

选择表和匹配列以创建合并表。

销量表

客户城市	年月	销量
上海市	2020/10/1	409
天津市	2020/6/1	332
东莞市	2020/4/1	425
南京市	2019/11/1	441
南京市	2019/11/1	425

产品对照表

城市	产品名称	单价
上海市	智能手机	4000
南京市	台式电脑	6000
天津市	平板电脑	3000
深圳市	智能电视	5000
东莞市	扫地机器人	2000

联结种类

左外部(第一个中的所有行，第二个中的匹配行)

☐ 使用模糊匹配执行合并

› 模糊匹配选项

✓ 所选内容匹配第一个表中的 12 行(共 14 行)。

确定　取消

图 3.70 “合并”对话框

	客户城市	年月	销量	产品对照表
1	上海市	2020/10/1	409	Table
2	天津市	2020/6/1	332	Table
3	东莞市	2020/4/1	425	Table
4	南京市	2019/11/1	441	Table
5	南京市	2019/11/1	425	Table
6	深圳市	2019/8/1	221	Table
7	深圳市	2019/8/1	221	Table
8	东莞市	2019/5/1	332	Table
9	上海市	2019/2/1	560	Table
10	未知	2018/5/1	0	Table
11	上海市	2018/2/1	560	Table
12	上海市	2017/10/1	409	Table
13	天津市	2017/6/1	0	Table
14	未知	2017/4/1	441	Table

城市	产品名称	单价
天津市	平板电脑	3000

图 3.71　可以包含表格的“产品对照表”列

单击“产品对照表”列右上角的“展开”按钮，就可以自由地选择需要匹配的字段完成合并，如图 3.72 所示。

	客户城市	年月	销量	产品名称	单价
1	上海市	2020/10/1	409	智能手机	4000
2	天津市	2020/6/1	332	平板电脑	3000
3	东莞市	2020/4/1	425	扫地机器人	2000
4	南京市	2019/11/1	441	台式电脑	6000
5	南京市	2019/11/1	425	台式电脑	6000
6	深圳市	2019/8/1	221	智能电视	5000
7	深圳市	2019/8/1	221	智能电视	5000
8	东莞市	2019/5/1	332	扫地机器人	2000
9	上海市	2019/2/1	560	智能手机	4000
10	未知	2018/5/1	0	null	null
11	上海市	2018/2/1	560	智能手机	4000
12	上海市	2017/10/1	409	智能手机	4000
13	天津市	2017/6/1	0	平板电脑	3000
14	未知	2017/4/1	441	null	null

图 3.72　展开合并的表格

3．自定义列

自定义列是基于自定义公式在当前表中添加新列。自定义列的使用一般会涉及 M 函数的相关知识。比如，当我们将单价匹配到销量表以后，可以计算出销售额，这就需要结合自定义列与 M 函数去完成。

在“添加列”选项卡中单击“自定义列”按钮，弹出“自定义列”对话框，修改“新列名”为“销售额”，在“自定义列公式”下拉文本框中输入“=[销量]*[单价]”，单击“确定”按钮就可以获得新的“销售额”列。可以通过双击“可用列”文本框中相应的列名称的方式将列添加到公式中，如图 3.73 所示。

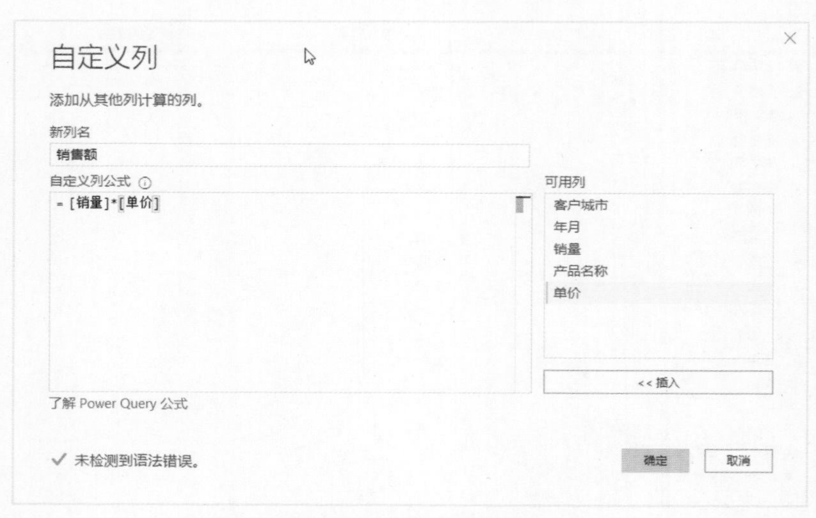

图 3.73　添加自定义列

4．添加条件列

在 Power Query 中添加条件列有两种方式，一种是在自定义列中使用 if 函数，另一种是使用 Power Query 功能区内嵌的界面功能“条件列”。

假设，我们需要根据销售额定义产品是高贡献产品还是低贡献产品，如果销售额大于或等于 10 万个，则该产品被定义为“高贡献”，否则被定义为“低贡献”。我们可以新建自定义列，并输入公式“= if [销售额] >= 100000 then‘高贡献’else‘低贡献’”，如图 3.74 所示。

自定义列
添加从其他列计算的列。
新列名
贡献等级
自定义列公式

```
= if [销售额] >= 100000
  then "高贡献"
  else "低贡献"
```

可用列
客户城市
年月
产品名称
销量
单价
销售额
<< 插入
了解 Power Query 公式
未检测到语法错误。
确定
取消

图 3.74　使用 if 函数进行逻辑判断

在 Power Query 中，if 函数的语法是：if 表达式 then 结果 1 else 结果 2。在 Excel 中，逗号可以替代 then 和 else 语句。

在 Power Query 中，另一种更直观地表示逻辑判断语句的方法是添加条件列。执行"添加列"→"条件列"命令，在弹出的"添加条件列"对话框中设置判断逻辑，如图 3.75 所示。

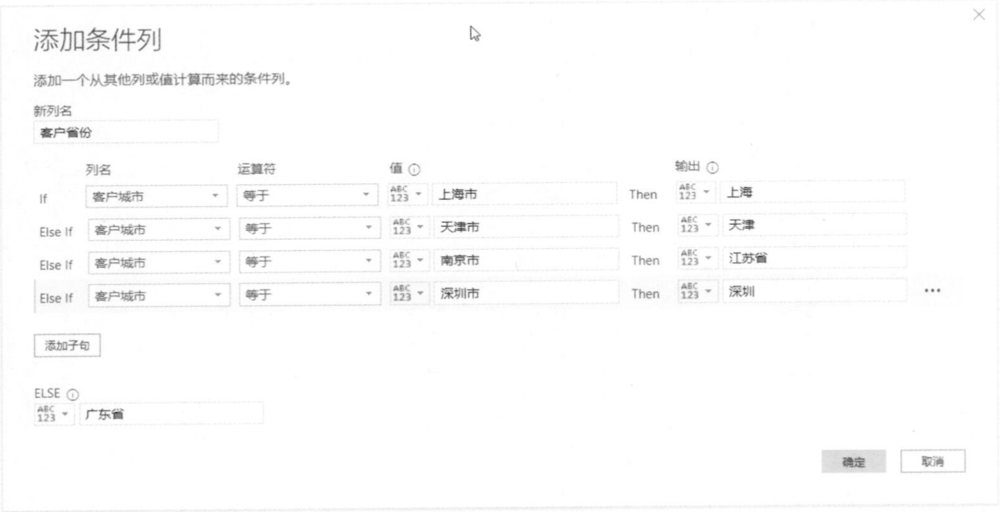

图 3.75　添加条件列

这里的条件判断如果使用 Power Query 的 if 函数或 Excel 中的 if 函数实现，都需要多层嵌套。层层嵌套的 if 函数在阅读上有一定难度，也会增加后期维护的困难。

3.3.4　列操作与表操作

在 Power Query 中，大部分操作都是基于列或表的，如果我们需要对数据进行行方向的操作，比如，替换同一行的某个指定值，就需要将数据转置。因此，我们可以将 Power Query 中的大部分功能分类成列操作和表操作。

选中 Power Query 中的任意一列，右击可以调出对选中的列可以执行的操作。若同时选中多列，右击也可以调出对选中的多列可以执行的操作。如图 3.76 所示的两个菜单包含了大部分列操作。

Power Query 预览窗口的左上角有一个类似表格的图标，单击它就能调出表操作的相关选项，如图 3.77 所示。

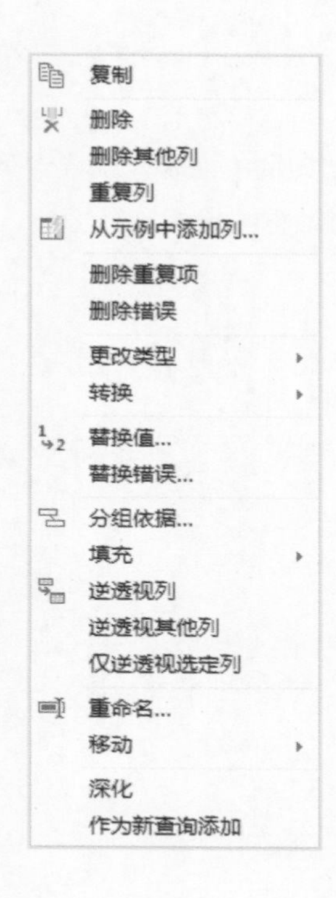

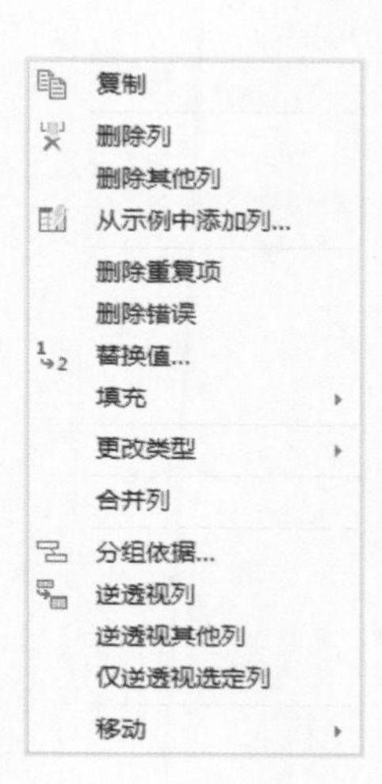

图 3.76 列操作

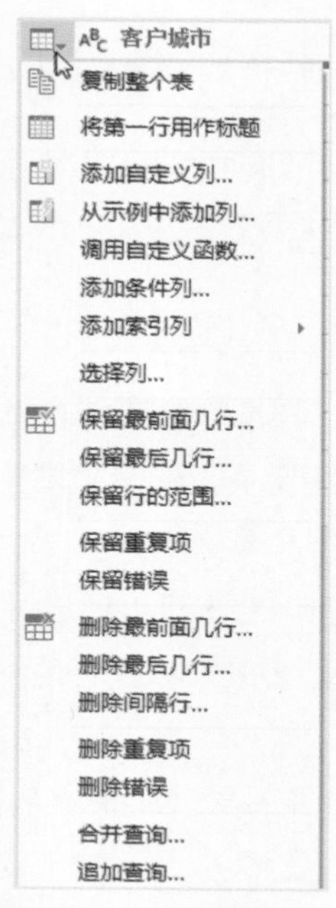

图 3.77 表操作

以上关于列和表的操作不仅可以右击调出，还可以在 Power Query 用户界面的功能区中找到。所以，我们可以选择自己觉得方便的任意一种方法来使用 Power Query 内嵌的数据清洗功能模块。

3.3.5 Power Query 进阶案例——应用 M 函数实现从文件夹合并数据

入门案例中的数据是非常规范的，即每个工作簿都没有多余的空行或空列、各列的名称及位置都是一致的，这是最简单的文件合并场景。在日常工作中，我们可能会遇到更复杂的情形，需要从文件合并和 M 函数配合使用。

假设我们有分公司 A 到 T 的获客情况报表，各分公司客户部按要求填好表以后给我们进行汇总，我们需要做的是将工作簿中 B16、C16、D16 单元格中的数据提取出来，并进行汇总分析，如图 3.78 所示。

名称
A分店
B分店
C分店
D分店
E分店
F分店
G分店
H分店
I分店
J分店
K分店
L分店
M分店
N分店
O分店
P分店
Q分店
R分店
S分店
T分店

	A	B	C	D	E	F
1	分店获客报表					
2	计划活动日	目标客户数（户）			目标客户明细	支行负责人
3		私行	贵宾	基础客户		
4	2月×日××活动					
5	2月×日××活动					
6						
7						
8						
9						
10						
11						
12						
13						
14						
15						
16	合计	2	28	166		

图 3.78　各分店待合并数据

我们的需求可以概括为：提取多个数据文件中指定位置（某行、某列）的数据，并将各文件对应位置的数据合并起来。在这种情形下，简单的合并并加载就不可行了，需要配合 M 函数进行数据的提取和合并。

1. M 函数基础

掌握 Power Query 并不要求必须学会 M 函数，但是学习和了解 M 函数的基本使用方法，可以成倍地放大 Power Query 的数据处理能力。Power Query 中的 M 函数和 Excel 中的函数有很大不同，主要体现在以下几点：

- Power Query 中的 M 函数对大小写敏感，Excel 中的函数对大小写不敏感。
- Power Query 中的行索引号是从 0 开始的，Excel 中的行索引号是从 1 开始的。
- 在 Power Query 中取表列用中括号[]，取表行用大括号{}，例如，取某列的第一行可以表达为：=表{0}[列名]。
- Power Query 中同列数据的数据类型需要严格统一，Excel 中的数据转换是隐式的。
- Power Query 中的单元格可以储存二进制文件、表、记录和列表等对象，Excel 中的单元格只能存储单一的值（文本或数值型）。
- Power Query 有非常丰富的 M 函数体系，且 M 函数基本自成体系，与 Excel 函数少有重叠。

Power Query 有强大的、几乎集成了所有数据清洗功能的用户界面，但我们总会遇到一些仅凭界面操作无法完成的工作。所以，本节向读者介绍两个 M 函数初级用法，本书的最后一章也会讲解一个 M 函数的高级使用案例，读者可以在此基础上决定是否对 M 函数进行更多的进阶学习。

2. 文件提取函数：Excel.Workbook()

Power Query 中有一类数据文件提取函数，使用它们可以从不同格式的文件中提取数据。例如，Excel.Workbook()函数的主要功能是从 Excel 格式的文件中读取数据，还有从 CSV 文本文件中读取数据的 Csv.Document()函数和从网页文件中读取数据的 Web.Content()函数。在本案例中，我们使用 Excel.Workbook()函数进行数据提取。

① 打开 Power BI，从文件夹获取数据，出现如图 3.79 所示对话框时，单击“转换数据”按钮。

② 在 Power Query 编辑器窗口中我们可以看到文件夹内所有文件的相关属性，如文件内容（Content）、文件名（Name）、扩展名（Extension）、获取时间等，如图 3.80 所示，利用好这些属性能帮助我们获取需要的数据信息。例如，我们可以获取表名、对文件类型进行筛选、按文件创建时间排序等。

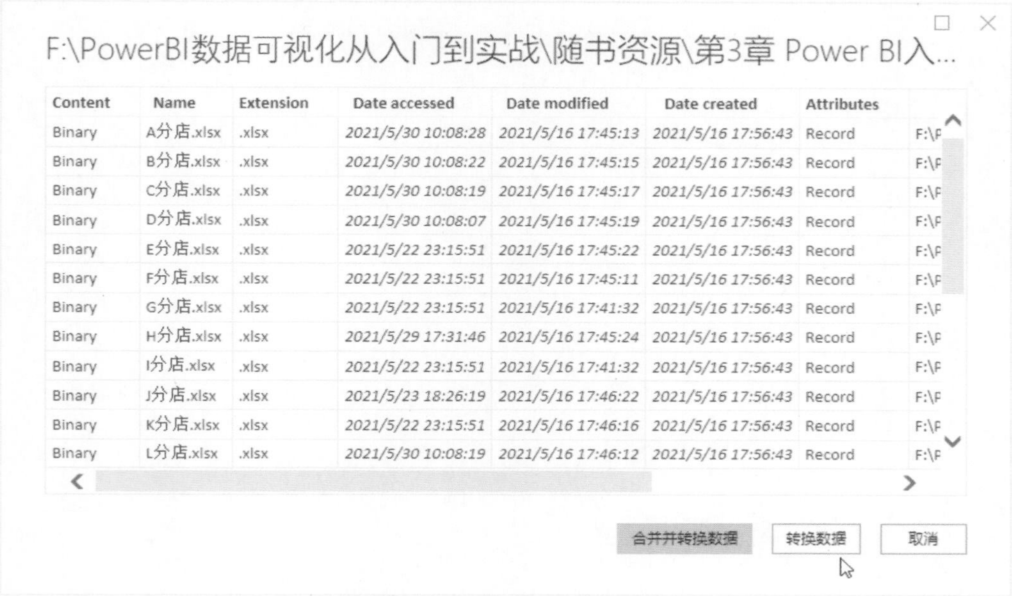

F:\PowerBI数据可视化从入门到实战\随书资源\第3章 Power BI入...

Content	Name	Extension	Date accessed	Date modified	Date created	Attributes	
Binary	A分店.xlsx	.xlsx	2021/5/30 10:08:28	2021/5/16 17:45:13	2021/5/16 17:56:43	Record	F:\P
Binary	B分店.xlsx	.xlsx	2021/5/30 10:08:22	2021/5/16 17:45:15	2021/5/16 17:56:43	Record	F:\P
Binary	C分店.xlsx	.xlsx	2021/5/30 10:08:19	2021/5/16 17:45:17	2021/5/16 17:56:43	Record	F:\P
Binary	D分店.xlsx	.xlsx	2021/5/30 10:08:07	2021/5/16 17:45:19	2021/5/16 17:56:43	Record	F:\P
Binary	E分店.xlsx	.xlsx	2021/5/22 23:15:51	2021/5/16 17:45:22	2021/5/16 17:56:43	Record	F:\P
Binary	F分店.xlsx	.xlsx	2021/5/22 23:15:51	2021/5/16 17:45:11	2021/5/16 17:56:43	Record	F:\P
Binary	G分店.xlsx	.xlsx	2021/5/22 23:15:51	2021/5/16 17:41:32	2021/5/16 17:56:43	Record	F:\P
Binary	H分店.xlsx	.xlsx	2021/5/29 17:31:46	2021/5/16 17:45:24	2021/5/16 17:56:43	Record	F:\P
Binary	I分店.xlsx	.xlsx	2021/5/22 23:15:51	2021/5/16 17:41:32	2021/5/16 17:56:43	Record	F:\P
Binary	J分店.xlsx	.xlsx	2021/5/23 18:26:19	2021/5/16 17:46:22	2021/5/16 17:56:43	Record	F:\P
Binary	K分店.xlsx	.xlsx	2021/5/22 23:15:51	2021/5/16 17:46:16	2021/5/16 17:56:43	Record	F:\P
Binary	L分店.xlsx	.xlsx	2021/5/30 10:08:19	2021/5/16 17:46:12	2021/5/16 17:56:43	Record	F:\P

合并并转换数据　转换数据　取消

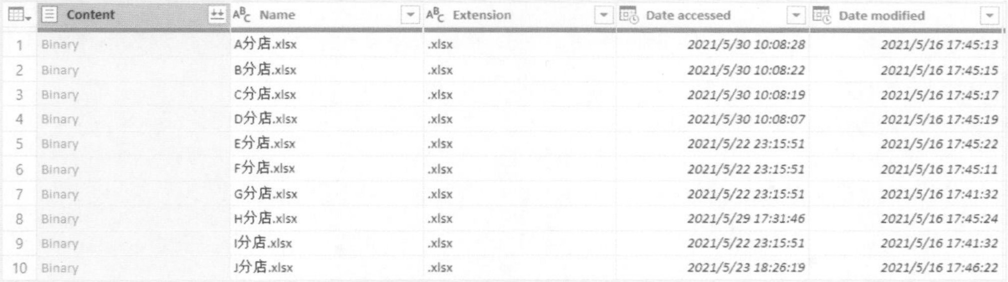

图 3.79　从文件夹合并数据

	Content	Name	Extension	Date accessed	Date modified
1	Binary	A分店.xlsx	.xlsx	2021/5/30 10:08:28	2021/5/16 17:45:13
2	Binary	B分店.xlsx	.xlsx	2021/5/30 10:08:22	2021/5/16 17:45:15
3	Binary	C分店.xlsx	.xlsx	2021/5/30 10:08:19	2021/5/16 17:45:17
4	Binary	D分店.xlsx	.xlsx	2021/5/30 10:08:07	2021/5/16 17:45:19
5	Binary	E分店.xlsx	.xlsx	2021/5/22 23:15:51	2021/5/16 17:45:22
6	Binary	F分店.xlsx	.xlsx	2021/5/22 23:15:51	2021/5/16 17:45:11
7	Binary	G分店.xlsx	.xlsx	2021/5/22 23:15:51	2021/5/16 17:41:32
8	Binary	H分店.xlsx	.xlsx	2021/5/29 17:31:46	2021/5/16 17:45:24
9	Binary	I分店.xlsx	.xlsx	2021/5/22 23:15:51	2021/5/16 17:41:32
10	Binary	J分店.xlsx	.xlsx	2021/5/23 18:26:19	2021/5/16 17:46:22

图 3.80　表中包含文件的大部分属性

③ 只保留“Content”及 “Name”列，删除其他列。保留“Name”列以便获取分店信息，提取“Name”列分隔符前的字符串就可以获得分店名称，如图 3.81 所示。

	Content	Name
1	Binary	A分店
2	Binary	B分店
3	Binary	C分店
4	Binary	D分店
5	Binary	E分店
6	Binary	F分店
7	Binary	G分店
8	Binary	H分店
9	Binary	I分店
10	Binary	J分店
11	Binary	K分店
12	Binary	L分店
13	Binary	M分店
14	Binary	N分店
15	Binary	O分店
16	Binary	P分店
17	Binary	Q分店
18	Binary	R分店
19	Binary	S分店
20	Binary	T分店

图 3.81　保留数据列并提取分店名

④“Content”列的数据类型是二进制文件，Excel 工作簿中的数据就包含在里面。在功能区中选择“自定义列”选项，弹出“自定义列”对话框，在“自定义列公式”文本框中输入以下公式，单击“确定”按钮，如图 3.82 所示。

```
= Excel.Workbook([Content])
```

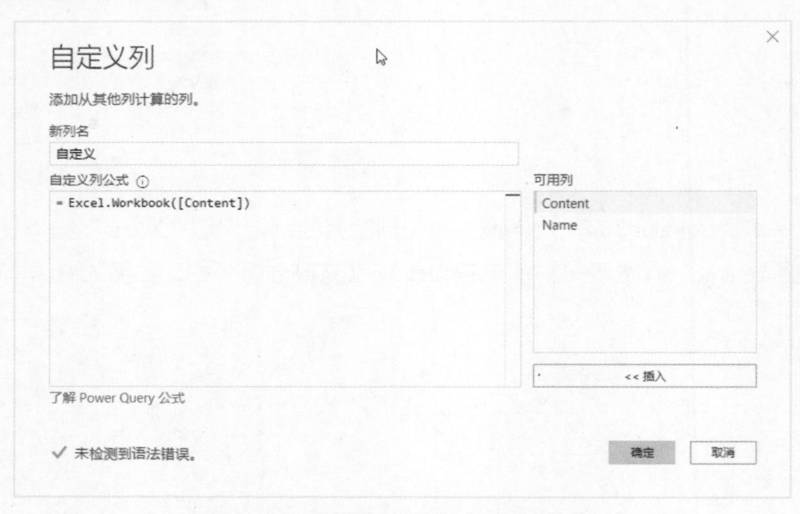

图 3.82　使用 M 函数添加自定义列

⑤ 生成的自定义列的数据类型是表格，单击表格可以在下方看到数据预览，如图 3.83 所示。单击“自定义”列右上角的“展开”按钮，就可以得到表中的内容了。

	Content	Name	自定义
1	Binary	A分店	Table
2	Binary	B分店	Table
3	Binary	C分店	Table
4	Binary	D分店	Table
5	Binary	E分店	Table
6	Binary	F分店	Table
7	Binary	G分店	Table
8	Binary	H分店	Table
9	Binary	I分店	Table
10	Binary	J分店	Table
11	Binary	K分店	Table
12	Binary	L分店	Table

Name	Data	Item	Kind	Hidden
Sheet2	Table	Sheet2	Sheet	FALSE

图 3.83　包含数据类型为“Table”的自定义列

⑥ 展开“自定义”列以后可以看到关于工作表属性的列，如工作表名（Name.1）、工作表数据（Data）、是否隐藏（Hidden）等，如图 3.84 所示。这里只需要保留“Name”和“Data”列，删除其他列。

	Content	Name	Name.1	Data
1	Binary	A分店	Sheet2	Table
2	Binary	B分店	Sheet2	Table
3	Binary	C分店	Sheet2	Table
4	Binary	D分店	Sheet2	Table
5	Binary	E分店	Sheet2	Table
6	Binary	F分店	Sheet2	Table
7	Binary	G分店	Sheet2	Table
8	Binary	H分店	Sheet2	Table

Column1	Column2	Column3	Column4	Column5	Column6
分店获客报表	null	null	null	null	null
计划活动日	目标客户数（	null	null	目标客户明细	支行负责人
null	私行	贵宾	基础客户	null	null
2月×日××活动	null	null	null	null	null
2月×日××活动	null	null	null	null	null

图 3.84　工作表属性列

3. 选择列函数：Table.SelectColumns()

如果是规范的数据，执行该操作时展开“Data”列就可以了，但是这里的数据包含很多干扰项，包括无用的表标题和很多的空白单元格（null），如图 3.85 所示。

	Name	Data
1	A分店	Table
2	B分店	Table
3	C分店	Table
4	D分店	Table

Column1	Column2	Column3	Column4	Column5	Column6
分店获客报表	null	null	null	null	null
计划活动日	目标客户数（)	null	null	目标客户明细	支行负责人
null	私行	贵宾	基础客户	null	null
2月×日××活动	null	null	null	null	null
2月×日××活动	null	null	null	null	null
null	null	null	null	null	null
null	null	null	null	null	null
null	null	null	null	null	null
null	null	null	null	null	null
null	null	null	null	null	null
null	null	null	null	null	null
null	null	null	null	null	null
null	null	null	null	null	null
null	null	null	null	null	null
null	null	null	null	null	null
合计	3	13	115	null	null

图 3.85　待合并数据表格预览

仔细观察可以发现，我们需要提取的数据在每张数据表格中的位置是一样的，可以通过“=表{0}[列名]”的方式获取表中指定列的第一行数值。这里需要获得的私行、贵宾、基础客户数分别在“Column2”、“Column3”和“Column4”列的第 16 行。获取指定的列可以使用 Table.SelectColumns()函数，利用该函数可以同时指定多列；获取第 16 行使用语法{15}即可（行号从 0 开始计算）。

所以，我们只需要添加自定义列，输入以下公式：

```
= Table.SelectColumns([Data],{"Column2","Column3","Column4"}){15}
```

结果如图 3.86 所示，“自定义”列中的数据类型为记录（Record），单击右上角的“展开”按钮即可获得最终数据。

	Name	Data	自定义
1	A分店	Table	Record
2	B分店	Table	Record
3	C分店	Table	Record
4	D分店	Table	Record
5	E分店	Table	Record
6	F分店	Table	Record
7	G分店	Table	Record
8	H分店	Table	Record
9	I分店	Table	Record
10	J分店	Table	Record
11	K分店	Table	Record

Column2	7
Column3	25
Column4	158

图 3.86　获取表中指定位置数据形成记录

删除不需要的列，将列重命名并转换数据格式，便可以得到最终结果，如图 3.87 所示。

	分店	私行	贵宾	基础客户
1	A分店	1	27	121
2	B分店	3	13	115
3	C分店	1	22	169
4	D分店	7	25	158
5	E分店	5	18	158
6	F分店	7	22	135
7	G分店	5	15	108
8	H分店	4	22	153
9	I分店	5	15	108
10	J分店	5	28	179
11	K分店	5	13	163
12	L分店	6	15	193
13	M分店	5	15	108
14	N分店	5	15	108
15	O分店	5	15	108
16	P分店	8	20	100
17	Q分店	7	20	180
18	R分店	3	16	176
19	S分店	5	15	108
20	T分店	1	15	101

图 3.87　从文件夹合并的最终结果

在这个示例中，我们结合 Power Query 的从文件夹及 M 函数实现了定位取数的需求，使用了 Excel.Workbook()函数与 Table.SelectColumns()函数，在数据的转换过程中接触到了 Power Query 的新数据类型 Table、Record 和 List。

要熟练地掌握 M 函数，发挥其更多的功能，读者可以阅读更多的相关书籍或互联网资源。

3.3.6 M 函数拓展学习资源

下面为读者提供两个深入学习 M 函数的方法。

1. Power Query 自带 M 函数列表

先在 Power Query 中新建一个空查询，然后在公式编辑栏输入“=#shared”，按回车键就会出现所有查询及函数的列表，新建空查询的步骤如图 3.88 所示。

图 3.88 新建空查询的步骤

单击功能区中的“到表中”按钮，如图 3.89 所示。将记录转换成表格就可以通过函数名搜索需要的函数。

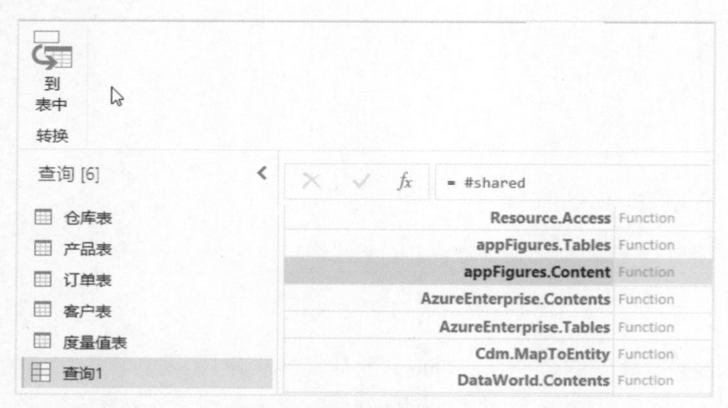

图 3.89 将记录转换成表格

该函数帮助文档提供了 M 函数的基础语法、简单描述及使用示例，如图 3.90 所示。

图 3.90　函数列表及相关解释说明

2．M 函数官方网站

微软提供了完整的 M 函数参考文档，如图 3.91 所示，文档包含所有 M 函数的基础语法、使用描述及应用示例。

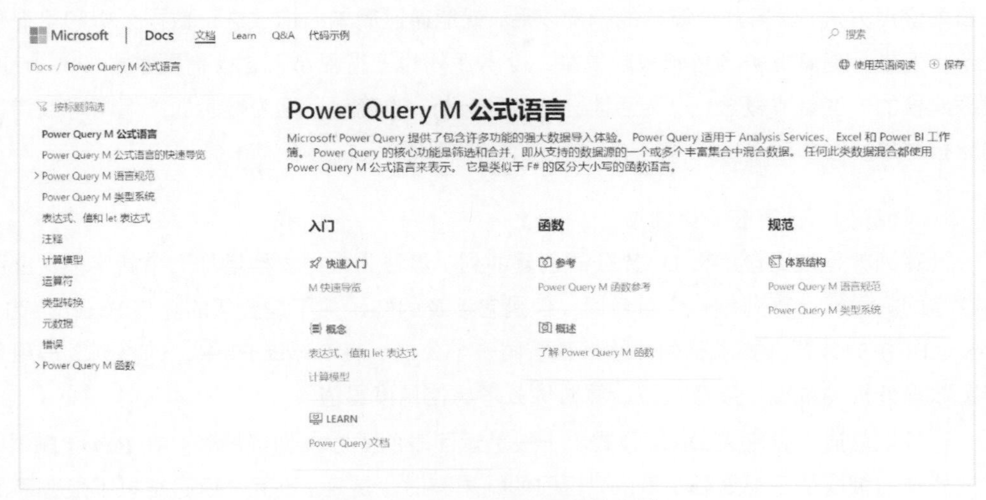

图 3.91　Power Query 帮助文档

以上两个资源更多的是对 M 函数的基础知识、函数语法等进行学习，要更好地掌握 M 函数的用法就需要结合实战案例进行反复练习。笔者将在公众号“Power BI 知识星球”中持续分享关于 M 函数的更多实战案例。

3.4 数据建模：Power Pivot

在 Excel 中，Power Pivot 是一个具体可见的加载项；在 Power BI 中，Power Pivot 是无形的，但它的存在使 Power BI 的商业数据分析能力得到保障。Power Pivot 及 DAX 函数是支撑 Power BI 超级计算能力的两大核心，在 Power BI 中，可视化的设计有时也需要基于 DAX 驱动。

3.4.1 Power Pivot 简介

Power Pivot 这个词源自 Excel 的一个插件。在 Power BI 中，虽然找不到名为“Power Pivot”的选项卡或功能窗口，但它却是 Power BI 的计算中枢，在 Power BI 的建模和计算中起着非常重要的作用。这里我们沿用“Power Pivot”这个词来泛指 Power BI 中与建模相关的模块，如度量值、计值上下文、表间关系、数据模型、数据分析表达式等。

3.4.2 数据建模基本概念

Power BI 的最初定位就是业务人员的自助分析商业智能软件。因此，在了解它的一些简单使用方法，学习几个简单的示例以后，就能通过简单的拖放进行数据分析和可视化展示。但是，随着业务场景越来越复杂，业务逻辑也变得复杂，这就需要掌握 Power BI 数据建模的一些基本概念，以灵活地进行数据分析，也确保不因为概念的不清晰导致错误的分析结果。

1．计算列、计算表与度量值

计算列就是按照自定义 DAX 公式创建的列，最终为数据表格增加一个新字段，占用内存空间。虽然计算列是一个新名词，但是它涉及的知识并不是全新的。与 Excel 相比，Power BI 中的计算列要求整列计算都基于同一个公式。在 Power BI 中，计算列经常用来丰富数据分析的维度，涉及数值计算时优先考虑使用度量值。

计算表是通过自定义 DAX 公式（一般是返回表的函数）创建的表。在 Power BI 中，数据处理的维度很多都是基于表的，返回的结果有时也是表。而且，返回结果不是普通的值，而是一个表的函数，我们称之为表函数。计算表一般用来做 DAX 公式的测试，也多用于构建中间表。

度量值是使用 DAX 公式创建的计算。与计算列和计算表不同，创建度量值之时不会马上执行计算，只有在确定的计算环境中才会执行计算。在 Power BI 中，通过使用 DAX 函数，明确指定聚合方式或计算环境的度量值叫显性度量值。当我们将一个数值字段直接拖放到 Power BI 视觉对象的数值计算字段中时，Power BI 也会自动汇总数据。这种通过拖放的方式自动汇总数据产生的度量值叫隐式度量值。使用 Excel 数据透视表拖放字段进行计算时使用的都是隐式度量值。

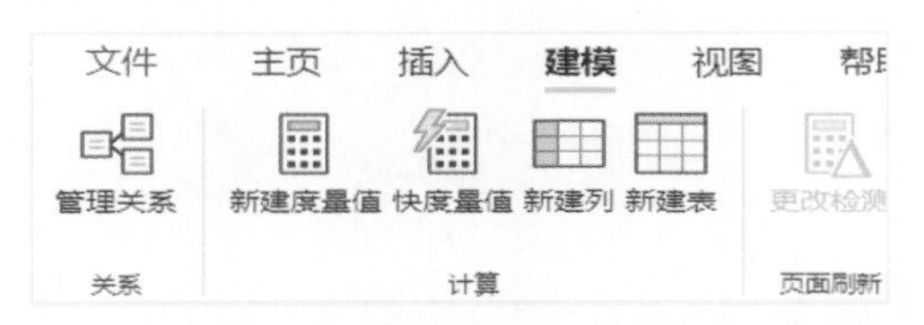

图 3.92 “建模”选项卡下的新建列、新建表和新建度量值

2. DAX

DAX（Data Analysis Expression，数据分析表达式）是一门独立的基于数据模型的计算分析语言。DAX 函数与 Excel 函数类似，都是函数式语言，函数式语言与编程语言最大的区别是它将运算方式封装好，使用者只需要以参数的形式向函数传递计算内容即可。DAX 与 Excel 共用部分函数，如 SUM()、AVERAGE()、LEFT()等，同时算术运算符与比较运算符都是通用的。除此之外，DAX 还有自己独有的一套强大的函数体系，如迭代函数 FILTER()、SUMX()、AVERAGEX()等及强大的 CALCULATE()函数等。

3. 计值上下文

计值上下文是 DAX 计算的全新概念，如果无法准确理解计值上下文的概念，就无法理解 DAX 的计算原理，也正是计值上下文的存在，才使得同一个度量值在不同的环境中计算结果千变万化。计值上下文又分筛选上下文和行上下文。筛选上下文负责筛选，将数据切片成子集。在 Power BI 中，筛选条件可以来自筛选窗格、切片器、视觉对象，也可以来自 DAX 本身。筛选上下文其实就是数值计算的环境。行上下文负责迭代表，标记发生计算的行。行上下文可以理解为表的行号或行的游标，正是因为行上下文的存在，DAX 才能准确地获取关于行位置的信息，DAX 在计算时才不会错行匹配进行计算。行上下文仅存在于计算列和迭代函数中。

4. 关系与关系模型

关系的基本概念已经介绍过了，从微观上讲，关系是两个表之间存在关联的字段，可以互相引用。这一节我们介绍由多个表搭建而成的关系模型。Power BI 将表与表之间的关系具象成一条线，关系表中的维度表为“一”端，用“1”表示，事实表为“多”端，用“*”表示，如图 3.93 所示。

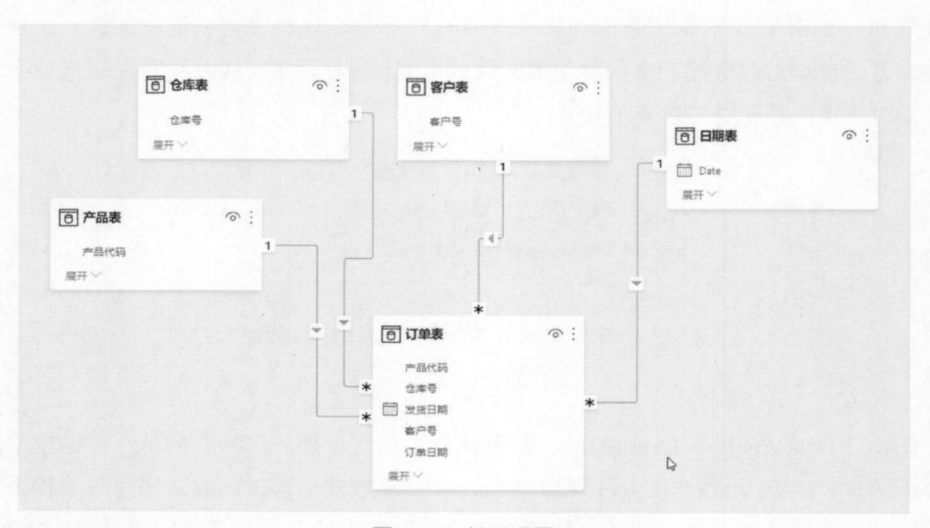

图 3.93 关系视图

多个表通过关系可以创建数据模型，可以说关系是数据模型的基础。在 Power BI 中，数据模型通常分为两种：星型数据模型和雪花型数据模型，这两个概念都来自数据库理论。在星型数据模型中，事实表居中，维度表就像星星一样围绕在其四周，如图 3.94 所示。星型数据模型是比较理想的数据模型，表与表之间的关系深度为 1，筛选在表之间的传递方向明确，在我们使用 DAX 函数进行分析时更容易理解。

另一种数据模型是雪花型数据模型，它同样以事实表为中心，向四周扩展，但是在扩展的深度上，它会出现更多的层级。在如图 3.95 所示雪花型数据模型中，产品表与产品型号表通过产品名称建立一对一关系，同时产品表与订单表通过产品代码建立一对多关系，因此产品型号表与订单表之间虽然没有直接建立关系，但是通过关系的传递建立了间接关系。就像我们之前建议的一样，产品型号表与产品表之间的关系是一对一的，这时我们可以直接合并两表，这样就能将模型简化，有利于我们对 DAX 函数的理解和应用，从而建立更优的数据模型。

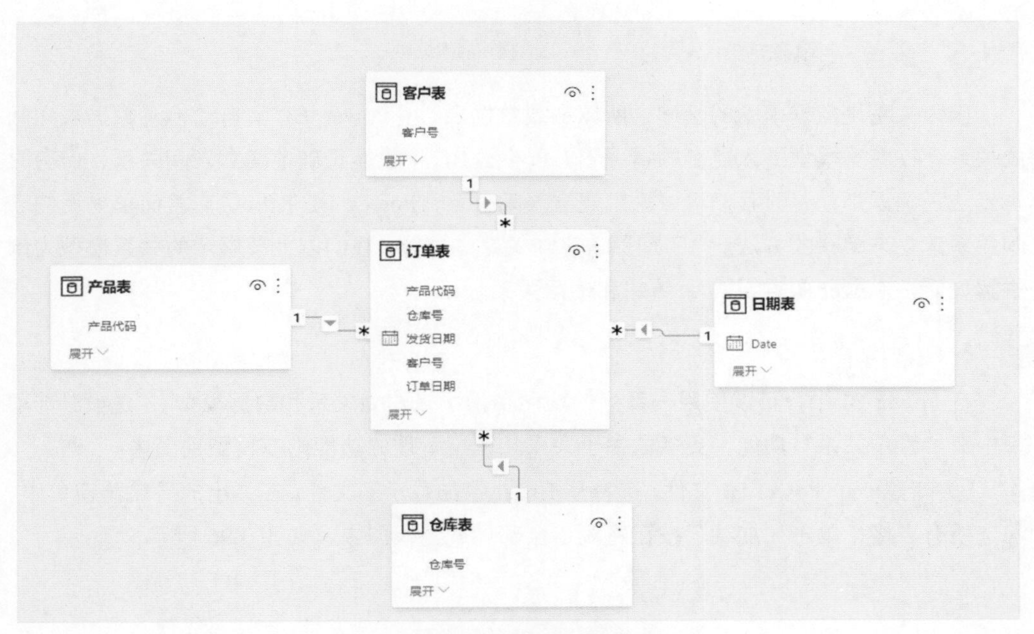

图 3.94　星型数据模型

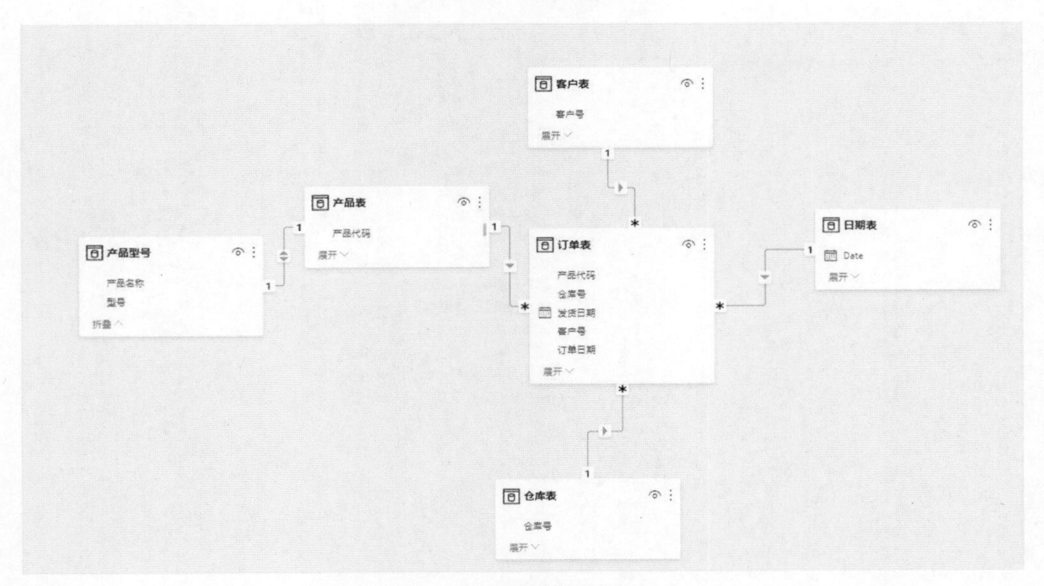

图 3.95　雪花型数据模型

3.4.3 表间关系与跨表透视

因为关系是数据模型的基础，所以加载数据表时，Power BI 会自动检测数据表之间的关系。在数据模型不太复杂的情况下，Power BI 一般能正确地建立表间关系，但有时也无法正确识别，这时我们可以手工建立表间关系，Power BI 提供了非常简单易用的表间关系建立与编辑的方法。为了加深读者对关系的理解，我们以上节展示的关系模型为例讲解如何在 Power BI 中建立、编辑和使用关系。

1. 模型视图

在 Power BI 中，可以使用一系列的功能和操作来建立关系和数据模型，“建模”选项卡中有“管理关系”功能，更多的关于关系和模型管理的功能则在模型视图中。

① 新建一个 Power BI 文件，选择从 Excel 中加载示例文件，在弹出的导航器窗口中，勾选所有表格，单击“加载”按钮将表格全部加载到模型中，如图 3.96 所示。

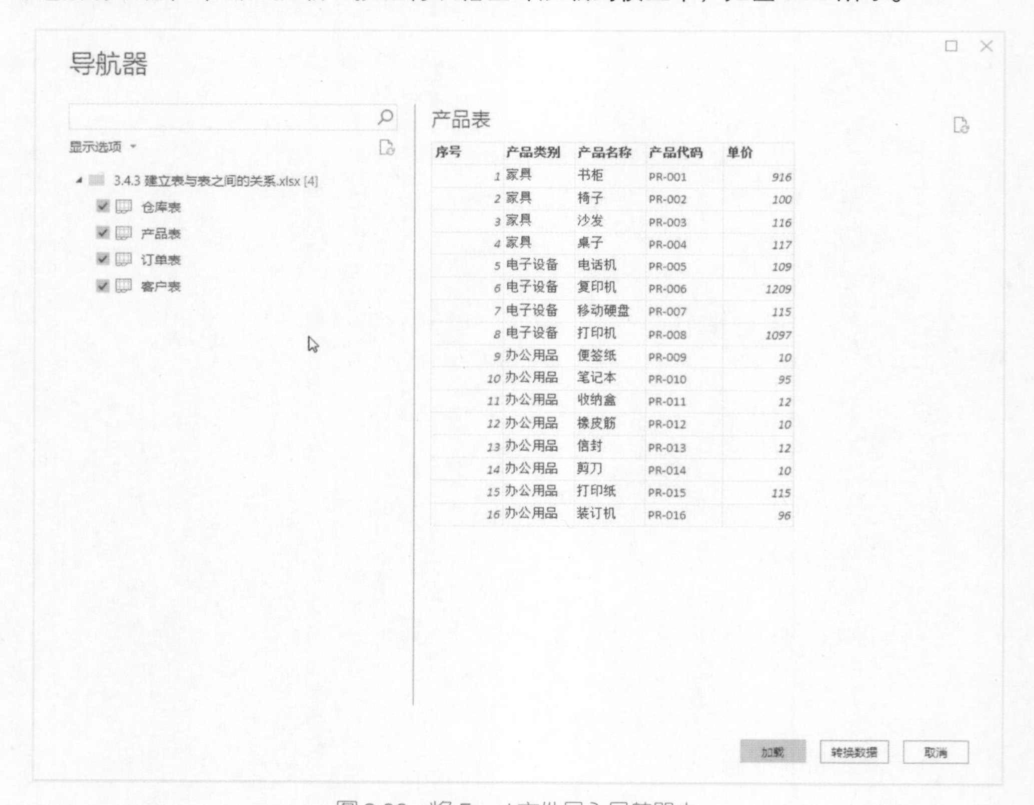

序号	产品类别	产品名称	产品代码	单价
1	家具	书柜	PR-001	916
2	家具	椅子	PR-002	100
3	家具	沙发	PR-003	116
4	家具	桌子	PR-004	117
5	电子设备	电话机	PR-005	109
6	电子设备	复印机	PR-006	1209
7	电子设备	移动硬盘	PR-007	115
8	电子设备	打印机	PR-008	1097
9	办公用品	便签纸	PR-009	10
10	办公用品	笔记本	PR-010	95
11	办公用品	收纳盒	PR-011	12
12	办公用品	橡皮筋	PR-012	10
13	办公用品	信封	PR-013	12
14	办公用品	剪刀	PR-014	10
15	办公用品	打印纸	PR-015	115
16	办公用品	装订机	PR-016	96

图 3.96 将 Excel 文件导入导航器中

② 表格加载完毕以后，单击“建模”选项卡中的“管理关系”按钮，可以查看 Power BI 自动检测并建立好的关系，如图 3.97 所示。

图 3.97　Power BI 自动检测并建立的表间关系

我们可以用关系的“列表视图”形容该管理关系界面，因为表与表之间的关系是通过列表的形式展现的。从列表中可以看到，Power BI 检测到的关系是仓库表与客户表基于“序号”字段建立关系、产品表与客户表基于“序号”字段建立关系、订单表与仓库表基于“仓库号”字段建立关系，这三个关系为可用关系。还有订单表与产品表基于“产品代码”字段建立关系、订单表与客户表基于“客户号”字段建立关系，这两个关系是非可用关系。Power BI 建立关系时大多是基于列名相同的字段进行的。

对于关系的管理，更简单直观的方式是单击左侧的“模型”按钮，进入模型的关系视图进行查看和管理，如图 3.98 所示。

在关系视图中，两个表之间的关系具象化为一条线，实线为激活的可用关系，虚线为未激活的关系。关系的一端用“1”表示，关系的多端用“*”表示。

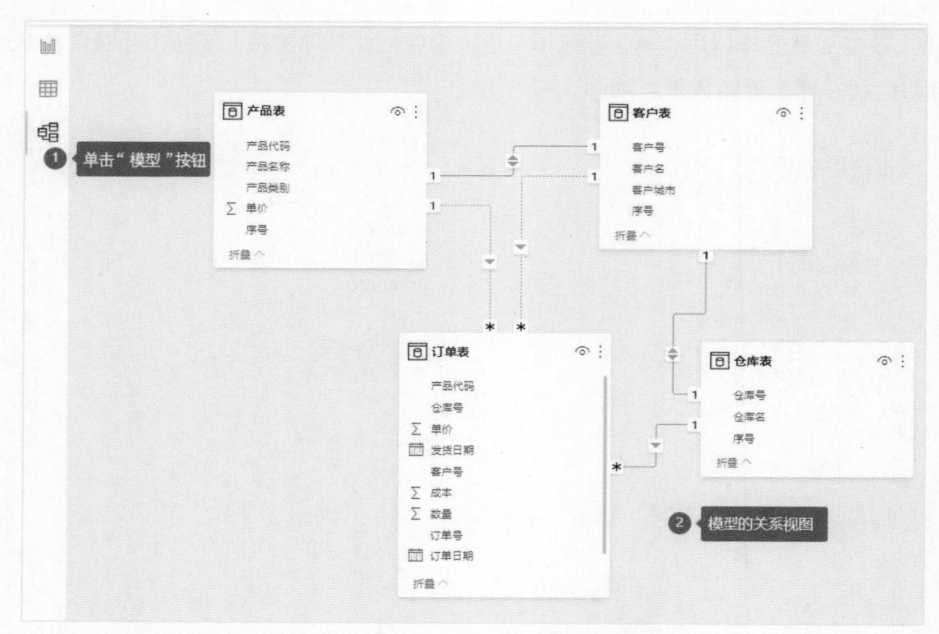

图 3.98 模型的关系视图

2. 删除与创建关系

在我们的示例中，正确地将表关联的方式应该是：产品表和订单表通过产品代码关联、客户表与产品表通过客户关联、仓库表和订单表通过仓库号关联，这与 Power BI 自动检测的关系是不一致的，因此我们需要先将 Power BI 自动检测的关系删除，然后手工建立关系。

右击两个表之间的连接线，在弹出的快捷菜单中选择“删除”命令，就可以将关系删除，如图 3.99 所示。

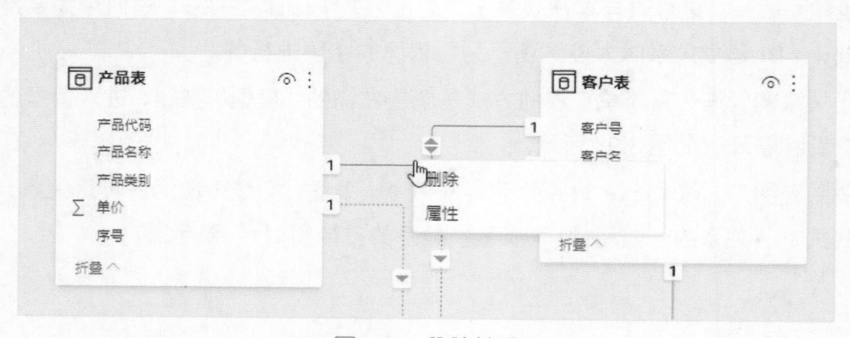

图 3.99 删除关系

将模型中的一对一关系和未激活关系（虚线）删除，并建立正确的关系。

右击并拖动产品表中的“产品代码”字段到订单表的“产品代码”字段上方，如图 3.100 所示。

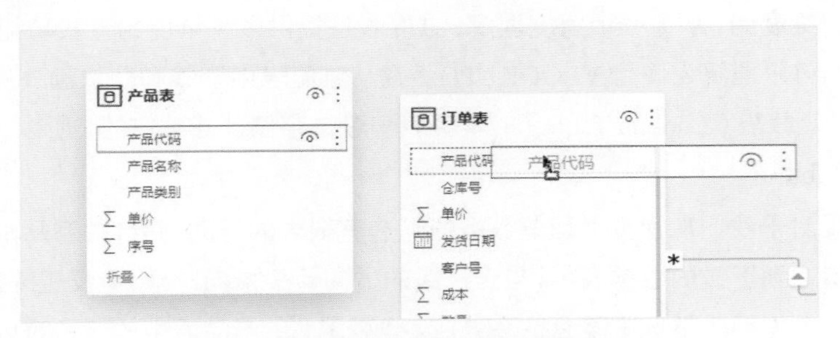

图 3.100　用鼠标拖放的方式建立表间关系

3．管理关系

在模型视图中，也可以单击“管理关系”按钮查看关系的列表视图，双击关系线可以弹出“编辑关系”窗口。在“编辑关系”窗口中可以查看和修改两个表的关联字段，也可以查看关系的基数（类别）和筛选方向，如图 3.101 所示。

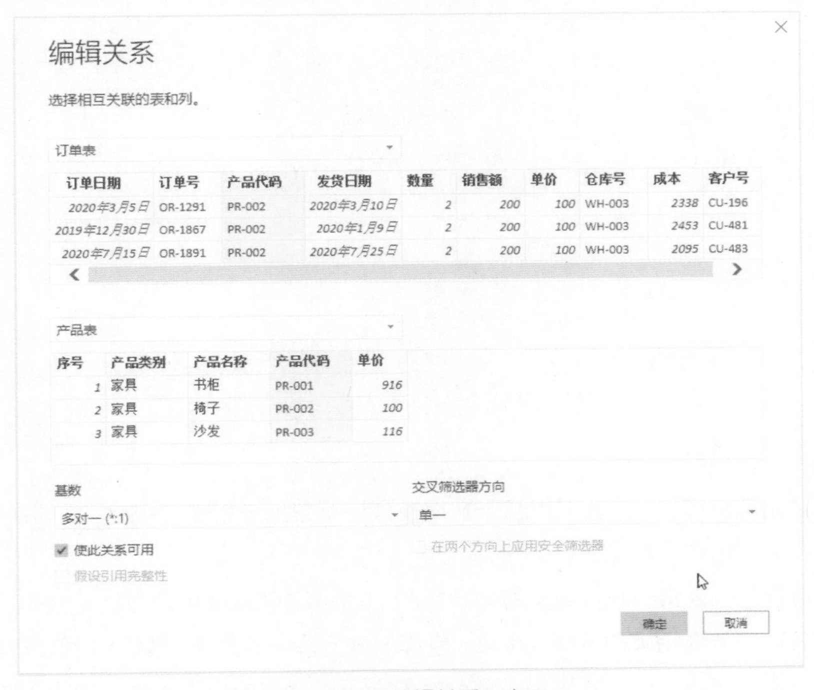

图 3.101　“编辑关系”窗口

尽管本示例的关系模型符合星型数据模型的特征，我们也可以从筛选传递的方向思考将关系表布局成“维度表在上、事实表在下”的模式。Matt Allington 的书中有对这种布局模式的详细介绍，并称它为“Rob Collie layout”。维度表在模型中一般是为数据分析提供更多的分析维度的，从另一个角度理解，维度表是提供多种维度的查找功能的。在 Excel 环境中，我们可以理解为使用 VLOOKUP()函数从维度表中查找和获取额外的列，所以维度表又叫作“查找表（Lookup Table）”；事实表一般是存储计算数值的，所以它又叫作“数据表（Data Table）”。

这种布局对于我们从视觉上理解数据的筛选有很大的帮助。筛选关系从上方的查找表自上而下地传递到下方的数据表中，与连接线的方向箭头指向一致，但反过来是行不通的，就像水在无外力作用的情况下不会往高处流。也就是说，产品表中的字段可以自上而下地对订单表中的字段进行筛选并聚合，这就实现了跨表透视，但反过来订单表及其他维度表的字段都无法对产品表进行筛选（除非使用特殊技巧），如图 3.102 所示。

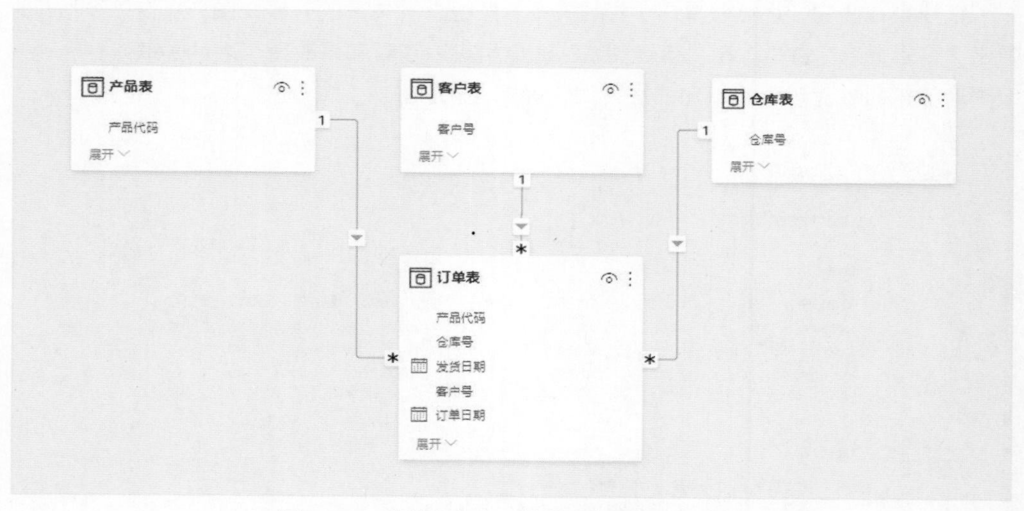

图 3.102　查找表在上、数据表在下的模型布局

4．在画布中使用关系模型

表间关系建立好以后，就可以基于数据模型进行数据分析和可视化了。切换到报表视图，在画布上使用数据模型进行分析。

在“可视化”窗格中找到视觉对象“矩阵”（类似于 Excel 中的数据透视表），将产品表的产品名称拖放到矩阵的“行”字段，仓库表的仓库名拖放到“列”字段，订单表的数量拖放到“值”字段。这样就求出了各分拨中心不同产品的销售数量，如图 3.103 所示。

产品名称	北京分拨中心	东莞分拨中心	广州分拨中心	上海分拨中心	总计
笔记本	645	1030	559	1278	**3512**
便签纸	571	1158	551	1098	**3378**
打印机	561	1180	535	1106	**3382**
电话机	594	1194	576	1085	**3449**
复印机	607	1110	576	1086	**3379**
沙发	614	1152	554	1174	**3494**
书柜	613	1252	641	1208	**3714**
移动硬盘	549	1248	533	1196	**3526**
椅子	546	1128	614	1213	**3501**
桌子	510	1184	655	1191	**3540**
总计	**5810**	**11636**	**5794**	**11635**	**34875**

图 3.103　各分拨中心不同产品的销售数量

基于建立好的数据模型，我们同时跨越了三个表进行数据透视。在传统的 Excel 中，我们要实现以上透视分析，需要在订单表中使用 VLOOKUP()函数将产品表的产品名称引用到表中，同时需要使用 VLOOKUP()函数将仓库表中的仓库名引用到表中。当然，我们还可以直接使用产品表中的产品类别、客户表的客户名和客户城市等字段进行透视分析。

3.4.4　DAX 及其常用函数

DAX 可以说是 Power BI 数据分析的精髓所在。The Best Thing to Happen to Excel in 20 Years，国外著名的 Excel 大咖 Bill Jelen 曾经这样描述 Power Pivot，确切地说，这句话是在形容 Power Pivot 中的度量值，而度量值的强大离不开 DAX。

数据模型中的度量值、计值上下文、关系等，只有结合 DAX 才能发挥更大的作用。反过来，只有深入学习 DAX 才能进一步掌握度量值、计值上下文、关系等概念。本节我们将在数据模型的基础上学习 DAX 的使用。为了能从时间维度分析数据，本示例增加了日期表，日期表通过“日期”字段与订单表的“订单日期”字段建立一对多关系，数据模型关系视图如图 3.104 所示。

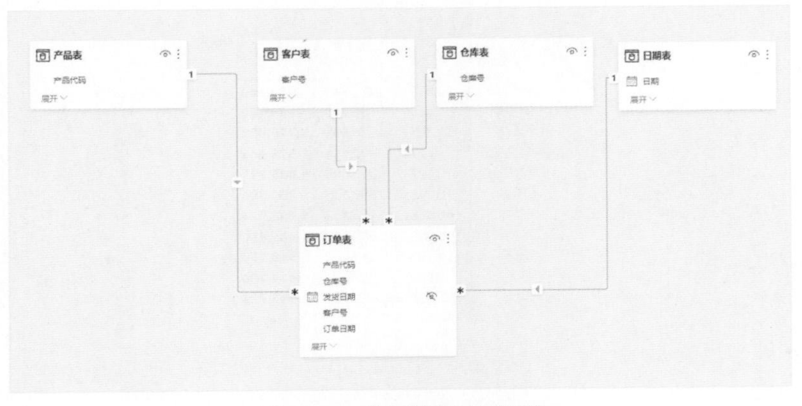

图 3.104　数据模型关系视图

1. 聚合函数

聚合函数是 Power BI 中最基本的函数，也是最容易掌握的 DAX 函数，因为它们大部分继承自 Excel，拼写上完全一致。常用的聚合函数有 SUM()、AVERAGE()、MIN()、MAX()等函数，也有部分函数是 Power BI 独有的，如 COUNTROWS()、DISTINCTCOUNT()函数。聚合是指对一组数据进行求和、求平均值、求最大值等操作，求和、求平均值、求最大值等可以统一概括为聚合方式。

在“主页”或“建模”选项卡中单击“新建度量值”按钮，在 DAX 公式编辑栏中输入以下公式：

```
销售总额 = SUM('订单表'[销售额])
```

这样我们就使用 DAX 中的函数 SUM()创建好了第一个度量值。创建好的度量值并不会马上执行，此时我们在画布上看不到任何运行结果，当我们将度量值像数据透视表的字段一样放置在视觉对象的值字段中时才会执行计算。选中度量值以后，我们可以在度量值工具中修改度量值名称、设置度量值显示格式，比如，添加千分位分隔符、设置小数点位数等，还可以修改度量值所在的主表，如图 3.105 所示。

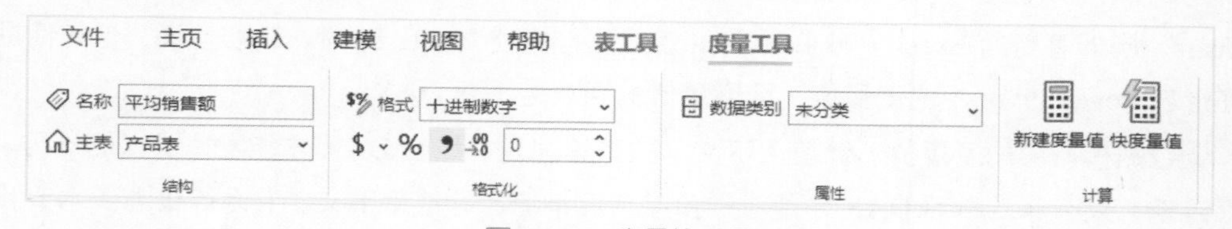

图 3.105 度量值工具

这里我们使用矩阵对度量值销售总额进行展示，将产品名称字段及销售总额度量值分别拖放到矩阵的行和值中。计算结果如图 3.106 所示。

产品名称	Y2019	Y2020	总计
笔记本	3,800	329,840	**333,640**
便签纸	620	33,160	**33,780**
打印机	71,305	3,638,749	**3,710,054**
电话机	5,777	370,164	**375,941**
复印机	70,122	4,015,089	**4,085,211**
沙发	6,148	399,156	**405,304**
书柜	66,868	3,335,156	**3,402,024**
移动硬盘	5,060	400,430	**405,490**
椅子	6,100	344,000	**350,100**
桌子	6,903	407,277	**414,180**
总计	**242,703**	**13,273,021**	**13,515,724**

图 3.106 度量值运行结果

我们只写了一个公式，但是求出了不同产品、不同年份的销售额。如果在 Excel 中也使用公式来计算以上结果，则每个单元格都会对应一个不同的公式（虽然在 Excel 中可以通过拖放的方式填充公式，但每个公式都是不同的）。这就是度量值与计值上下文结合实现的效果。我们还可以先新建一个求平均销售额的度量值放入矩阵中：

```
平均销售额 = AVERAGE('订单表'[销售额])
```

然后在画布中插入年份和客户城市切片器，这样就能求出不同城市、不同产品名称、不同年份、不同月份的销售总额和平均销售额，如图 3.107 所示。

月份

1月 3月 5月 7月 9月 11月

2月 4月 6月 8月 10月 12月

客户城市

北京市
东莞市
广州市
杭州市
南京市
上海市
深圳市
天津市
武汉市

年份	Y2019		Y2020		总计	
产品名称	销售总额	平均销售额	销售总额	平均销售额	销售总额	平均销售额
笔记本			1,045	209	**1,045**	**209**
便签纸	30	30	70	23	**100**	**25**
打印机	2,194	1,097	2,194	2,194	**4,388**	**1,463**
电话机	4[illegible]	436	654	218	**1,090**	**273**
沙发			812	271	**812**	**271**
书柜			10,992	3,664	**10,992**	**3,664**
移动硬盘			115	115	**115**	**115**
椅子			900	225	**900**	**225**
桌子			468	468	**468**	**468**
总计	**2,660**	**665**	**17,250**	**719**	**19,910**	**711**

2,194

图 3.107　销售总额与平均销售额

图 3.107 中鼠标指向的数字 2,194 代表 2019 年 12 月销售给南京市客户的打印机的销售总额，它的筛选上下文是：

产品名称=“打印机”

年份=“Y2019”

客户城市=“南京市”

月份=“12 月”

以上筛选上下文分别来自矩阵的行、列和切片器，类似这些来自度量值公式外部的筛选上下文可以称之为初始筛选上下文。初始筛选上下文还可以来自视觉对象、筛选器窗格等。它们的特点是 Power BI 自动套用，没有人为地用公式指定。“初始”意味着可以修改，后面的章节中我们将介绍如何使用 DAX 中的函数 CALCULATE()修改初始筛选上下文。

另外，也请读者注意这里的四个筛选条件，它们是互相重叠、交叉筛选的，而不是并行的。它们先对数据交叉筛选，筛选出来的数据子集需要同时满足四个条件，才开始计算销售总额。也就是说，这四个筛选条件之间是“且”的关系。理解并关注这一点可以帮助我们弄明白为什么使用 ALL 系列函数可以增加、修改、删除筛选条件。

2. 迭代函数

迭代函数是 Power BI 中非常重要的函数，它们一般是在聚合函数后面加一个后缀“X”，如 SUMX()、AVERAGEX()、MAXX()等。迭代意味着循环，循环的基础是表，所以迭代函数的第一个参数是表，第二个参数是定义计算方式的表达式，例如，SUMX()函数的语法为 SUMX(表,表达式)。本节以 SUMX()函数为例讲解迭代函数的使用方法，其他迭代函数只是换了一种聚合方式，运行原理是相同的。

在示例文件中，如果我们需要分析利润，则需要建立一个求利润的度量值。在 Excel 中解决这个问题首先需要计算每个订单的利润，然后求和，可以在 Excel 中添加一列计算：利润 = 销售额 – 成本。这个思维在 Power BI 中的实现路径是：先新建列计算利润，然后使用 SUM()函数求和。

切换到数据视图，在“字段”窗格中选择订单表，在“主页”或“表工具”选项卡中单击“新建列”按钮，如图 3.108 所示。

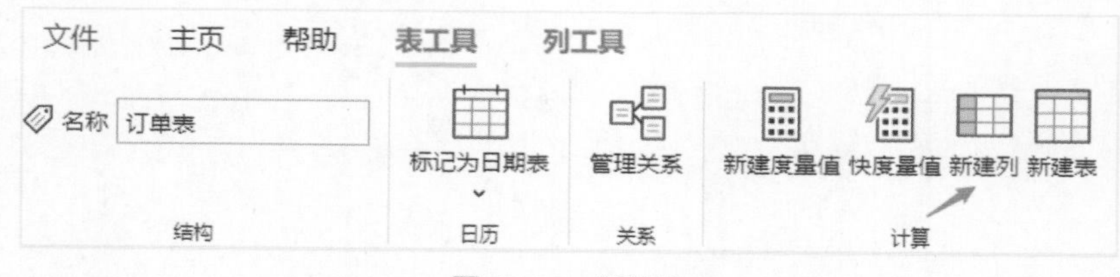

图 3.108　新建列

在公式栏中输入以下公式：

```
利润 = '订单表'[销售额] - '订单表'[成本]
```

计算出利润列以后，就可以对利润列使用 SUM()函数聚合了。

其实，在 Power BI 中类似这种需要通过表达式求出中间值，再做聚合运算的场景，在度量值中使用迭代函数就可以一步解决。而且，从节约模型使用空间的角度来看，不建议过多地使用计算列。因为计算列需要占用内存空间，新的计算列中的不重复值越多占用空间越大，而度量值在不执行时仅是一串定义计算的代码。因此推荐使用 SUMX()函数定义度量值的方式计算利润。

在 Power BI 中建立度量值时输入以下公式：

```
总利润 SUMX = SUMX('订单表','订单表'[销售额]-'订单表'[成本])
```

将度量值放置到矩阵中，可以看到使用这两种方式计算的利润是一样的，如图 3.109 所示。

产品名称	总利润SUM	总利润SUMX
笔记本	158,406	158,406
便签纸	17,221	17,221
打印机	1,827,195	1,827,195
电话机	186,340	186,340
复印机	2,213,671	2,213,671
沙发	200,177	200,177
书柜	1,618,779	1,618,779
移动硬盘	197,924	197,924
椅子	179,468	179,468
桌子	202,579	202,579
总计	**6,801,760**	**6,801,760**

图 3.109　用两种方式计算的利润

从这两种对比分析方法中，我们可以很好地理解 SUMX()函数的计值流程。

① SUMX()函数在第一个参数订单表逐行扫描。这里需要注意，为了能准确地识别每行数据，不发生错行计算，SUMX()函数需要创建行上下文。所以我们可以将行上下文简单地理解为统一的行号。

② 按第二个参数指定的表达式计算每行数据，将计算结果暂存。也就是每行的销售额都减去与其在同一行（行上下文）的成本，以计算出每个订单的利润，并暂存结果。

③ 将计算出来的利润求和。

3．CALCULATE()函数

CALCULATE()函数是 Power BI 中最重要、最独特的函数。因为它是唯一可以创建新的筛选上下文的函数（将 CALCULATETABLE()与 CALCULATE()视为一个函数），可以通过函数内部的参数指定筛选条件，并且它能强势地改变外部的筛选上下文。CALCULATE()函数的语法很简单：CALCULATE(表达式,筛选条件 1,筛选条件 2,…,筛选条件 *n*)。

很多初学者都很难理解为什么 CALCULATE()能操纵筛选条件。我们可以这样理解：CALCULATE()通过代码明确地指定筛选条件。而初始筛选上下文靠的是 Power BI 的猜测，它是可以修改的，单击切片器、视觉对象等会发生相应变动。而当我们通过 CALCULATE()的参数添加筛选条件时，就代表人为主动地添加，此时无论如何改变外部的筛选条件，CALCULATE()的参数指定的筛选条件都是不变的。因此，在 CALCULATE()函数中的筛选条件是有优先级的。如果初始筛选条件与 CALCULATE()函数指定的筛选条件存在冲突，则以后者为准。

我们可以通过实际案例理解 CALCULATE()函数的特性。

1）增加筛选条件

为了测试 CALCULATE()函数对筛选条件的增加作用，我们在画布中使用矩阵计算每个产品的销售总额。设置矩阵的行为产品类别、值为销售总额度量值。行标题、列标题及值的文本大小都设置为 15。同时我们按照以下公式创建一个新的度量值：

```
沙发销售额 = CALCULATE([销售总额],'产品表'[产品名称] = "沙发")
```

将该度量值放置到矩阵中，得到如图 3.110 所示结果。

产品类别	销售总额	沙发销售额
办公用品	367,420	
电子设备	8,576,696	
家具	4,571,608	405,304
总计	**13,515,724**	**405,304**

图 3.110　添加筛选条件

我们从以下三方面分析 CALCULATE()函数的用法。

- 度量值引用。CALCULATE()函数的第一个参数是计算的表达式，计算销售额的表达式是 SUM('订单表'[销售额])，但是我们直接使用销售总额这个度量值。这是度量值很重要的一个特性，可以互相引用。
- 筛选条件的交叉作用。在这个矩阵中，“沙发销售额”列只显示了家具类产品的销售额。我们以“电子设备”行的销售额为例，初始筛选条件只有行上的产品类别=“电子设备”，另外一个筛选条件来自 CALCULATE()函数的内部参数产品名称 = “沙发”。因为产品类别为“电子设备”且产品名称为“沙发”的销售记录不存在，也就是说两个筛选条件的并集为空。所以无法计算销售额。
- 在初始筛选条件的基础上增加筛选条件。在“家具”行中，初始筛选条件产品类别=“家具”和 CALCULATE()函数内部筛选条件产品名称=“沙发”互相作用，增加的筛选条件“405,304”是家具中沙发的销售额。当 CALCULATE()函数指定的筛选条件与初始筛选条件不在同一列上重合时，将增加新的筛选条件。

2）修改筛选条件

我们在原有矩阵的基础上增加以下度量值：

```
电子设备销售额 = CALCULATE([销售总额],'产品表'[产品类别] = "电子设备")
```

该度量值在初始外部筛选条件的基础上添加了筛选条件：产品类别= “电子设备”。本案例与上一个案例的不同之处在于，通过 CALCULATE()函数内部参数添加的筛选条件与初始筛选条件都作用在同一列上。按照前面讲解的原理，办公用品、家具与电子设备应该是不存在并集的，但是它们在矩阵中返回的并不是空值，如图 3.111 所示。

在这种情形下，CALCULATE()函数的作用是修改初始筛选条件，所以我们看到的结果是“办公用品”和“家具”的计算值都是“电子设备”的销售额。当 CALCULATE()函数指定的筛选条件与初始筛选条件在同一列上重合时，因为筛选条件是有优先级的，所以可以修改筛选条件。

产品类别	销售总额	沙发销售额	电子设备销售额
办公用品	367,420		8576696
电子设备	8,576,696		8576696
家具	4,571,608	405,304	8576696
总计	**13,515,724**	**405,304**	**8576696**

图 3.111　修改筛选条件

3）删除筛选条件（ALL）

CALCULATE()函数的筛选条件有两种，一种返回布尔值的表达式，另一种通过表筛选。前面两个案例都属于第一种简单的筛选条件，它们的特点是用比较运算符判断某列是否等于（或大于、小于、不等于）某个值。简单的筛选条件还有以下几种：

'仓库表'[仓库名] = "东莞分拨中心"

'客户表'[客户城市]="上海市"

'日期表'[年月]="Y2019"

'日期表'[日期]>=DATE(2020,1,1)

CALCULATE()函数结合表函数可以实现更高级的筛选，ALL()函数与 CALCULATE()函数结合实现对外部筛选条件的覆盖删除作用。ALL()函数我们将在下一节进行详细讲解，现在只需要知道 ALL()函数可以返回一列中的不重复列表。比如，ALL('产品表'[产品类别])将返回办公用品、电子设备和家具。

在原有矩阵中再次添加以下度量值：

```
ALL 销售额 = CALCULATE([销售总额],ALL('产品表'[产品类别]))
```

我们将度量值加到矩阵中，结果如图 3.112 所示。

产品类别	销售总额	沙发销售额	电子设备销售额	ALL销售额
办公用品	367,420		8,576,696	13,515,724
电子设备	8,576,696		8,576,696	13,515,724
家具	4,571,608	405,304	8,576,696	13,515,724
总计	**13,515,724**	**405,304**	**8,576,696**	**13,515,724**

图 3.112　删除筛选条件

通过观察可以看到结果是所有产品类型的销售总额的合计，即通过表函数 ALL()作为 CALCULATE()的筛选参数清除了产品类别的筛选。ALL()函数是怎样清除外部筛选条件的？我们前面讲过 ALL('产品表'[产品类别])返回的是“产品类别”列的所有不重复值，也就是{"办公用品","电子设备","家具"}，这就相当于 CALCULATE()函数通过参数指定的筛选条件是包含所有的产品类别的。ALL('产品表'[产品类别]) 可以用'产品表'[产品类别] in {"办公用品","电子设备","家具"}替代。这一内部筛选条件与各行的初始筛选条件的并集是包含所有的产品类别的，所以它们共同作用的结果就是计算包含所有产品类别的销售额，也就是扩大了筛选范围，清除了矩阵行上产品类别的筛选。

以上几个场景分别解释了 CALCULATE()函数对初始筛选条件的增加、修改、删除操作。记住以下两点基本能掌握各种场景的 CALCULATE()筛选的应用：一是视觉对象本身的行或列、切片器、其他视觉对象、筛选窗格产生的筛选条件是初始筛选上下文，与 CALCULATE()函数筛选参数指定的筛选上下文是交叉作用的，它们是“且”的关系。二是 CALCULATE()函数中的筛选条件是有优先级的，当初始筛选条件与 CALCULATE()函数的内部筛选条件作用于同一列时，内部筛选上下文将覆盖初始筛选上下文。

CALCULATE()函数可以支持多个筛选条件，在表间关系的作用下也支持跨表透视，比如下面这些场景。

计算 2020 年 6 月桌子的平均销售额：

```
桌子平均销售额 1 = CALCULATE([平均销售额],'产品表'[产品名称] = "桌子",'日期表'[年月]="2020年6月")
```

计算 2020 年 12 月 20 号（含）以后电子设备的销售额：

```
电子设备销售额 2 = CALCULATE([销售总额],'产品表'[产品类别]="电子设备",'日期表'[日期]>=DATE(2020,12,20))
```

计算 2020 年从广州分拨中心发货的沙发的销售量：

```
沙发销售量 1 = CALCULATE(SUM('订单表'[数量]),'日期表'[年份]="Y2020",'仓库表'[仓库名]="广州分拨中心",'产品表'[产品名称] = "沙发")
```

计算 2020 年从广州分拨中心发货的沙发的销售额：

```
沙发销售额 1 = CALCULATE([沙发销售额],'仓库表'[仓库名] = "广州分拨中心",'日期表'[年份]="Y2020")
```

注意观察上一个度量值，筛选条件'产品表'[产品名称] = "沙发"隐藏在度量值沙发销售额中，这也是用了度量值引用的效果。度量值的引用机制也是 DAX 强大的原因之一。

4. 常用表函数

表函数是指 DAX 中返回结果不是一个聚合的值，而是一个表的函数。表函数的结果通常用作迭代函数的参数，可以使用新建表显示，这可以弥补 Power BI 没有代码调试功能的缺陷，使用新建表返回 DAX 公式的中间计算表可以起到一定的公式调试作用。

1）FILTER()函数

FILTER()函数是基础的表函数之一，作用是按照指定的条件筛选表。它的语法是 FILTER(表,筛选条件)，它有两个参数，并且只接受一个筛选条件，返回满足条件的所有行。FILTER()函数常用于新建表及创建计算过程中的中间表。

在“主页”或“建模”选项卡中单击“新建表”按钮，在 DAX 公式编辑栏中输入以下公式：

```
仓库 001 订单记录 = FILTER('订单表','订单表'[仓库号]="WH-001")
```

这时“字段”列表中多了一个名称为“仓库 001 订单记录”的表。FILTER()函数的处理过程是在订单表中循环迭代每行，如果订单表的“仓库号”列的值等于“WH-001”，则返回该行，否则不保留。以上操作相当于在 Excel 中对订单表的“仓库号”列进行筛选，筛选仓库号为“WH-001”的记录，并将其复制粘贴到新的工作表中。

使用 FILTER()函数就是这么简单，可以从一个表中筛选满足条件的行。当然，随着我们深入地学习 DAX，通过对基础函数进行组合和嵌套，可以处理更复杂的场景。

比如，结合使用 FILTER()函数与度量值，就可以求出销售总额大于 3500 的产品，新建表并输入以下公式：

```
销售总额大于 3500 的产品 = FILTER('产品表',[销售总额]>3500)
```

以上公式返回的是产品表中满足条件的行，包含表的所有列。我们可以添加一个 ALL()函数，让返回的表只有“产品名称”列，新建表并输入以下公式：

```
销售总额大于 3500 的产品名称 = FILTER(ALL('产品表'[产品名称]),[销售总额]>3500)
```

在以上度量值基础上，我们可以添加聚合函数 COUNTROWS()，直接使用度量值返回销售总额大于 3500 的产品数量，新建度量值并输入以下公式：

```
销售总额大于 3500 的产品数量 = COUNTROWS(FILTER(ALL('产品表'[产品名称]),[销售总额]>3500))
```

切换到报表视图，使用矩阵展示，将行设置成产品类别，就可以计算每个产品类别中销售总额大于 3500 的产品数量。

FILTER()函数与 CALCULATE()函数结合使用能实现更高级的计算，比如，求各产品类别中销售总额大于 3500 的产品的销售总额。新建度量值并输入以下公式：

```
销售总额大于 3500 的产品的销售总额之和 = CALCULATE([销售总额],FILTER('产品表',[销售总额]>3500))
```

事实上，FILTER()函数也属于迭代函数，因为它在执行计算的过程中需要循环遍历表中的每行，再根据判断结果决定是否返回行。CALCULATE()函数也能对数据集进行筛选，但是它只能执行简单的筛选条件，如“[列]=值”这类判断条件，当遇到复杂的筛选时，可以组合使用 CALCULATE()与 FILTER()函数。当然，CALCULATE()与 FILTER()函数的组合其实是 CALCULATE()函数的第二种用法，用表作为筛选条件，因为 FILTER()函数返回的结果是表。

2）ALL()函数与 VALUES()函数

关于 ALL()函数，我们在介绍 CALCULATE()函数时已经简单接触过，它在 Power BI 中是很常用的一个函数，特别是要修改筛选上下文时。ALL()函数的语法是 ALL(表或列)，参数可以是一个表也可以是一个列。如果参数是表，则复制整个表；如果参数是列，则返回列的不重复值。

ALL()函数与 CALCULATE()函数组合使用时，如果它的参数是表，则表内所有行的筛选上下文都会被清除，新建以下度量值：

```
ALL产品表 = CALCULATE([销售总额],ALL('产品表'))
```

产品表的产品类别及产品名称都无法产生筛选，将两个字段及度量值放在矩阵中，并将仓库表的“仓库名”列拖放到列上，得到的结果如图 3.113 所示。可以看到，无论是产品类别的总计还是每个产品的销售额都等于总的销售额。产品类别及产品名称上的筛选失效，而来自仓库表的筛选是有效的。如果我们要一次性清除所有表（包含产品表、仓库表、日期表和客户表）对订单表的筛选，那么只需要在订单表中应用 ALL()函数即可。

另一个常用于返回列的不重复值的函数是 VALUES()函数，它的参数和 ALL()函数一样，可以是表或表的一列。当参数为一列时，返回结果是当前上下文指定列的不重复值，返回结果是表。VALUES()函数是“respect”初始筛选上下文的，也就是说，VALUES()函数不会强制修改外部的初始筛选上下文，而是在初始筛选上下文完成对数据集的筛选后，取指定列中剩下的值中的不重复值。

产品类别	北京分拨中心	东莞分拨中心	广州分拨中心	上海分拨中心
办公用品	**2,304,498**	**4,490,263**	**2,251,908**	**4,640,015**
笔记本	2,304,498	4,490,263	2,251,908	4,640,015
便签纸	2,304,498	4,490,263	2,251,908	4,640,015
打印纸	2,304,498	4,490,263	2,251,908	4,640,015
剪刀	2,304,498	4,490,263	2,251,908	4,640,015
收纳盒	2,304,498	4,490,263	2,251,908	4,640,015
橡皮筋	2,304,498	4,490,263	2,251,908	4,640,015
信封	2,304,498	4,490,263	2,251,908	4,640,015
装订机	2,304,498	4,490,263	2,251,908	4,640,015
电子设备	**2,304,498**	**4,490,263**	**2,251,908**	**4,640,015**
打印机	2,304,498	4,490,263	2,251,908	4,640,015
电话机	2,304,498	4,490,263	2,251,908	4,640,015
复印机	2,304,498	4,490,263	2,251,908	4,640,015
移动硬盘	2,304,498	4,490,263	2,251,908	4,640,015
家具	**2,304,498**	**4,490,263**	**2,251,908**	**4,640,015**
沙发	2,304,498	4,490,263	2,251,908	4,640,015
书柜	2,304,498	4,490,263	2,251,908	4,640,015
椅子	2,304,498	4,490,263	2,251,908	4,640,015
桌子	2,304,498	4,490,263	2,251,908	4,640,015
总计	**2,304,498**	**4,490,263**	**2,251,908**	**4,640,015**

图 3.113 将 ALL()函数应用在产品表上

通过下面的示例可以看出 ALL()函数与 VALUES()函数的异同。

新建以下两个度量值:

```
ALL 产品数量 = COUNTROWS(ALL('产品表'[产品名称]))
VALUES 各类别产品数量 = COUNTROWS(VALUES('产品表'[产品名称]))
```

这两个度量值都是先对产品表的产品名称进行去重，然后使用聚合函数 COUNTROWS()计算结果表包含的行数。将产品类别放在矩阵的行上，来看看这两个度量值的计算结果，如图 3.114 所示。

产品类别	VALUES各类别产品数量	ALL产品数量
办公用品	8	16
电子设备	4	16
家具	4	16
总计	**16**	**16**

图 3.114 VALUES()函数与 ALL()函数的对比学习

ALL()函数返回的表中包含所有的产品名称，以此表作为 CALCULATE()函数的表筛选条件时，矩阵的初始行筛选条件产品类别就被清除了。CALCULATE()函数的筛选条件与矩阵初始筛选条件在执行时并没有先后之分，它们共同作用，最后取筛选条件的并集，这样矩阵的筛选上下文就扩大到了全部产品，也就是将行上的产品类别筛选条件删除了，返回的结果是全部的产品数量。

VALUES()函数返回的是不同产品类别的产品数量，也就是矩阵行上的筛选条件产品类别起到了筛选作用。VALUES()函数在返回列的不重复值之前，先由初始筛选条件对数据集进行筛选，这里存在执行时间的先后顺序，因此 VALUES()函数返回不重复值是在初始筛选条件生效之后。

5．功能类函数

1）IF()函数与 SWITCH()函数

Power BI 中的逻辑判断函数有 IF()函数和 SWITCH()函数两个。IF()函数的语法是 IF(条件,满足条件时返回的结果,不满足条件时返回的结果)，用于判断是否满足某个条件，如果满足条件则返回参数 2，否则返回参数 3。IF()函数在多层条件嵌套时，公式会变得冗长，很难理解，这时建议使用 SWITCH()函数。SWITCH()函数的语法是 SWITCH(列值或逻辑值,判断条件 1,返回结果 1,判断条件 2,返回结果 2,…)。

SWITCH()函数多用在计算列中，用于增加数据模型的分析维度。比如，我们可以根据日期表中的季度列生成中文的“春”、“夏”、“秋”和“冬”。切换到数据视图，单击“字段”窗格中的日期表，在“表工具”或“列工具”选项卡中单击“新建列”按钮，在新建列的公式输入栏中输入以下公式：

```
季度简称 = SWITCH('日期表'[QuarterID],1,"春",2,"夏",3,"秋",4,"冬")
```

这是 SWITCH()函数的第一种用法，第一个参数为列值，SWITCH()函数将对日期表中 QuarterID 列的每个值进行判断，如果值是“1”，则返回“春”，如果值是“2”，则返回“夏”，以此类推。

SWITCH()函数更常用的场景是根据不同的表达式进行判断，此时 SWITCH()函数的第一个参数为 TRUE()或 FALSE()，后面的参数一般是比较运算及其对应的返回值。假设需要对订单记录的成本进行分类，根据订单成本金额将其分段成 0～100（含）、100～500（含）、500～1000（含）及 1000 以上，可以用以下公式实现：

```
成本分段 = SWITCH(TRUE(),'订单表'[成本]<=100,"0～100（含）",'订单表'[成本]<=500,"100～
500（含）",'订单表'[成本]<=1000,"500～1000（含）","1000 以上")
```

2）HASONEVALUE()函数与 SELECTEDVALUE()函数

HASONEVALUE()函数也是一个逻辑判断函数，判断的条件是在当前上下文指定的列包含的值是否唯一，如果唯一，则返回 TRUE，否则返回 FALSE。HASONEVALUE()函数通常与 IF()函数一起使用，它的名字已经隐藏了对函数功能的解释：Has One Value，翻译成中文就是“有一个值”，与 IF()函数搭配则是“如果只有一个值”。其实它是一个语法糖函数，等价于 COUNTROWS(VALUES(表列))=1，与 IF()函数结合时语法是 IF(COUNTROWS(VALUES(表列))=1,满足条件时返回的结果,不满足条件时返回的结果)。

在产品表中建立以下度量值，用矩阵展示，可以求得每个产品类别包含的品牌数量，如图 3.115 所示。

产品类别	品牌数量
办公用品	2
电子设备	4
家具	1
总计	**6**

图 3.115　各产品类别包含的品牌数量

如果我们想在矩阵中显示品牌名称，当只有一个品牌时，使用 VALUES()函数就可以实现。建立以下度量值：

```
品牌名称 VALUES = IF(COUNTROWS(VALUES('产品表'[品牌]))=1,VALUES('产品表'[品牌]),BLANK())
```

将度量值放在矩阵中，得到的结果如图 3.116 所示。

产品类别	品牌数量	品牌名称VALUES
办公用品	2	
电子设备	4	
家具	1	宜家
总计	**6**	

图 3.116　返回只有一个品牌时的品牌名称

我们之前讲过 VALUES()函数是一个表函数，返回的结果是一个表，这里我们却能将它返回的结果当作一个值来使用，并在矩阵的值中进行展示。这是因为 DAX 具有一个特性——当表只包含一行一列时，可以将其作为标量值使用。

使用 HASONEVALUE()函数可以让度量值变得更简洁：

```
品牌名称 HASONEVALUE = IF(HASONEVALUE('产品表'[品牌]),VALUES('产品表'[品牌]),BLANK())
```

为了让代码编写更高效简洁，DAX 直接提供了 SELECTEDVALUE()函数，该函数可以检测在当前上下文中，指定列的值是否只有一个值，如果只有一个值，则返回该值，否则返回空值或指定值。SELECTEDVALUE()函数的语法是 SELECTEDVALUE(列,列值不唯一时返回的结果)。

使用 SELECTEDVALUE()函数进一步简化以上度量值：

```
品牌名称 SELECTEDVALUE = SELECTEDVALUE('产品表'[品牌])
```

以上三个度量值返回的结果都是一样的，如图 3.117 所示。

产品类别	品牌数量	品牌名称VALUES	品牌名称HASONEVALUE	品牌名称SELECTEDVALUE
办公用品	2			
电子设备	4			
家具	1	宜家	宜家	宜家
总计	**6**			

图 3.117　返回品牌名称的三种结果

HASONEVALUE()函数与 SELECTEDVALUE()函数都属于 DAX 中的语法糖函数，这类函数是 Power BI 为了简化经常用到的一些功能需求而增加的函数。这两个函数经常用于返回当前报表展示数据的时段、分公司、部门等辅助信息，以增加模型的可读性，让使用者能快速获取相关提示信息。

3）CONCATENATEX()函数

在前面的例子中，我们通过使用 IF()函数的逻辑判断功能，在品牌数量大于 1 的情况下将返回值设置成空值。如果我们需要将各品牌的名称都显示出来，该如何实现呢？当要返回的文本值包含多个时，我们可以先使用指定的分隔符将字符串连接起来，然后将其展示在矩阵中。要实现这一需求，可以使用 CONCATENATEX()函数，它是 CONCATENATE()函数的增强版。

CONCATENATE()函数能将两个文本字符串合并成一个文本字符串，与 Excel 中的 CONCATENATE()函数功能非常相似，都用于连接文本字符串。

从函数名称可以看出 CONCATENATEX()函数是一个表函数，函数的语法是 CONCATENATEX(表,表达式,可选分隔符)，第一个参数是表；第二个参数是表达式，一般是列名称；第三个参数是可选参数分隔符。

使用 CONCATENATEX()函数可以先将多个品牌名称按指定分隔符连接，然后将其在矩阵中展示出来。

```
品牌名称 = CONCATENATEX(VALUES('产品表'[品牌]),'产品表'[品牌],"、")
```

CONCATENATEX()函数在 VALUES()函数返回的表中循环，并使用第三个参数指定的分隔符“、”将不同的品牌连接起来，如图 3.118 所示。

产品类别	品牌数量	品牌名称VALUES	品牌名称
办公用品	2		晨光、得力
电子设备	4		华为、小米、三星、晨光
家具	1	宜家	宜家
总计	**6**		**宜家、华为、小米、三星、晨光、得力**

图 3.118 CONCATENATEX()函数的使用方法

4）VAR 关键字和 RETURN 关键字

VAR 是英文单词 Variables 的缩写，中文释义是“变量”。在 DAX 中，VAR 和 RETURN 是表达语法结构的关键字，而不是函数。VAR 关键字和 RETURN 关键字必须一起使用，先通过 VAR 关键字给指定的字符串赋值，然后使用 RETURN 关键字返回最终结果。它们的语法很简单：VAR 变量名 = 表达式 RETURN 变量名或表达式，也可以一次定义多个变量名：

```
VAR 变量名 1 = 表达式 1
VAR 变量名 2 = 表达式 2
RETURN 变量名或表达式
```

VAR 关键字定义的是变量，在使用的时候我们可以将其当作常量，因为它被计算以后代表的值不会发生改变。另外，定义变量名时不能使用 Power BI 中的保留字，如函数名、表名或字段名也不能包含空格和中文字符。VAR 关键字和 RETURN 关键字经常用在简化 DAX 代码及定义中间表的场景中。而且，因为定义的变量计算一次后不会重复计算，所以也经常用于优化 DAX 代码的运行效率。

在前面的章节中，我们结合使用 FILTER()函数与 CALCULATE()函数，求各产品类别中销售总额大于 3500 的产品的销售额。该度量值如下：

```
销售额大于 3500 的产品的销售额之和 = CALCULATE([销售总额],FILTER('产品表',[销售总额]>3500))
```

我们可以先使用 VAR 关键字将 FILTER()函数部分定义成中间表 Sales，并使用 VAR 关键字将计算结果定义成 SalesOver3500，最后使用 RETURN 关键字返回最终结果。度量值如下：

```
VAR 销售额 = VAR Sales = FILTER('产品表',[销售总额] >3500)
             VAR SalesOver3500 = CALCULATE([销售总额],Sales)
             RETURN
             SalesOver3500
```

再看一个例子。在数据模型中如果需要计算利润率，可以使用以下度量值：

```
利润率 = DIVIDE([总利润 SUMX],[销售总额])
```

在度量值工具中将利润率的格式设置为百分比，保留两位小数。

在这个度量值中，我们使用 DIVIDE()函数来计算两个数相除的结果，语法是DIVIDE(分子,分母,[可选参数])。这与直接使用除法运算符“/”计算的结果是一样的。但是 DIVIDE()函数能够处理被除数为零的情况，可以在可选参数中指定除数为零时返回的结果。若直接使用除法运算符“/”，当被除数为零时会返回错误。

利润率度量值充分地利用了度量值可以互相引用的特性，将已经定义的销售额和利润度量值直接引用到参数中。如果没有已经定义的度量值，公式将非常长且不容易理解，度量值如下：

```
利润率 2 = DIVIDE(SUMX('订单表','订单表'[销售额]-'订单表'[成本]),SUM('订单表'[销售额]))
```

也可以使用 VAR 关键字和 RETURN 关键字让度量值变得整洁清晰：

```
利润率 VAR = VAR Profit =SUMX('订单表','订单表'[销售额]-'订单表'[成本])
             VAR Sales = SUM('订单表'[销售额])
             RETURN
             DIVIDE(Profit,Sales)
```

在这个度量值中，我们首先定义了变量 Profit，用于计算销售利润；然后定义了另一个变量 Sales，用于计算销售额。RETURN 语句将返回结果定义为 DIVIDE(Profit, Sales)，返回的是利润率。通过 VAR 关键字将整个计算过程清晰地表达了出来，计算思路也一步步深入，循序渐进。当然，这里的 DAX 函数之所以看起来思路清晰，还有 DAX 代码格式化的功劳。

3.4.5 DAX 函数的输入技巧及书写规范

掌握了 DAX 函数的基本用法以后，了解如何高效地输入 DAX 函数，以及掌握 DAX 公式格式化技巧就非常必要了。在 Power BI 中书写 DAX 函数的技巧主要有两种：一是快捷输入函数、调用参数；二是通过换行、对齐和缩进对输入的 DAX 代码进行格式化，让代码整洁易读。关于代码输入提示以下几点。

- DAX 函数不区分大小写，M 函数严格区分大小写。为了增加代码的可读性，笔者建议输入 DAX 函数时采用大写英文字母。另外，输入 DAX 函数时也有自动填充功能，比如，当我们输入 CALCULATE()函数时，在公示栏输入“cal”，Power BI 就会自动将函数补全。当我们需要的函数保持高亮时，按 Tab 键即可输入完整的函数。如果我们需要的函数是 CALENDAR()，那么可以先使用向下的方向键选择该函数，再按 Tab 键即可，如图 3.119 所示。

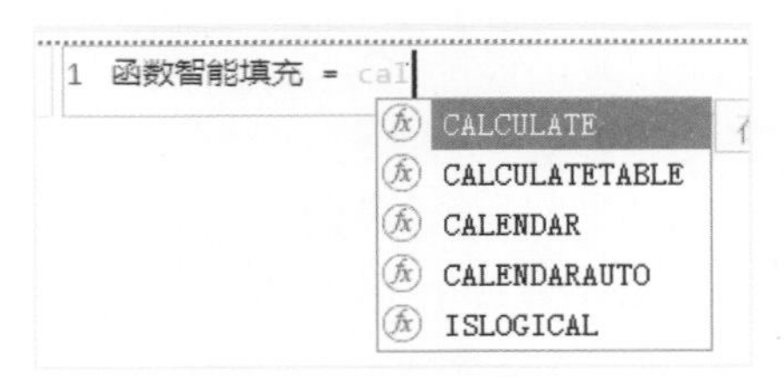

图 3.119　函数智能填充

- 需要在 DAX 函数中引用表或列名时，输入“'”，Power BI 会提供可选参数列表，通过上下方向键可以在列表中选择所需参数，如图 3.120 所示。如果需要缩小可选列表范围，输入所在的表名即可，例如，输入“'产品表”，则可选参数列表中仅包含产品表中的字段。

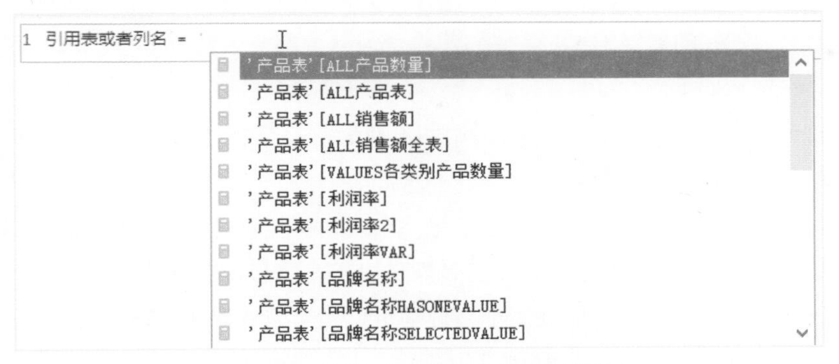

图 3.120　使用“'”调出可引用表或列名

- 需要在 DAX 中引用已经建立的度量值时，输入左方括号“[”，Power BI 会提供可选度量值列表，通过上下方向键进行选择即可，如图 3.121 所示。

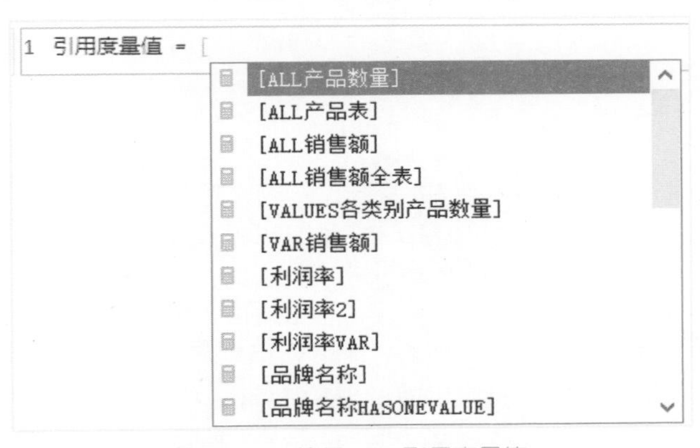

图 3.121　使用“[”引用度量值

- 在 Power BI 中输入列名时务必包含表名，如 = 表名[列名]。度量值和列名在 Power BI 中都用方括号“[]”表示，因此列名前一定包含表名，而度量值之前不能包含表名。遵守书写规范，可以让代码更易读。

随着对 DAX 函数的深入学习，使用 DAX 函数进行数据分析的场景会变得复杂，为了实现多层嵌套、多维分析，代码会越来越长。比如，在我们讲解 DAX 中的常用函数 CALCULATE()函数时，随着分析场景的深入，代码越来越长，并且越来越复杂。这时如果还简单地将代码写在同一行，则会增加阅读的困难，让人难以理解。所以我们需要使用一定的技巧来美化 DAX 代码，增加可读性，使其更易被解读。

1. DAX 代码格式化规则

DAX 代码格式化主要是使用换行、对齐等方式，将代码的不同部分分块。代码格式化没有指定的规则，随着对 DAX 函数的深入学习，大部分人会形成自己的书写习惯。笔者自己整理的规则如下。

- 函数名与左括号书写在同一行。如果函数的第一个参数很长，则建议换行书写，否则可以书写在同一行。
- 函数的不同参数部分换行对齐，在公式编辑栏中进行换行的组合键有两个：“Alt+Enter”和“Shift+Enter”，前者只是换行，后者在换行的同时与上一行缩进对齐。在公式编辑栏中可以使用空格键缩进，也可以使用 Tab 键缩进。
- 表示参数结束的逗号与参数在同一行。
- 函数结尾的右括号独自一行，并与左括号对齐。

我们以下面的度量值为例，未进行格式化的代码不仅影响阅读，而且不容易分辨筛选参数和语句的结尾，出现错误也不容易排查。

```
销售量格式化= CALCULATE(SUM('订单表'[数量]),'日期表'[年份]="Y2020",'仓库表'[仓库名]="广州分拨中心",'产品表'[产品名称] = "沙发")
```

按照上述规则进行格式化以后，代码如下：

```
销售量格式化= CALCULATE( SUM('订单表'[数量]),
                         '日期表'[年份]="Y2020",
                         '仓库表'[仓库名]="广州分拨中心",
                         '产品表'[产品名称] = "沙发"
                         )
```

这里将 CALCULATE()函数及它的第一个参数放在第一行，逗号紧跟其后。函数的每个筛选参数都放在新的一行，并且它们通过 Tab 键缩进对齐，这样就很容易看出它们都属于 CALCULATE()函数。函数结尾的右括号独自在最后一行，这样可以轻松地判断

CALCULATE()函数是否输入完整。在进行 DAX 公式书写时，忘记输入右括号是很容易犯的错误。

2. DAX Formatter

如果我们觉得 DAX 代码格式化规则太复杂，很难记忆，那么可以选择使用 DAX Formatter 进行代码格式化处理。DAX Formatter 是一个简单、易用且免费的代码格式化工具，是由 SQLBI 创始人 Marco Russo 和 Alberto Ferrari 开发的网站，如图 3.122 所示，我们只需要将 DAX 代码复制粘贴到该网站就可以实现一键代码格式化。

图 3.122　DAX Formatter 网站

我们可以将以下 DAX 代码复制到 DAX Formatter 中进行代码格式化处理。

```
成本分段 =SWITCH(TRUE(),'订单表'[成本]<=100,"0-100(含)",'订单表'[成本]<=500,"100-500(含)",'订单表'[成本]<=1000,"500-1000(含)","1000 以上")
```

格式化以后的代码如图 3.123 所示。

```
1  成本分段 =
2  SWITCH (
3      TRUE (),
4      '订单表'[成本] <= 100, "0-100（含）",
5      '订单表'[成本] <= 500, "100-500（含）",
6      '订单表'[成本] <= 1000, "500-1000（含）",
7      "1000以上"
8  )
```

图 3.123　DAX Formatter 格式化以后的代码

DAX Formatter 这个工具虽然好用，但是笔者建议尽量少用。因为一边写 DAX 代码，一边根据计算逻辑和函数参数进行换行和缩进的过程，也是梳理解题思路、弄懂 DAX 计值流程的过程，可以很好地帮助我们理清 DAX 计算逻辑。

3. DAX 代码注释

代码的整洁之道，不仅需要掌握换行与缩进等代码格式化技巧，还需要善于利用注释，让代码更加明了易懂。注释在大部分计算机语言中都有应用，可以说注释是让计算机语言更贴近自然语言的一种方法。在 DAX 代码中添加注释有以下两种方法：

- 使用“--”或“//”添加单行注释。
- 使用“/*”及“*/”添加多行注释。

单行注释符后一行的内容及多行注释符之间的内容在执行代码时将全部被忽略。可以为销售量格式化度量值添加注释，让度量值更容易解读。

```
销售量格式化 = CALCULATE(
                SUM('订单表'[数量]),   -- 对订单数量列求和
                '日期表'[年份]="Y2020", -- 筛选 2020 年销售记录
                '仓库表'[仓库名]="广州分拨中心", -- 筛选广州分拨中心的销售记录
                '产品表'[产品名称] = "沙发" -- 筛选沙发的销售记录
                )
```

3.4.6 时间智能系列函数实战

时间维度是数据分析中非常特殊的一个维度，大部分数据分析都会涉及对时间维度的分析。时点分析、累计分析、同比分析、环比分析都与时间相关。而且时间自带丰富的层级结构，年、季度、月、周、日层层递进。因为关于时间维度的计算很重要，所以 DAX 专门提供了一系列解决时间分析问题的函数。也因为时间处理很重要，几乎每个数据模型都需要一个或多个独立的日期表。

为了保证时间智能函数能正常计算，首先需要导入或建立一个日期表，同时将其标记为日期表。具体操作为：切换到数据模式，选中日期表。在“表工具”选项卡中单击“标记为日期表”按钮，在弹出的对话框中指定日期为日期列即可，如图 3.124 所示。

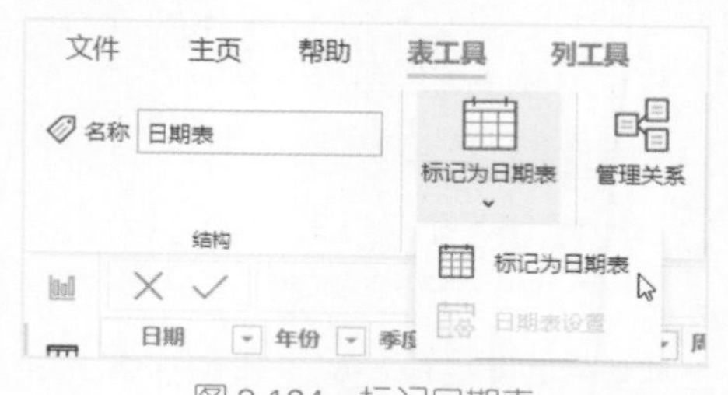

图 3.124 标记日期表

使用日期表还需要掌握一个技巧：按列排序。日期表中的字段，如年、月、季度、周等都是文本字符串，在视觉对象中使用它们时是按照首字符排序的，如果不人为指定排列顺序，则会乱序。所以在日期表中，我们通常需要准备一个字段指定排序的顺序。以模型中的“年月”字段为例，我们已经准备好了排序依据的 yyMMID 列，在 Power BI 中指定

“年月”字段按照 yyMMID 列排序即可。

按列排序的具体操作为：切换到数据模式，选中日期表，单击“年月”字段。在“列工具”选项卡中单击“按列排序”按钮，在弹出的列表中选择 yyMMID 列即可，如图 3.125 所示。对于其他需要指定排列顺序的列，也可以使用该方法指定排列顺序。

图 3.125 按列排序

1．计算月、季度、年初至今

计算本年累计、本季度累计及本月累计数是我们进行数据分析时经常遇见的场景，关于这个场景下的计算，DAX 函数提供了 DATESMTD/DATESQTD/DATESYTD 与 TOTALMTD/TOTALQTD/ TOTALYTD 系列时间智能函数。我们以 DATESYTD()函数及 TOTALYTD()函数为例讲解这一系列函数，其他函数的计算原理与之是类似的，不再一一赘述。

学习 DAX 函数，需要学会从 DAX 函数的拼写上获取有助于理解 DAX 函数的信息。比如，我们将 HASONEVALUE()函数拆开拼写成 Has One Value 以后，函数的具体功能就出来了。我们也可以将 DATESYTD()函数拆分，其实它是 Dates Year To Date 的缩写，也就是年初至当前的所有日期，返回的是一组日期。TOTALYTD()函数可以被理解为 Total Of Year To Date，也就是年初到当前日期的累计。

DATESYTD()函数只有一个参数（忽略可选参数），并且该参数必须是日期表的日期列。使用 DATESYTD()函数计算年初至今累计销售额的度量值如下：

```
年累计销售额 = CALCULATE([销售总额],DATESYTD('日期表'[日期]))
```

DATESYTD()函数返回的是年初到当前筛选上下文最后一个日期的所有日期。我们前面讲过 CALCULATE()函数可以接受两种筛选形式，其中之一就是表。这里将 DATESYTD()函数返回的表作为 CALCULATE()函数的筛选条件，计算表中所有日期的销售额累计。

计算年累计销售额的另一种方法是使用 TOTALYTD()函数，函数的语法是 TOTALYTD(表达式,日期)。第一个参数可以是度量值，第二个参数是日期表中的“日期”列，使用 TOTALYTD()函数计算年初至今累计销售额的度量值如下：

```
年累计销售额 2 = TOTALYTD([销售总额],'日期表'[日期])
```

使用上述两个公式计算的结果是相同的，如图 3.126 所示。从表中可以看到 1 月的销售总额及年累计销售额都是当月的销售额。2 月的销售总额计算的是当月的销售额，而年累计销售额计算的是 1 月及 2 月的累计销售额，正是我们需要的计算结果。

年月	销售总额	年累计销售额	年累计销售额 2
2020年1月	1,285,817	1285817	1285817
2020年2月	1,023,510	2309327	2309327
2020年3月	1,083,435	3392762	3392762
2020年4月	1,238,174	4630936	4630936
2020年5月	1,107,683	5738619	5738619
2020年6月	1,155,707	6894326	6894326
2020年7月	1,072,338	7966664	7966664
2020年8月	1,196,618	9163282	9163282
2020年9月	1,107,980	10271262	10271262
2020年10月	1,158,176	11429438	11429438
2020年11月	1,086,523	12515961	12515961
2020年12月	966,540	13482501	13482501
总计	**13,482,501**	**13482501**	**13482501**

图3.126　年累计销售额的计算

为了更清晰地理解年累计销售额的内在计算逻辑，我们可以在不使用时间智能函数的前提下构建度量值。若要计算年累计销售额，只要对日期表进行筛选，设置筛选条件为当前年度且日期小于当前日期区间的最大值即可。用 FILTER()函数可以实现以上计算需求：

```
年累计销售额 3 = CALCULATE([销售总额],
                    -- 筛选在当前年度且小于当前日期范围最大值的所有日期
                    FILTER(ALL('日期表'),
                        -- AND 表示两个条件同时满足
                        AND(
                            '日期表'[年份] = MAX('日期表'[年份]),
                            '日期表'[日期] <= MAX('日期表'[日期])
                            )
                        )
                )
```

将度量值放置到矩阵中，可以看到这三个度量值计算的结果是完全一样的，如图 3.127 所示。

年月	销售总额	年累计销售额	年累计销售额 2	年累计销售额 3
2020年1月	1,285,817	1285817	1285817	1285817
2020年2月	1,023,510	2309327	2309327	2309327
2020年3月	1,083,435	3392762	3392762	3392762
2020年4月	1,238,174	4630936	4630936	4630936
2020年5月	1,107,683	5738619	5738619	5738619
2020年6月	1,155,707	6894326	6894326	6894326
2020年7月	1,072,338	7966664	7966664	7966664
2020年8月	1,196,618	9163282	9163282	9163282
2020年9月	1,107,980	10271262	10271262	10271262
2020年10月	1,158,176	11429438	11429438	11429438
2020年11月	1,086,523	12515961	12515961	12515961
2020年12月	966,540	13482501	13482501	13482501
总计	**13,482,501**	**13482501**	**13482501**	**13482501**

图 3.127 使用三种方式计算的年累计销售额

综上所述，可以看到使用时间智能函数能很大程度地简化 DAX 代码。时间智能函数最大的作用就是将常用的时间计算需求进行封装，将计算逻辑函数化，方便用户直接调用。MTD()函数、QTD()函数、YTD()函数三种计算累计都是一样的，需要注意的是，MTD()函数一般只针对日级别进行计算，而 QTD()函数和 YTD()函数可以在日级别、月级别及季度级别进行计算。

2. 计算去年同期

计算去年同期的值，并将其与当前值进行比较就是同比分析。同比分析在日常数据分析中非常常见。在 Power BI 中，计算去年同期有多种方法，先介绍使用 SAMEPERIODLASTYEAR()函数计算的方法。SAMEPERIODLASTYEAR（Same Period Last Year）就是去年同期，它的语法和 DATESYTD()函数一样，只接受日期表的“日期”列作为参数，返回一年前的同一组日期，即返回的是表。计算去年同期可以使用以下度量值：

```
去年同期 = CALCULATE([销售总额],SAMEPERIODLASTYEAR('日期表'[日期]))
```

计算出去年同期的销售额以后，求同比增长及同比增长率就简单了。度量值分别如下：

```
同比增长 = [销售总额] - [去年同期]
同比增长率 = DIVIDE( [同比增长],[去年同期])
```

3. 计算指定时间间隔

常用的时间分析还有环比分析，也就是以当期的数据环比上一期的数据，从比较中发掘业务的发展情况。同比和环比分析都是在时间上移动一定的时间周期进行计算的分析方式，例如，SAMEPERIODLASTYEAR()函数其实是指定时间往后移动一年的特定函数。Power BI 中还有一系列更加灵活的函数可以实现时间的移动，下面重点讲解 DATEADD()函数。

在计算去年同期的值时，可以使用 SAMEPERIODLASTYEAR()函数，还可以使用 DATEADD()函数。DATEADD()函数是更通用的时间智能函数，可以自定义需要移动的周期和移动的数量，语法是 DATEADD(日期,间隔周期数,周期类型)。DATEADD()函数的第一个参数一般是日期表的“日期”列。第二个参数是一个整数，如果该数是正数则代表向未来推移，如未来一年或一个月；如果该数是负数则代表向过去推移，如上一年或上个月。第三个参数指定以年、月、季度或日为单位移动。DATEADD()函数返回的结果是满足条件的所有日期，是一个表，所以需要配合 CALCULATE()函数使用。

去年同期的销售额可以用以下度量值求得：

```
去年同期销售额 = CALCULATE([销售总额],
                         DATEADD('日期表'[日期],-1,YEAR)
                    )
```

上月销售额也可以使用 DATEADD()函数计算，度量值如下：

```
上月销售额 = CALCULATE([销售总额],
                         DATEADD('日期表'[日期],-1,MONTH)
                )
```

同理，还可以求得上季度销售额：

```
上季度销售额 = CALCULATE([销售总额],
                         DATEADD('日期表'[日期],-1,QUARTER)
                )
```

计算结果如图 3.28 所示，需要注意的是，上季度销售额计算的是三个月前的销售额。由此可以看到，DATEADD()函数比 SAMEPERIODLASTYEAR()函数要强大很多。SAMEPERIODLASTYEAR()函数处理的只是 DATEADD()函数处理的众多场景之一，所以 DATEADD()函数的应用更广泛。

年月	销售总额	去年同期	去年同期销售额	上月销售额	上季销售额
2019年12月	204,183				
2020年1月	1,285,817			204183	
2020年2月	1,023,510			1285817	
2020年3月	1,083,435			1023510	204183
2020年4月	1,238,174			1083435	1285817
2020年5月	1,107,683			1238174	1023510
2020年6月	1,155,707			1107683	1083435
2020年7月	1,072,338			1155707	1238174
2020年8月	1,196,618			1072338	1107683
2020年9月	1,107,980			1196618	1155707
2020年10月	1,158,176			1107980	1072338
2020年11月	1,086,523			1158176	1196618
2020年12月	966,540	204183	204183	1086523	1107980
总计	**13,686,684**	**204183**	**204183**	**12720144**	**10475445**

图 3.128 DATEADD()函数计算示例

用来计算时间间隔的函数还有 DATESBETWEEN()、DATESINPERIOD()和 PARALLELPERIOD()函数，下面对它们仅作简单介绍，更多的关于时间智能函数的说明可以参考高飞老师翻译的《DAX 权威指南》。

DATESBETWEEN()函数返回一个包含一列日期的表，日期从指定开始日期持续到指定结束日期，语法是 DATESBETWEEN(日期列,开始日期,结束日期)。需要注意的是，该函数的第二个和第三个参数一定是某个具体的日期。如果当前筛选环境的时间粒度在月以上，一般需要通过 MAX()函数、LASTDATE()函数、ENDOFMONTH()函数等获取最后一天作为参数。当然，开始日期及结束日期也可以直接使用 DATE()函数指定具体的时间。以下度量值用于计算 2020 年 1 月 3 日到 2020 年 6 月 30 日的销售额。

```
指定日期销售额 = CALCULATE([销售总额],
                    DATESBETWEEN('日期表'[日期],DATE(2020,1,3),DATE(2020,6,30))
                )
```

DATESINPERIOD()函数返回包含一列日期的表，返回的日期从指定的开始日期开始，并按照指定的日期间隔持续到指定间隔期数，语法是 DATESINPERIOD(日期列,开始日期,间隔周期数,周期类型)。DATESINPERIOD()函数适合作为筛选器传递给 CALCULATE()函数。与 DATEADD()函数相比，DATESINPERIOD()函数多了“开始日期”这一参数，该参数必须是具体日期，所以 DATESINPERIOD()函数通常也需要配合 MAX()函数、LASTDATE()函数、ENDOFMONTH()函数等函数使用。

以下度量值用于计算月末最后 10 天的销售额:

```
月末最后 10 天销售额 = CALCULATE([销售总额],
                    DATESINPERIOD('日期表'[日期],MAX('日期表'[日期]),-10,DAY)
                )
```

PARALLELPERIOD()函数返回包含一列日期的表，日期包含与当前筛选环境中的日期平行的时间段，可以按指定的间隔向未来推移或向过去推移。PARALLELPERIOD()函数与 DATEADD()函数相似，但是又有不同，DATEADD()函数返回的是指定周期之前同一粒度的值，而 PARALLELPERIOD()函数返回的是指定的完整周期。

以下度量值用于计算去年全年的销售额，即使外部筛选上下文为月份，也将计算全年销售额。

```
去年销售额 = CALCULATE([销售总额],
                    PARALLELPERIOD('日期表'[日期],-1,YEAR)
            )
```

度量值计算结果如图 3.129 所示，使用 DATEADD()函数计算的是去年同期的销售额，在数据模型中，2019 年只有 12 月有销量，所以去年同期销售额只有 2020 年 12 月有计算值。其他月份如 2020 年 11 月往前推移一年则是 2019 年 11 月，模型中没有 2019 年 11 月的销售数据，所以计算值为空。而使用 PARALLELPERIOD()函数计算去年销售额，在 2020 年 1 月至 12 月计算的都是去年全年的销售额。因为 2020 年所有月份的上一年都是 2019 年。由此可见，PARALLELPERIOD()函数返回的是第三个参数的完整周期，DATEADD()函数返回的是第三个参数的部分周期。

年月	销售总额	去年同期销售额	去年销售额
2019年12月	204,183		
2020年1月	1,285,817		204183
2020年2月	1,023,510		204183
2020年3月	1,083,435		204183
2020年4月	1,238,174		204183
2020年5月	1,107,683		204183
2020年6月	1,155,707		204183
2020年7月	1,072,338		204183
2020年8月	1,196,618		204183
2020年9月	1,107,980		204183
2020年10月	1,158,176		204183
2020年11月	1,086,523		204183
2020年12月	966,540	204183	204183
总计	**13,686,684**	**204183**	**204183**

图 3.129 去年同期销售额与去年销售额

3.4.7 ALL 系列函数与占比分析实战

占比分析用于分析不同个体在总体中的占比，从而看出个体对总体的整体贡献度。占比分析在日常数据分析中也是非常常见的数据分析方法。相对于同比、环比等增长率分析，占比分析的计算逻辑相对简单，只需要将两个数据相除即可。在 Excel 中处理占比分析问题时，一般需要分别求个体及总体的数据，因此当计算占比的维度、总体范围发生变化时，就需要不断地重复计算。Power BI 提供了 ALL 系列函数来解决这类问题，ALL 系列函数包括：ALL()函数、ALLEXCEPT()函数及 ALLSELECTED()函数。

1．对标比率分析

在做产品销量数据分析时，为了能直观地体现不同产品的整体销量，我们可以用各产品的销售额除以指定产品的销售额，以查看各产品的对标比率情况，我们将这种分析方法命名为“对标比率分析法”。

在 Power BI 中实现对标比率分析，只要将每个产品的销售额除以指定产品的销售额即可。假设我们的需求是计算各产品对标复印机的销售额比率，各产品的销售额直接使用销售总额度量值，计算复印机的度量值很简单，直接使用 CALCULATE()函数添加筛选条件即可：

```
复印机销售额 = CALCULATE([销售总额],'产品表'[产品名称] = "复印机")
```

计算各产品对标复印机的比率可以用 DIVIDE()函数：

```
对标复印机比率 = DIVIDE([销售总额],[复印机销售额])
```

将以上度量值设置为百分比形式，并在矩阵中进行展示，结果如图 3.130 所示。

产品名称	销售总额	复印机销售额	对标复印机比率
复印机	4,311,294	4,311,294	100.00%
打印机	3,759,419	4,311,294	87.20%
书柜	3,148,292	4,311,294	73.02%
桌子	400,608	4,311,294	9.29%
沙发	396,952	4,311,294	9.21%
移动硬盘	387,205	4,311,294	8.98%
电话机	368,856	4,311,294	8.56%
椅子	353,700	4,311,294	8.20%
笔记本	322,715	4,311,294	7.49%
便签纸	33,460	4,311,294	0.78%
总计	**13,482,501**	**4,311,294**	**312.73%**

图 3.130　对标比率分析

2. 总体占比分析

总体占比分析即计算每个产品的销售额在所有产品的销售额中的占比，不考虑产品类型分类，从计算结果可以看出每个产品对总销售额的销售贡献。要实现总体占比分析，需要借助 CALCULATE()函数与 ALL()函数。

在讲解 CALCULATE()函数的时候，我们已经建立了一个度量值——ALL 销售额，度量值如下。这个度量值只能删除产品类别上的外部筛选条件。

```
ALL 销售额 = CALCULATE([销售总额],ALL('产品表'[产品类别]))
```

如果我们需要删除产品表所有列的筛选上下文，可以建立以下度量值：

```
ALL 销售额全部 = CALCULATE([销售总额],ALL('产品表'))
```

当 ALL()函数的参数是表时，它将删除表中所有列的外部筛选条件，以上度量值在产品表上的筛选不起作用，每次计算都将返回所有销售记录的产品总额，此时可以直接建立计算总体占比的度量值：

```
总体占比 = DIVIDE([销售总额],
               CALCULATE([销售总额],ALL('产品表'))
              )
```

将总体占比度量值设置成百分比形式，使用产品类别及产品名称列生成矩阵计算各产品的销售总额及总体占比，结果如图 3.131 所示，所有产品类别的总体占比或所有产品名称的总体占比加起来分别等于 100%。

产品类别	销售总额	总体占比
电子设备	**8,957,410**	**65.45%**
复印机	4,378,998	31.99%
打印机	3,807,687	27.82%
移动硬盘	392,495	2.87%
电话机	378,230	2.76%
家具	**4,365,964**	**31.90%**
书柜	3,199,588	23.38%
桌子	405,756	2.96%
沙发	402,520	2.94%
椅子	358,100	2.62%
办公用品	**363,310**	**2.65%**
笔记本	329,080	2.40%
便签纸	34,230	0.25%
总计	**13,686,684**	**100.00%**

图 3.131 总体占比分析

3. 分类占比分析

分类占比分析即计算每个产品在自身所属类别中的销售额占比，它考虑产品类型对数据的筛选，具体计算方法为产品销售额除以该产品类别的销售额。分类占比分析问题其实和总体占比分析问题的原理一样，改变的只是筛选的返回。分类占比分析需要考虑产品类型对数据的筛选，所以我们直接修改 ALL()函数的参数即可，度量值如下：

```
ALL 销售额分类 = CALCULATE([销售总额],ALL('产品表'[产品名称]))
```

分类占比分析的度量值可以这样写：

```
分类占比 = DIVIDE(
                [销售总额],
                CALCULATE([销售总额],ALL('产品表'[产品名称]))
                )
```

计算结果如图 3.132 所示，不同产品类别中的产品的分类占比加起来都等于 100%。复印机分类占比为 48.89%，指的是复印机的产品销售额在电子设备（包括复印机、打印机、移动硬盘和电话机）的销售额中的占比。

产品类别	销售总额	总体占比	分类占比
电子设备	**8,957,410**	**65.45%**	**100.00%**
复印机	4,378,998	31.99%	48.89%
打印机	3,807,687	27.82%	42.51%
移动硬盘	392,495	2.87%	4.38%
电话机	378,230	2.76%	4.22%
家具	**4,365,964**	**31.90%**	**100.00%**
书柜	3,199,588	23.38%	73.28%
桌子	405,756	2.96%	9.29%
沙发	402,520	2.94%	9.22%
椅子	358,100	2.62%	8.20%
办公用品	**363,310**	**2.65%**	**100.00%**
笔记本	329,080	2.40%	90.58%
便签纸	34,230	0.25%	9.42%
总计	**13,686,684**	**100.00%**	**100.00%**

图 3.132 分类占比分析

4．切片器联动占比分析

在 Power BI 中做占比分析还可以灵活联动切片器进行问题分析。通过 ALLSELECTED()函数可以联动切片器，直接计算各产品在已选产品销售额中的占比。切片器联动分析时，还可以根据需求进行总体占比或分类占比分析。

切片器联动分析可以根据所选的产品进行总体占比或分类占比分析，实现这种效果需要用到 ALL 系列函数中的另一个函数 ALLSELECTED()函数，ALLSELECTED()函数的参数可以是表名或列名。ALLSELECTED 可以被理解为“所有被选中的”，也就是返回当前上下文中已经被选中的项目，因此可以利用它实现被选中产品占整体的百分比的计算。

将产品表作为 ALLSELECTED()函数的参数，则可以计算所选项目总体占比，度量值如下：

```
所选项目总体占比 = DIVIDE(
            [销售总额],
            CALCULATE([销售总额],ALLSELECTED('产品表'))
            )
```

在 Power BI 中以“产品名称”为字段插入切片器，选中产品名称中的部分选项，计算结果如图 3.133 所示。从图中可以看到，所选项目总体占比计算的是所选产品销售总额在全部产品销售总额中的总体占比，所以所选项目总体占比总计为 100%。

产品名称
笔记本
便签纸
打印机
打印纸
电话机
复印机
剪刀
沙发
收纳盒
书柜
橡皮筋
信封
移动硬盘
椅子
装订机
桌子

产品类别	销售总额	总体占比	分类占比	所选项目总体占比
电子设备	**4,771,493**	**34.86%**	**53.27%**	**54.61%**
复印机	4,378,998	31.99%	48.89%	50.12%
移动硬盘	392,495	2.87%	4.38%	4.49%
家具	**3,602,108**	**26.32%**	**82.50%**	**41.23%**
书柜	3,199,588	23.38%	73.28%	36.62%
沙发	402,520	2.94%	9.22%	4.61%
办公用品	**363,310**	**2.65%**	**100.00%**	**4.16%**
笔记本	329,080	2.40%	90.58%	3.77%
便签纸	34,230	0.25%	9.42%	0.39%
总计	**8,736,911**	**63.84%**	**63.84%**	**100.00%**

图 3.133 所选项目总体占比

将产品表中“产品名称”列作为 ALLSELECTED()函数的参数，则可以计算所选项目在所在产品类别中的占比，度量值如下：

```
所选项目分类占比 = DIVIDE(
            [销售总额],
```

```
        CALCULATE([销售总额],ALLSELECTED('产品表'[产品名称]))
    )
```

计算结果如图 3.134 所示，不同产品类别的产品销售总额占比总计为 100%，即计算的是所选产品在所在产品类别中的分类占比。例如，复印机的所选项目分类占比计算的是复印机产品的销售总额在筛选的“电子设备”类中（包括复印机和移动硬盘）的销售总额占比。

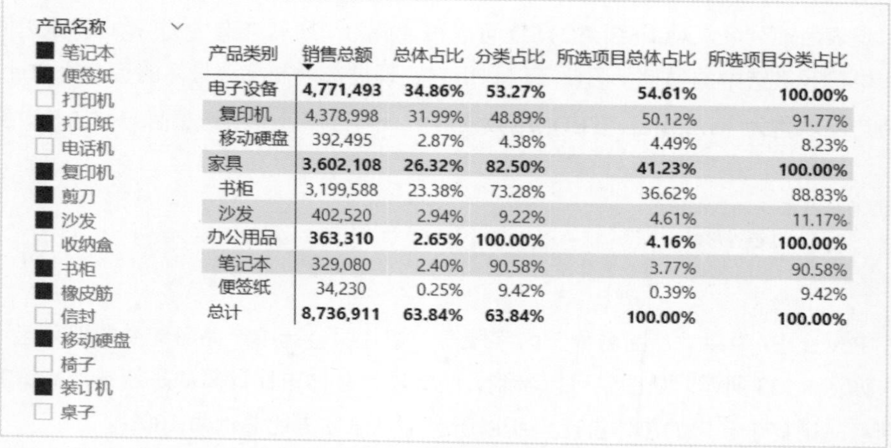

产品名称
■ 笔记本
■ 便签纸
□ 打印机
■ 打印纸
□ 电话机
■ 复印机
■ 剪刀
■ 沙发
□ 收纳盒
■ 书柜
■ 橡皮筋
□ 信封
■ 移动硬盘
□ 椅子
■ 装订机
□ 桌子

产品类别	销售总额	总体占比	分类占比	所选项目总体占比	所选项目分类占比
电子设备	**4,771,493**	**34.86%**	**53.27%**	**54.61%**	**100.00%**
复印机	4,378,998	31.99%	48.89%	50.12%	91.77%
移动硬盘	392,495	2.87%	4.38%	4.49%	8.23%
家具	**3,602,108**	**26.32%**	**82.50%**	**41.23%**	**100.00%**
书柜	3,199,588	23.38%	73.28%	36.62%	88.83%
沙发	402,520	2.94%	9.22%	4.61%	11.17%
办公用品	**363,310**	**2.65%**	**100.00%**	**4.16%**	**100.00%**
笔记本	329,080	2.40%	90.58%	3.77%	90.58%
便签纸	34,230	0.25%	9.42%	0.39%	9.42%
总计	**8,736,911**	**63.84%**	**63.84%**	**100.00%**	**100.00%**

图 3.134　所选项目分类占比

3.4.8 DAX 扩展学习资源

DAX 是一门全新的、富有活力的数据分析语言，本书讲解的基础知识和总结的方法仅适合我们在初级阶段对 DAX 进行理解和应用。随着我们对 DAX 的深入学习，对该门语言的认知也会不断更新，所以持续的学习是必要的。在学习 DAX 代码书写规范时，笔者推荐了由 SQLBI 开发的一键格式化 DAX 代码的网站——DAX Formatter，下面再介绍两个由 SQLBI 开发的 DAX 学习资源中心。

1. DAX GUIDE 网站

DAX GUIDE 网站是由 SQLBI 开发的独立在线 DAX 函数索引网站，按照功能将函数进行区分，对每个 DAX 函数都提供了完整语法、简单描述及使用示例，如图 3.135 所示。该网站内容为全英文，我们可以使用浏览器的翻译功能将其翻译成中文。

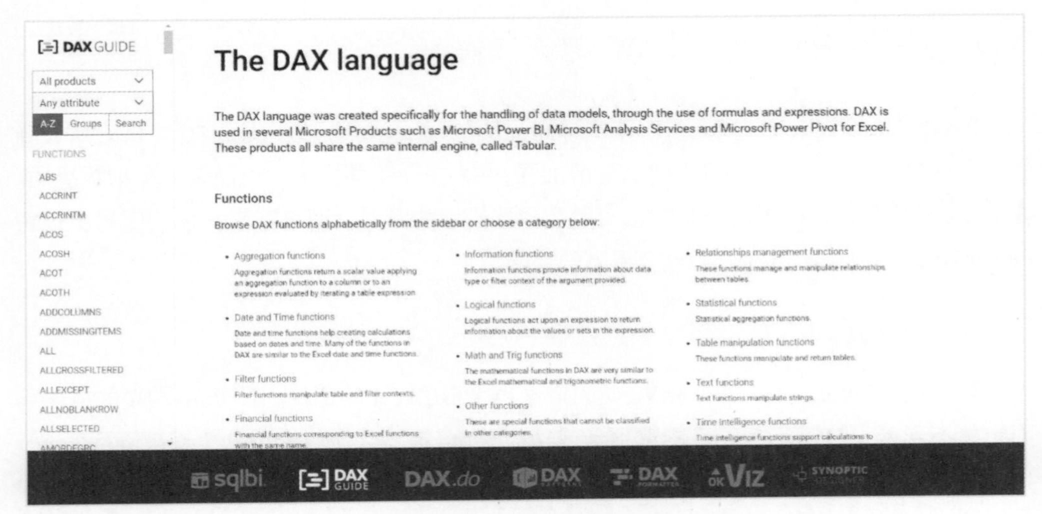

图 3.135　DAX GUIDE 网站

2．DAX.do 网站

DAX.do 网站也是由 SQLBI 开发的在线 DAX 学习网站，主要功能是在不安装任何工具的情况下进行 DAX 函数的实战练习。DAX.do 和 DAX GUIDE 网站配合使用可以满足我们边看边练的需求。如图 3.136 所示，该网站还提供了练习使用的数据库，可以直接在此练习测试。

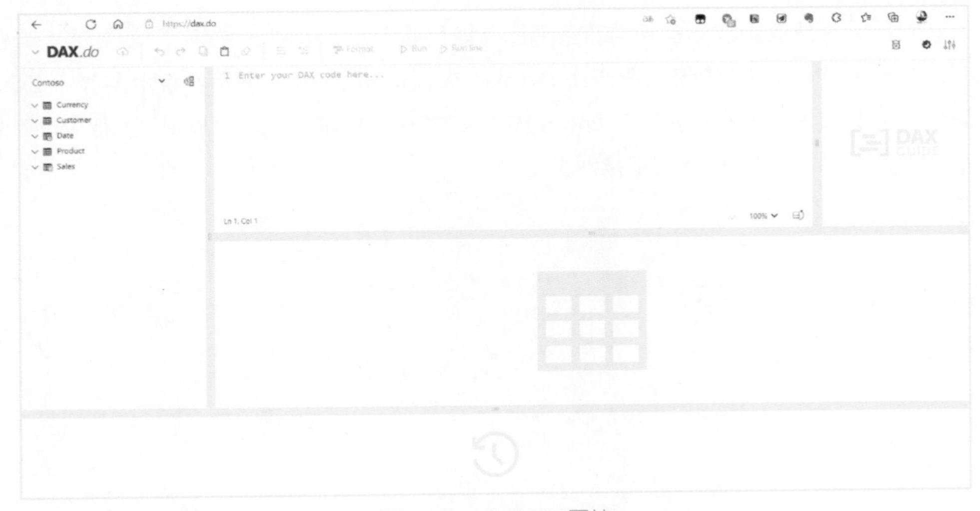

图 3.136　DAX.do 网站

3.5 数据可视化：Power View

Power View 在 Excel 中也是一个具体可见的加载项，但是在 Power BI 中却无法看到它的身影。Power BI 对数据可视化功能的加强，相对 Excel 基本图表功能来说是指数级的。在 Power BI 中，基础图表的制作也使用了数据透视的概念，而自定义可视化图表更是将 Power BI 的可视化能力推上了一个更高的台阶。

3.5.1 Power View 简介

和 Power Pivot 一样，Power View 的概念也来自 Excel 的插件。在 Power BI 的操作界面也找不到名为“Power View”的选项卡或功能菜单。笔者之所以沿用这个词来概括 Power BI 的可视化功能，是因为它能准确地描述 Power BI 被强化的可视化能力。就像 Power Pivot 是对 Excel 中的数据透视表的加强，Power View 代表的 Power BI 图表制作功能也是对 Excel 中图表功能的强化。

3.5.2 基础视觉对象

在 Power BI 中作图的基本概念和数据透视图是一样的，拖放字段到图表中，数据将自动汇总，最后的呈现结果是以图表形式展现的。相比 Excel，Power BI 不仅作图机制更便捷，可视化图形选择也更多样。

基础视觉对象有图表类型：堆积条形图、堆积柱形图、饼图、散点图、组合图等，如图 3.137 所示。Power BI 内置的图表比 Excel 丰富，瀑布图、漏斗图及着色地图等在 Excel 中需要复杂的技术才能实现，但在 Power BI 中都能很方便地实现。卡片图、多行卡、KPI、表及矩阵则是 Power BI 特有的视觉对象。

图 3.137 Power BI 内置的基本图表类型

Power BI 不仅有常规的图表，还有高级的可视化功能，如 R 视觉对象、Python 视觉对象、分解树、关键影响者、智能叙述、问答等，其实它们更多的是代表 Power BI 的某种功能。随着 Power BI 的发展，微软将其开发的其他软件也不断内嵌到 Power BI 中，如分页报表、PowerApp、PowerAutomate 等。

Power BI 支持对图表格式细节的设置，设置菜单集中在“可视化”窗格下方的“字段”、“格式”和“分析”三个页面中，在“字段”页面设置构成图表的分类及数值字段，“格式”页面则包含了大部分关于图表的格式设置选项，如图 3.138 所示。

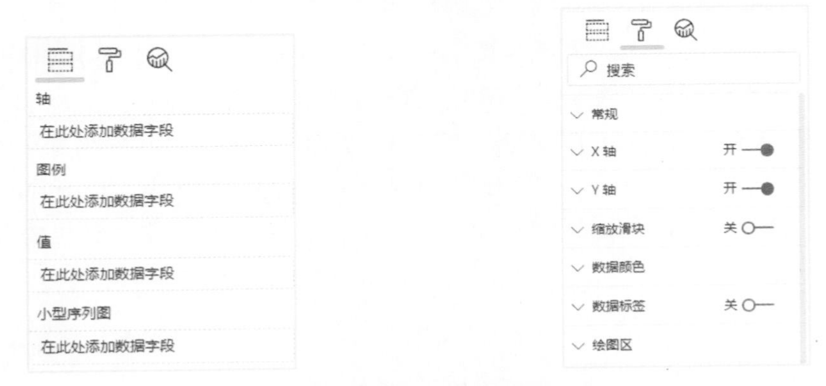

图 3.138　“字段”与“格式”页面

Power BI 中的大部分图表属性设置都采取“开关”模式，比如，我们需要将图表的 X 轴删除，在“格式”页面中单击 X 轴的开关按钮即可。打开 X 轴的设置菜单，可以看到更多关于 X 轴的细节设置，如图 3.139 所示。

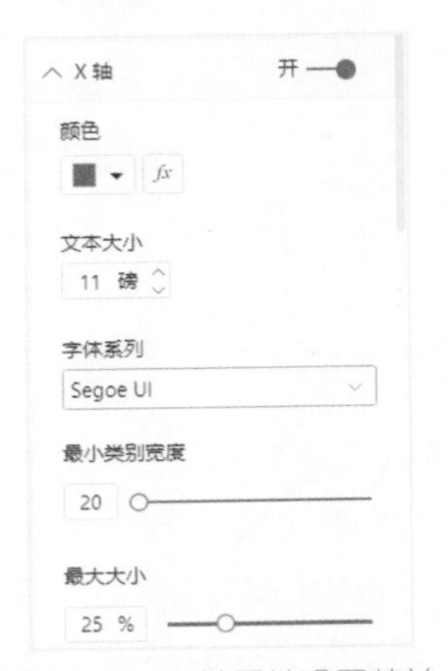

图 3.139　X 轴属性设置菜单

关于图表细节的设置，我们在入门案例中已经进行了详细介绍，在后面的实战案例中将练习巩固，这里仅做简单总结。Power BI 的图表属性设置并不难，只是简单的基本操作，只需要读者多加实践即可。基础图表的高阶作图技巧一般需要在 DAX 函数的驱动下实现。

3.5.3 自定义视觉对象

Power BI 包含 30 多个内置的可视化图形，覆盖所有 Excel 中包含的图表，Power BI 的应用市场也包含大量自定义可视化图形库。用户只需从应用市场下载自定义视觉对象，就可以快速制作文字云、信息图表、桑基图、和弦图等在 Excel 中很难实现的高级图表。

我们以桑基图为例，详细介绍自定义视觉对象的加载和使用方法。

桑基图（Sankey Diagram）是特别适用于表达数据流向关系的可视化图表，主要描述从开始端到结束端的流向分布，各分支的宽度对应了数据流量的大小，始端和末端的数据保持相等。桑基图不仅适用于流向分布，也可以分析各部分流量在总体中的占比，如图 3.140 所示。

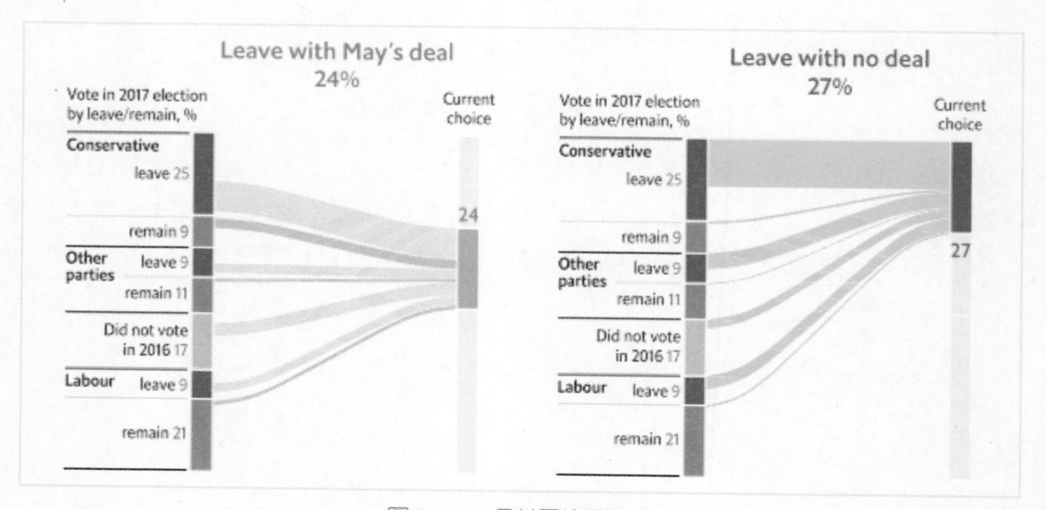

图 3.140　桑基图使用范例

在 Power BI 中使用自定义视觉对象的第一步就是外部加载。加载自定义视觉对象有两种方法：一种方法是从本地文件加载已经下载的 pbivi 文件；另一种方法是从应用市场加载，使用这种方法要求登录 Power BI 账号。单击“可视化”窗格的“...”按钮即可调出加载选项，选择“获取更多视觉对象”选项直接跳转到应用市场，选择“从文件导入视觉对象”选项则需要提前下载视觉对象文件，还可以从“主页”→“更多视觉对象”中加载，如图 3.141 所示。

图 3.141 加载自定义视觉对象的两种方法

所有自定义视觉对象都可以通过以上两种方法加载到 Power BI 中，导入成功以后，在“可视化”窗格中就可以看到该自定义视觉对象选项。自定义视觉对象的使用方法和基础视觉对象的使用方法基本一致。单击视觉对象，在“字段”窗格中配置数据字段，在“格式”窗格中调整标题、颜色等属性。

先将本节的案例数据加载到 Power BI 中，然后将表“单层”中的字段“源”放到“源”中，将“目标”放到“目标”中，将“人数”放到“称重”中。配置好以上字段以后，在“格式”窗格的“链接”中修改各分支的颜色，一个基础的单层桑基图就做好了，如图 3.142 所示。

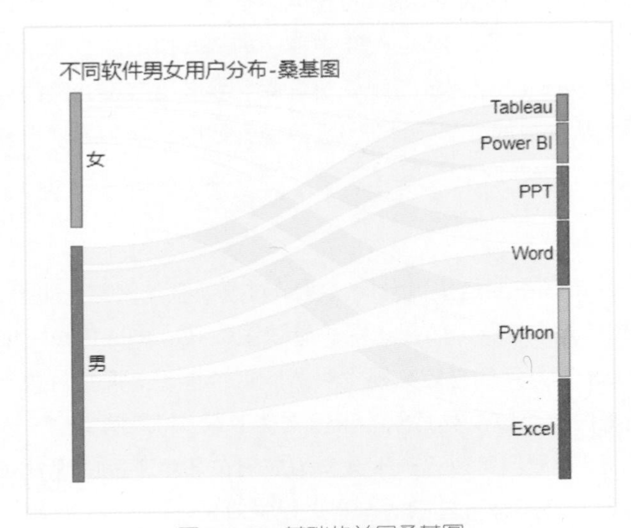

图 3.142 基础的单层桑基图

桑基图也可以是多层嵌套的，其制作方法和单层桑基图一样，只需要配置“源”、“目标”及“称重”三个字段。需要注意的是，在数据源的格式中，层级分类数据需要首尾相接，而不是分列存储。设置字段后修改链接配色，最终结果如图 3.143 所示。

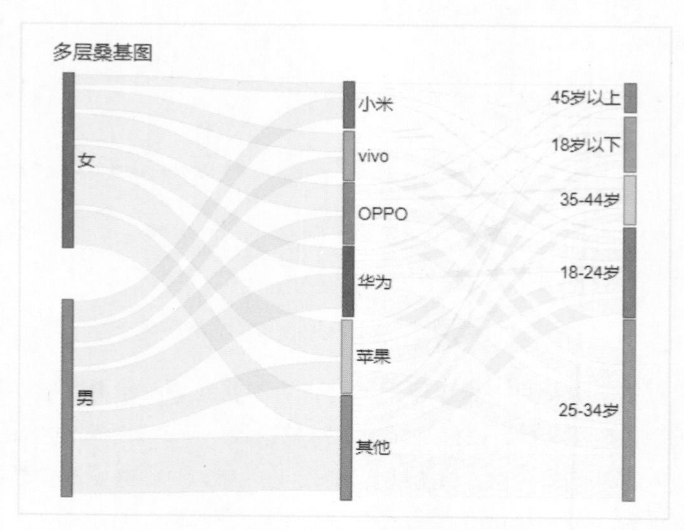

图 3.143 多层桑基图

3.5.4 可视化扩展学习资源

数据清洗、数据建模的最终目标是将数据及其背后的见解通过可视化展现出来，数据的清洗和建模考验的是我们的抽象思维，可视化则是将这个稍显枯燥的过程以吸引眼球的方式展现出来。学习和掌握了在 Power BI 中作图的基本原理和步骤以后，要做出好看的图表，就需要了解 Power BI 丰富的可视化资源库；要做出有设计感的仪表板，就需要多看别人优秀的作品，从中吸取好的设计理念。下面介绍的三个扩展学习资源值得我们学习和借鉴。

1. 应用市场

Power BI 的应用市场主要是提供自定义视觉对象下载的网站，如图 3.144 所示，在此我们可以找到很多的高级图表，如雷达图、琴弦图或 Growth Rate Chart、Sparkline by OKViz、Chiclet Slicer 等好用的自定义视觉对象。每个自定义视觉对象不仅提供视觉对象文件下载，一般还提供使用该视觉对象的示例文件下载。将示例文件下载下来研究是掌握该视觉对象最好的方法，我们可以逐一下载学习应用市场中不同的视觉对象，研究其用法，通过学习示例文件找到真正适合自己的自定义视觉对象。

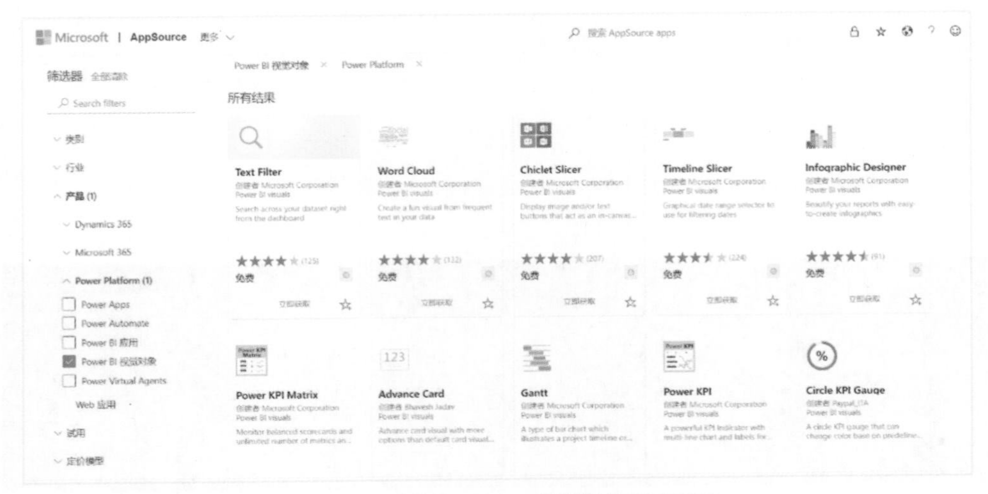

图 3.144 微软 Power BI 视觉对象应用市场

2. Power BI 学习社区

微软为 Power BI 学习者提供了一个共享学习的社区（Microsoft Power BI Community），学习社区中有一个可视化展览区（Themes Gallery）。Power BI 用户可以将自己制作的仪表板发布到社区和大家分享，其中不乏布局及配色都非常优秀的仪表板作品，其技巧和设计值得我们学习和借鉴，如图 3.145 所示。

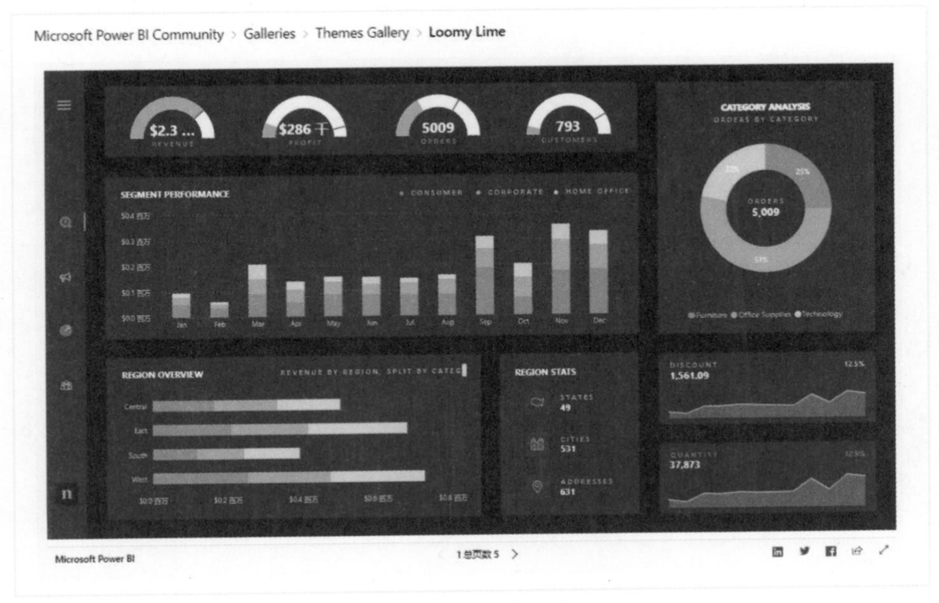

图 3.145 仪表板作品

3. 可视化大赛

微软 Power BI 可视化大赛是数据可视化爱好者的一场盛宴，参赛作品可以在 Power BI 中国社区官网查看。参赛者都是各行各业的 Power BI 爱好者，参赛作品的涉及面也非常广，如零售行业、医疗行业、航空航天、人力资源等方面的案例作品，其中的获奖作品值得我们仔细研究和借鉴，如图 3.146 所示。

图 3.146　第四届 Power BI 可视化大赛作品展示

3.6 总结

本章内容从 Excel 出发，最后突破 Excel，走进 Power BI 的大门。笔者结合自己的理解对 Power BI 的三大模块进行了详尽的讲解，循序渐进，环环相扣，为后续学习实战章节打下坚实的基础。本章虽然是 Power BI 入门，但也基本涵盖了 Power BI 的主要功能模块。M 函数及 DAX 函数的进阶应用将在第 6 章进行讲解。

第 4 章

家电销售分析实战案例——渐变式仪表板设计

本章讲解的是实战部分的第一个入门案例，仪表板制作完全基于鼠标的单击操作，零基础读者也能直接上手制作。本案例在 Power BI 使用技巧上没有太大难度，属于“零代码”仪表板项目，实现效果如图 4.1 所示。

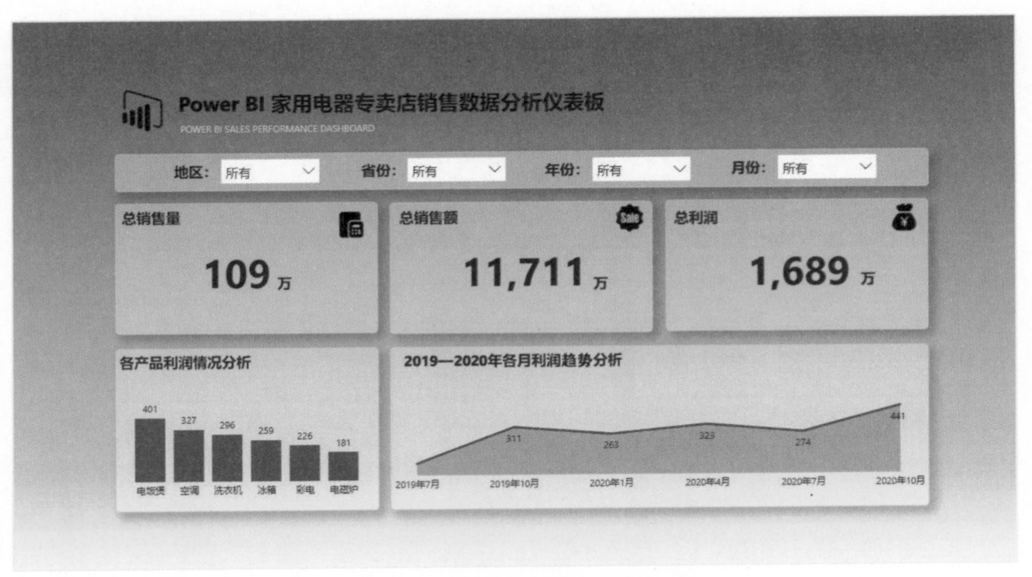

图 4.1　零售业销售数据分析仪表板

本章主要介绍利用 Power BI 的矩形工具进行仪表板框架设计的方法，并通过设置矩形的边框半径及阴影增加仪表板的设计感。在指标计算方面，为了更好地展示 Power BI 零代码制作仪表板的能力，通过拖放字段的方式利用 Power BI 的自动聚合功能实现计算，不涉及 DAX 公式的使用。

4.1 需求分析

本节不仅对案例数据源进行分析，还对用仪表板解读问题进行说明，明确仪表板需要表达的重要信息。设计仪表板很重要的一点就是明确分析的重点，从不同的角度进行分析得到的答案会不一样，设计的仪表板也不相同。

4.1.1 案例数据说明

本案例数据模拟了一家家用电器专卖店 6 种家电产品 2019—2020 年的销售情况，是一份非常普通的销售数据明细表。数据源包含的分析维度有日期、省/自治区、地区及产品名称，还包含三种度量：销售数量、销售额和利润，如图 4.2 所示。

订单日期	省/自治区	地区	产品名称	销售数量	销售额	利润
2020/10/1	湖南	中南	电饭煲	1,560	20,826	2,511
2020/12/1	贵州	西南	空调	1,359	358,776	20,824
2020/3/1	安徽	华东	电磁炉	218	3,139	17,482
2020/5/1	天津	华北	彩电	1,375	15,180	127,215
2019/10/1	北京	华北	电饭煲	1,706	206,85[illegible]	3,011
2019/10/1	江苏	华东	冰箱	1,186	313,104	4,904
2020/8/1	新疆	西北	洗衣机	2,076	683,004	2,939
2020/10/1	辽宁	东北	电饭煲	2,993	808,110	-21,359
2020/9/1	广东	中南	彩电	2,157	28,796	12,832
2020/2/1	重庆	西南	冰箱	2,299	25,933	-6,888
2020/6/1	西藏自治区	西南	洗衣机	1,813	115,596	90,540
2019/10/1	四川	西南	彩电	1,498	9,857	45,880
2020/9/1	河南	中南	洗衣机	2,807	884,205	8,640
2020/2/1	江苏	华东	电饭煲	807	210,627	11,136
2020/6/1	海南	中南	彩电	2,500	290,625	1,655

图 4.2 数据源

4.1.2 明确分析问题

基于该例的数据源，通常情况下，我们会提出以下数据分析需求：

（1）公司整体关键指标（包括总销售额、总销售数量及总利润）是多少？从不同地区、不同省份及不同年度来分析，关键指标的经营结果又是怎样的？

（2）不同产品的利润贡献情况怎么样？从公司整体来看，哪个产品的利润贡献最大？哪个产品的利润贡献最小？从不同地区、不同省份及不同年度来分析，又是哪个产品的利润贡献最大？哪个产品的利润贡献最小？

（3）最近两年的利润走势是怎样的？从不同地区、不同省份及不同年度来分析，利润的走势又是怎样的？

仪表板的设计应该以实际需求为出发点，从回答问题的角度设计仪表板。进行仪表板需求分析时，不仅需要列举回答的问题，还应该按重要程度对问题进行排序，将重要信息放置在仪表板最显眼的位置。

4.1.3 选择图表类型

提出分析需求以后，要选择合适的图表类型寻找解决方案。

需求（1）是公司决策层重点关注的关键指标经营结果情况，是非常重要的信息。该部分信息的展示应该做到简洁、清晰，并且突出、可辨认，直接以大字号 KPI 数字看板表达最合适，在 Power BI 中对应的视觉对象为卡片图，使用卡片图可以一眼看到最重要的信息。

需求（2）涉及不同产品的利润贡献情况分析，柱形图是表达多个分类的对比分析时最常用的可视化方式。本案例仅包含 6 种家电产品，使用按数值大小排序的柱形图就可以很好地解决需求（2）。柱形图制作对应 Power BI 中的簇状柱形图和堆积柱形图。

需求（3）需要从时间维度进行利润走势分析。折线图或面积图在反映指标时间序列发展趋势时表现最好。折线图与柱形图是可视化中最常见的两种图表，折线图对应 Power BI 中的折线图，面积图对应 Power BI 中的堆积面积图。

以上三个需求都涉及了从不同地区、不同省份及不同年度来分析，在 Excel 中处理这种分析需求需要对应不同的报表，在 Power BI 中只需将分析字段添加为切片器即可。Power BI 中的不同视觉对象默认是互相筛选的，这是 Power BI 的基础交互属性，利用这种交互属性可以快速增加仪表板信息量。

4.1.4 绘制设计草图

基于以上需求分析和图表类型的选择，我们就可以绘制一个仪表板草图，大致画出每个可视化组件的位置及使用的图表类型。草图的绘制工具可以是普通的纸和笔，也可以是 iPad、手机等移动电子设备，还可以直接使用 PPT、Power BI 等软件。草图绘制不需要精准，只要使用文本框和文字画出草图即可，如图 4.3 所示。

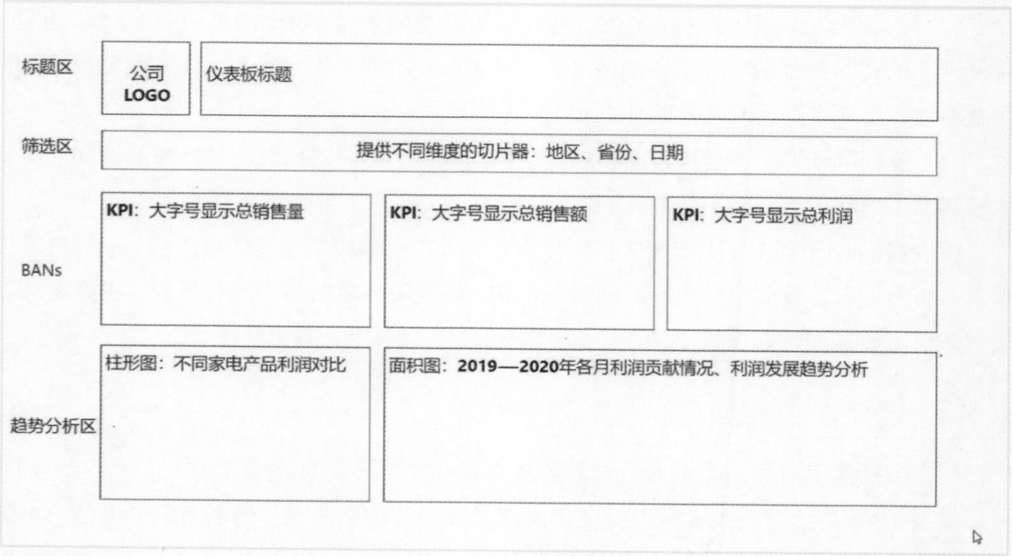

标题区
公司 LOGO
仪表板标题
筛选区
提供不同维度的切片器：地区、省份、日期
BANs
KPI：大字号显示总销售量
KPI：大字号显示总销售额
KPI：大字号显示总利润
趋势分析区
柱形图：不同家电产品利润对比
面积图：2019—2020年各月利润贡献情况、利润发展趋势分析

图 4.3　仪表板草图

4.2　布局设计

完成需求分析后可以进行布局设计。

本章实战案例的仪表板整体布局包含四部分，第一部分是标题区，主、副标题各占一个文本框，分别设置不同的字号和颜色；第二部分是筛选区，作为入门案例，本章案例的仪表板直接展示的信息量有限，而切片器是增加分析维度和信息量的关键；第三部分是关键指标区（BANs，Big Angry Numbers），简单直接地展示了总销售量、总销售额及总利润三大指标；第四部分是利润随时间变化的趋势分析区，如图 4.4 所示。

布局设计是有设计感的 Power BI 仪表板制作的基本功，若没有布局设计，Power BI 就是一个超级计算器。

图 4.4　使用 Power BI 绘制的仪表板设计草图

4.2.1　设置仪表板尺寸及背景透明度

在 Power BI 的报表视图中，新建页并将页面重命名为“布局设计”。在画布右边的“格式”选项中设置页面大小和页面背景。如图 4.5 所示，单击“页面大小”按钮，在“类型”中选择“16:09”选项；单击“页面背景”按钮，拖动透明度调节按钮，将页面透明度调整为 0%。

图 4.5　设置页面大小与页面

4.2.2　标题区设计

在“插入”选项卡中单击“文本框”按钮，就可以在画布中添加一个文本框。在文本框中输入文字“仪表板标题区”，选中文字，将字号更改为 16。复制粘贴并向下拖动文本框，利用智能参考线使其与原文本框平行，如图 4.6 所示。在新的文本框中输入文字“仪表板副标题区”，将字号改为 12。

图 4.6　利用智能参考线对齐文本框

4.2.3　筛选区设计

矩形是布局设计的占位符，是很好的布局设计元素，如图 4.7 所示。

图 4.7　Power BI 形状工具中的矩形

在“插入”选项卡中单击“形状”按钮，在弹出的下拉列表中选择“矩形”选项，通过右侧的“设置形状格式”窗格更改矩形的属性。

（1）向下拖动矩形使其与标题框对齐，打开“常规”选项，设置矩形的宽度为 1038，高度为 49。

（2）打开“线条”选项，将线条的“粗细”设置为 0，将矩形的边框隐藏。

（3）关闭矩形的“填充”选项。

（4）打开“背景”选项，将矩形的背景颜色改为“主题颜色，白色，20%较深”。

经过以上设置，使用矩形作为占位符的筛选区就设置好了，如图 4.8 所示。

标题区
仪表板标题区
仪表板副标题区
筛选区

图 4.8　筛选区设置

4.2.4　关键指标区设计

关键指标区用来放置 KPI 看板，也使用矩形工具勾画草图。首先复制一个筛选区内的矩形，在“设置形状格式”窗格将矩形的“长”设置为 335，“宽”设置为 170。关键指标区是由三个大小一样的矩形组成的。因此直接将上述矩形复制粘贴两次，并使这三个矩形对齐分布。

对齐在仪表板布局设计中非常重要，这里详细介绍在 Power BI 中如何精准地设置对齐。

（1）按住鼠标左键，从三个矩形的左上角拖动到右下角，同时选中三个矩形，如图 4.9 所示。

图 4.9　使用鼠标框选多个矩形

（2）选中三个矩形，在“格式”选项卡中单击“对齐”按钮，选择“顶端对齐”选项。

（3）选中最前面的矩形，将其向右拖动，并保持与筛选区矩形对齐。

（4）再次框选三个矩形，在“格式”选项卡中单击“对齐”按钮，选择“横向分布”选项。

设置完成后的效果如图 4.10 所示。

图 4.10　横向分布的三个矩形构成 BANs

4.2.5 趋势分析区设计

趋势分析区也用矩形占位。复制一个关键指标区的矩形，保持矩形的宽度不变，利用智能参考线将新的矩形与关键指标区的矩形对齐，如图 4.11 所示。调整新的矩形的高度为 198，给趋势分析区中的图表更多空间。

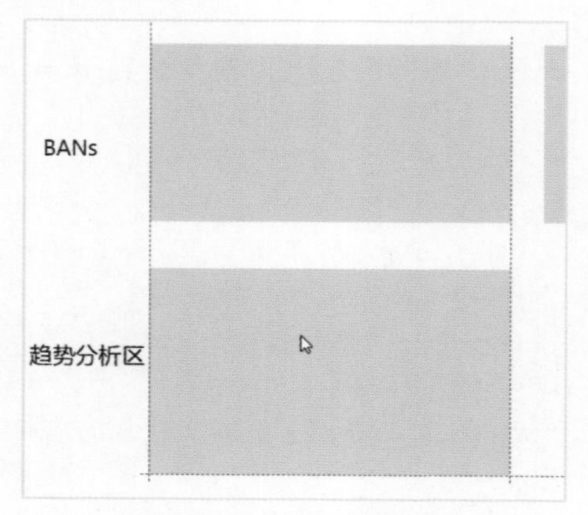

图 4.11　两边对齐的矩形

复制趋势分析区的矩形，将复制的矩形向右拖动到与关键指标区的第二个矩形左端对齐，拖动矩形右下角增加矩形的长度，并保持矩形高度不变，使其右端对齐关键指标区第三个矩形的右端，如图 4.12 所示。

图 4.12　拖动矩形右下角调整矩形长度

仪表板的整体布局草图就完成了，效果如图 4.13 所示，布局的左侧添加了区域说明文字。

图 4.13　仪表板布局草图

4.2.6　配色与现代渐变元素设计

使用黑白灰色调确定仪表板的整体框架以后，仪表板就有雏形了。接下来需要对仪表板应用配色，并调整矩形边框及填充，使仪表板框架具有渐变效果。笔者将这种以渐变色背景填充的仪表板命名为“渐变式仪表板”。

1. 添加渐变色背景

为整个仪表板框架添加一个蓝色渐变色的背景图片，增加仪表板的设计感。渐变色的背景图片可以通过网络搜索获得，也可以在 PowerPoint 中自己制作。选中“布局设计”页面标题，单击，在弹出的菜单中选择“复制页”选项，双击新的页面标题，将其重命名为“配色设计”，如图 4.14 所示。

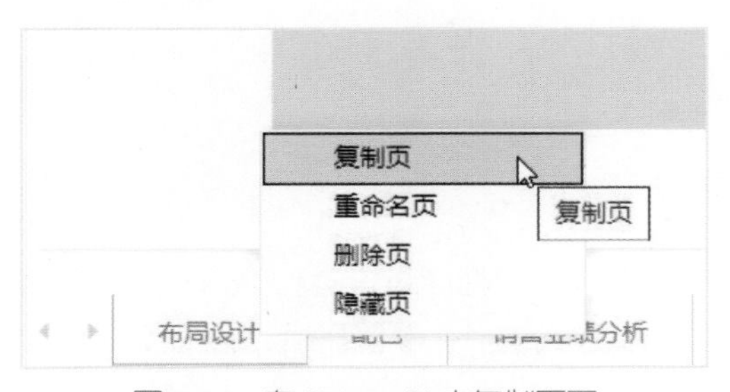

图 4.14　在 Power BI 中复制页面

在“配色设计”页面的右侧找到“格式”选项，设置页面背景。单击“页面背景”页面的“添加映像”按钮，导航到页面背景所在的文件夹，选择“渐变式背景图片”，在“页面背景”页面中将“图像匹配度”改为“匹配度”，如图 4.15 所示。

图 4.15　更改页面背景

2. 为矩形添加阴影与圆角

修改页面背景后要设置矩形占位符的格式，选中筛选区的矩形，在右侧的“设置形状格式”窗格中打开“背景”页面，将背景颜色设置成白色，并设置透明度为 70%。同时，打开矩形的“阴影”页面，具体设置保持默认即可，如图 4.16 所示。

图 4.16　设置矩形的背景及阴影

打开矩形的“边框”页面，将边框颜色设置为 Power BI 默认的“主题颜色 1，60%较浅”，该颜色的十六进制代码为：#A0D1FF，如图 4.17 所示。

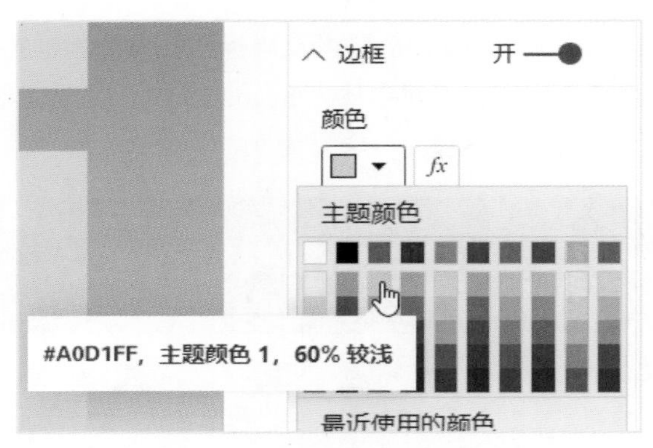

图 4.17　设置矩形的边框颜色

设置矩形边框的半径为 5 像素，这一步设置主要是为矩形的边框添加圆角，如图 4.18 所示。

图 4.18　设置矩形边框的半径

经过以上设置，筛选区的矩形已经实现了我们需要的效果。下面对其他矩形进行同样的设置，无须对所有矩形都重复以上操作，可以使用 Power BI 中的格式刷复制格式到其他对象上，如图 4.19 所示。

选中筛选区的矩形，在“主页”选项卡中单击“格式刷”按钮，将鼠标悬停在关键指标区的矩形上方时，鼠标会变成刷子的形状，单击就能实现格式的复制，如图 4.20 所示。

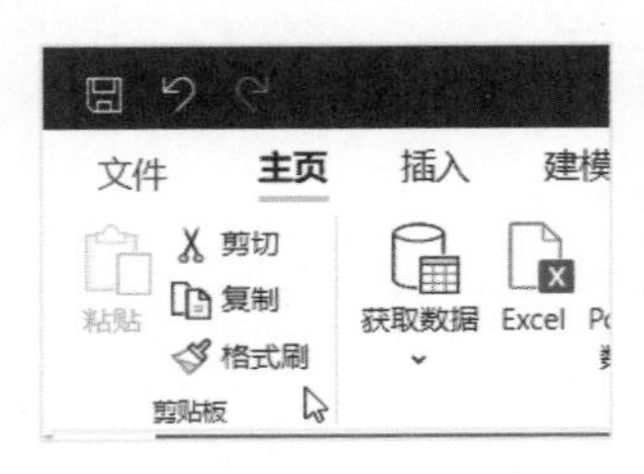

图 4.19　主页中的格式刷

图 4.20　使用格式刷套用矩形格式

完成所有矩形格式的设置以后，在标题区及副标题区的文本框中输入相应的文字，关闭文本框的背景。选中标题文字，设置字体为 Segoe(Bold)，字号为 20，字形为加粗，如图 4.21 所示；设置副标题字体为 Segoe，字号为 9，字体颜色为“白色，20%较浅”。

图 4.21　设置文字属性

删除区域说明文字，并微调文本框与矩形、矩形与矩形的间距，使仪表板的版面更紧凑，内容集中在版心。微调过程中一定要借助智能参考线保持对象之间的对齐，保证对象之间整齐有序，如图 4.22 所示。

图 4.22　渐变式仪表板设计框架

4.3　可视化设计

本节主要讲解指标计算及可视化分析组件的制作。作为入门案例，本节的指标计算部分刻意避免使用度量值和 DAX 函数，目的在于让读者体会 Power BI 的强大，即使零代码也能设计出好看、实用的仪表板。

4.3.1　切片器

切片器是 Power BI 交互式分析的基础，也是 Power BI 自带的基础视觉对象之一。切片器在仪表板设计中经常用于增加数据分析的维度及信息量。

在 Power BI 的"可视化"窗格中单击"切片器"按钮，报表画布中就会出现一个待填充的视觉对象，如图 4.23 所示。

图 4.23　使用切片器填充视觉对象

在画布左侧的"字段"窗格中，勾选"地区"字段，画布中就会出现一个默认样式的切片器。单击切片器界面右上角的小箭头按钮，在弹出的菜单中选择"下拉"选项，切片器就以下拉列表的形式显示，如图 4.24 所示。

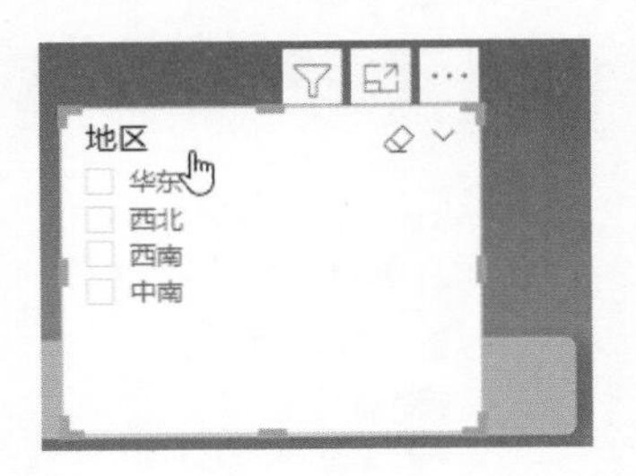

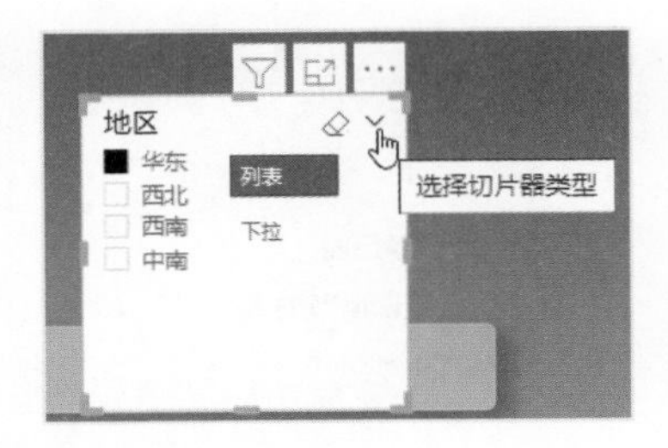

图 4.24　更改切片器类型为"下拉"

在"地区"切片器的"格式"选项卡中，关闭切片器标头和背景。打开"项目"页面，将字体颜色改为黑色，背景改为白色，文本大小设置为 12，字体设置为 Segoe(Bold)。调整切片器大小，将切片器放置在筛选区矩形上方偏左的位置。

在切片器的前面插入文本框，输入"地区:"，设置字体颜色为黑色，文本大小为 14，字体为 Segoe(Bold)，如图 4.25 所示。这里我们选择关闭切片器自带的标题，通过增加文本框的方式添加标题，这样标题文本可以有更丰富的属性设置。

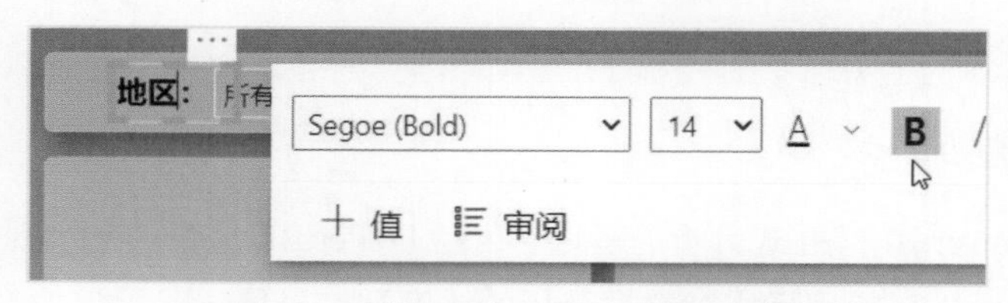

图 4.25　使用文本框输入切片器标题

选中“地区”文本框，按住 Ctrl 键的同时选中“地区”切片器可以同时选中两个对象。选中两个对象以后，复制粘贴一组新的文本框及切片器，将新的文本框文字改为“省份：”，切片器字段改为“省/自治区”，这样就完成了“省份”切片器的制作。使用同样的方法制作“年份”及“月份”切片器，如图 4.26 所示。

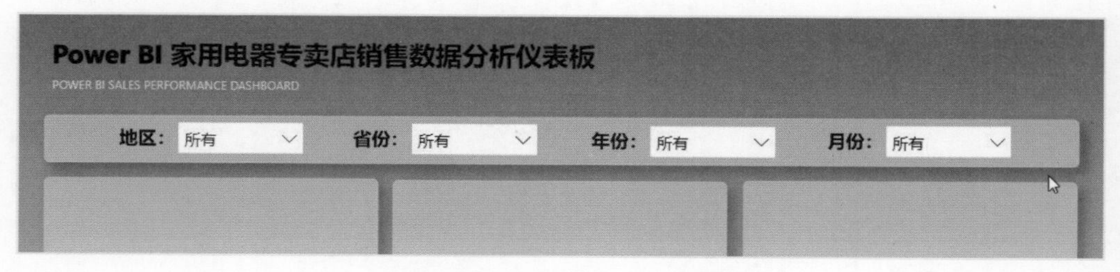

图 4.26　将切片器与文本框组合

需要注意的是，在制作“年份”和“月份”切片器时，应选中 Power BI 自动生成的日期层次结构中的“年”和“月份”字段。层次结构是在 Power BI 中实现不同层次数据钻取功能的基础，因为日期字段的特殊性，Power BI 为日期字段自动生成层次结构，如图 4.27 所示。

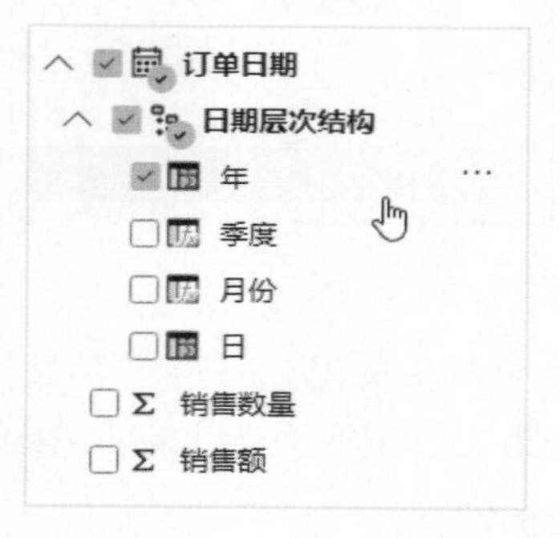

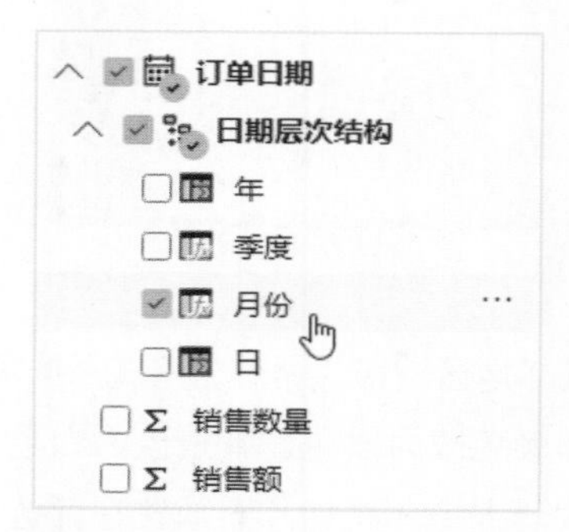

图 4.27　Power BI 中的日期层次结构

4.3.2 关键指标分析与卡片图

家用电器专卖店的三个关键指标——总销售量、总销售额和总利润以 3 个大字号卡片图进行展示，使用者能直观而醒目地获取公司主要经营指标的情况，配合切片器的使用可以下钻到地区、省份、年份等维度进行分析，进而探究更多的经营细节。

在 Power BI 的“可视化”窗格中单击“卡片图”按钮，在“字段”窗格中勾选“销售数量”字段，也可以使用拖放的方式将“销售数量”字段拖放到卡片图的字段中，如图 4.28 所示。

图 4.28　使用拖放的方式添加字段

将“销售数量”卡片图调整到关键指标区的第一个矩形上，并在右侧的“格式”选项卡中进行相关属性设置。

（1）打开“数据标签”，将文本大小改为 40，字体系列改为 Segoe(Bold)。

（2）关闭“类别标签”和“背景”。

复制一个“地区”文本框，将“地区：”改为“总销售量”，这样就完成了总销售量的数据展示。总销售额及总利润通过复制粘贴的方式分别制作，并将它们放置在第二个和第三个矩形上，如图 4.29 所示。

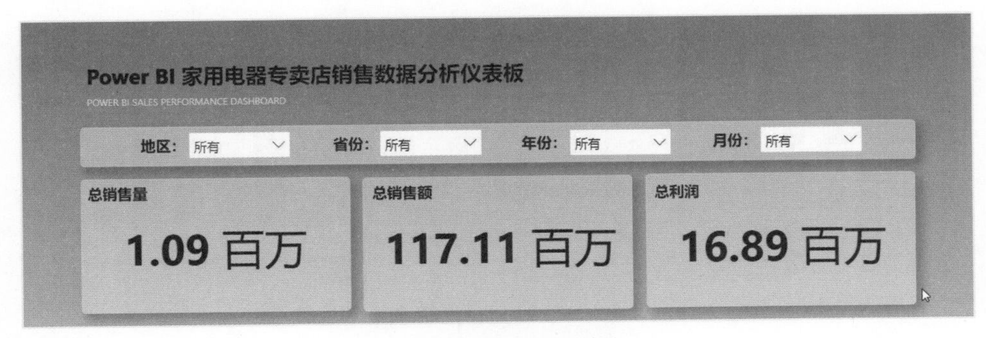

图 4.29　自动计算的数值

当我们将需要计算的字段拖放到卡片图的字段中时，Power BI 自动实现了对该列数值的求和，这个特性和 Excel 数据透视表是异曲同工的。在 Excel 数据透视表中，当我们将数值字段拖放到值区域的时候，默认会对该列的值求和。

当然，我们也可以修改字段列的聚合方式，单击“利润”字段旁边的小箭头，就可以修改聚合方式，鼠标悬停在字段上方时出现关于当前聚合方式的提示。常用的平均值、最小值、最大值、计数等都可以通过 Excel 实现，而计数（非重复）传统的 Excel 透视表并不支持，如图 4.30 所示。

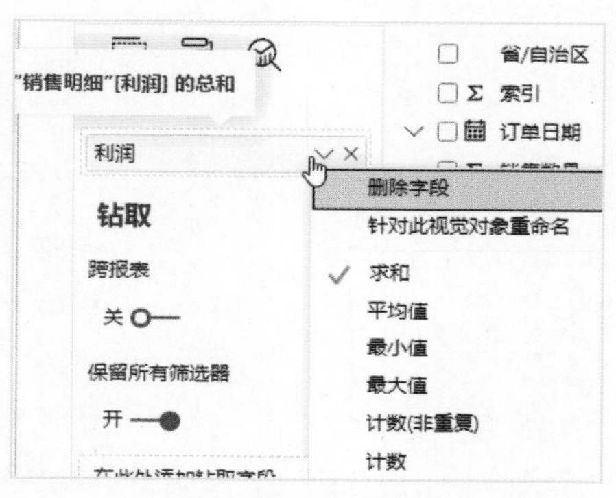

图 4.30 修改值的聚合方式

4.3.3 各产品利润分析与柱形图

各产品利润分析使用的是柱形图，在 Power BI 中可以使用堆积柱形图或簇状柱形图制作柱形图，我们使用堆积柱形图。

在 Power BI 的“可视化”窗格中单击“堆积柱形图”按钮，将“字段”窗格中的“产品名称”字段拖放到堆积柱形图的“轴”字段中，将“利润”字段拖放到“值”字段中，如图 4.31 所示。

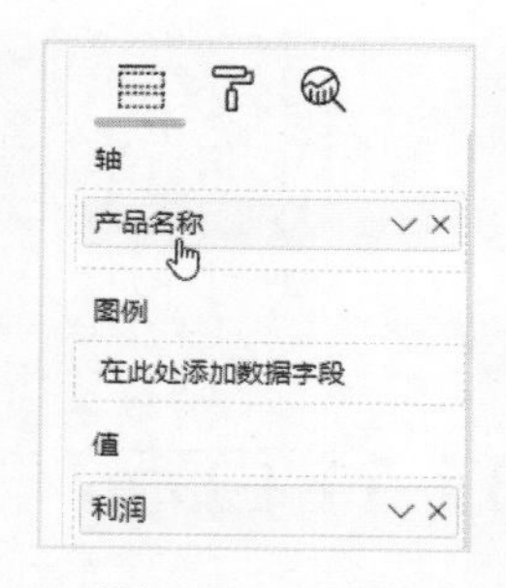

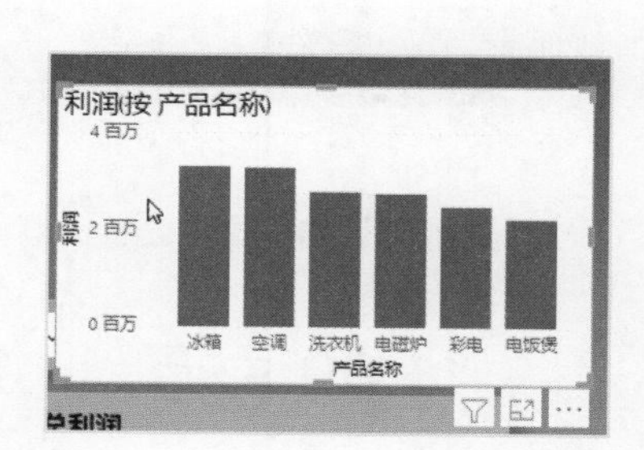

图 4.31 堆积柱形图制作

将堆积柱形图拖放到趋势分析区的第一个矩形上，并调整大小。选中堆积柱形图，在“格式”选项卡中进行属性设置，从而达到美化图表、贴合仪表板整体风格的目的。

（1）打开“X 轴”，设置字体颜色为黑色，字体系列为 Segoe(Bold)，关闭轴标题。

（2）打开“Y 轴”，先关闭轴标题，然后关闭“Y 轴”。

（3）打开“数据颜色”，将默认颜色改为“主题颜色 1，50%较深（#094780）”。

（4）打开“数据标签”，将颜色改为黑色。

（5）关闭“标题”和“背景”。

复制一个标题文本框，将文本改成表格标题“各产品利润情况分析”，如图 4.32 所示。

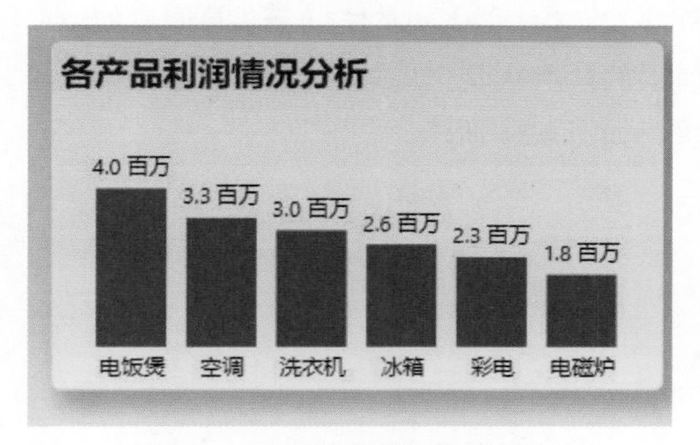

图 4.32　美化格式后的堆积柱形图

4.3.4　利润的时间趋势分析与面积图

反映数据随时间序列变化的趋势时，通常会选择折线图或面积图。以时间维度为横轴对指标进行历史变化趋势分析是最常见的数据分析场景之一，这里利用面积图对利润指标进行趋势分析。

在 Power BI 的“可视化”窗格中单击“堆积面积图”按钮，将“字段”窗格中的“订单日期”字段拖放到堆积面积图的“轴”字段中，将“利润”字段拖放到“值”字段中，“轴”字段中的订单日期自动细分为多个层次。堆积面积图并不是我们预想中的按月维度作图，而是按年维度作图，仔细观察还会发现堆积面积图上方出现了一排由方向箭头组成的按钮，如图 4.33 所示。

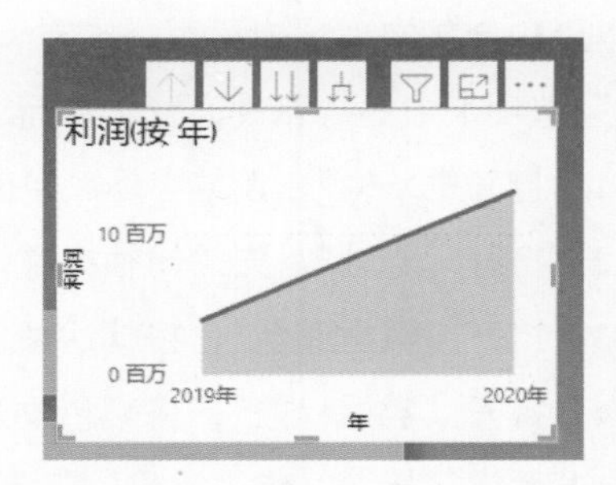

图 4.33　日期层次结构与钻取

轴中的字段是日期层次结构，图上方的方向箭头是图表的钻取按钮，两者配合使用可以实现图表在日期维度上的自由钻取。单击“展开层次结构中的所有下移级别”按钮，就可以钻取到年、月维度，如图 4.34 所示。

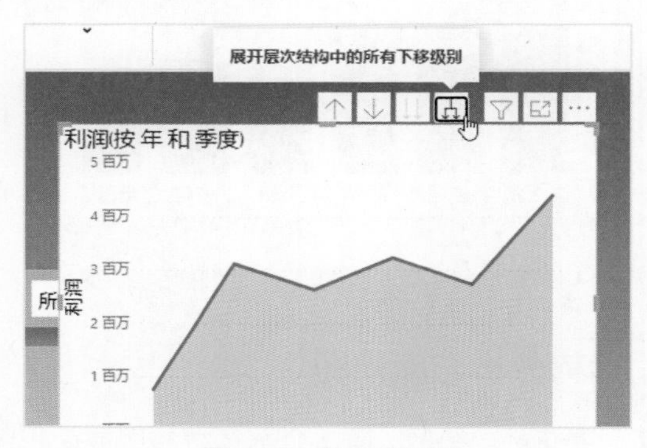

图 4.34　图表的钻取

将堆积面积图拖放到趋势分析区的第二个矩形上，并调整到合适大小。在“格式”选项卡中进行以下属性设置。

（1）打开“X 轴”，设置字体颜色为黑色，关闭轴标题。（轴标题可能会因为图表过小而自动关闭。）

（2）打开“Y 轴”，先关闭轴标题，然后关闭“Y 轴”。

（3）打开“数据颜色”，将默认颜色改为“主题颜色 1，50%较深（#094780）”。

（4）打开“数据标签”，将颜色改为黑色。

（5）关闭“标题”和“背景”，添加图表标题。

至此，第一个仪表板实战案例就全部完成了，如图 4.35 所示。

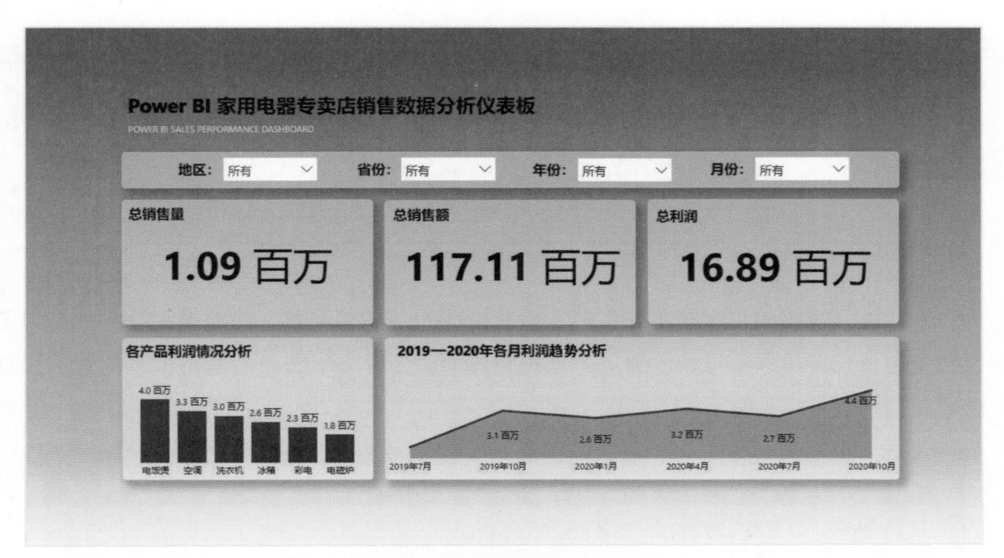

图 4.35 渐变式仪表板完成效果

4.4 视觉升级

当我们完成仪表板设计的第一稿时，通常会忽略一些细节，所以需要养成对设计好的仪表板进行检查的好习惯。检查时可以发现问题，并找出解决方案。

4.4.1 更改显示单位

仔细观察最后的仪表板，每个数值的显示单位是“百万”，这并不符合中国人的阅读习惯。Power BI 的显示单位有“千”、“百万”、“十亿”和“万亿”，没有“万”和“亿”，这也是 Power BI 一直未修复的一个地方。解决这个问题的方案之一就是使用聚合函数 SUM()手工统一。

在 Power BI 中新建以下 3 个度量值:

总销售量 = SUM('销售明细'[销售数量])/10000

总销售额 = SUM('销售明细'[销售额])/10000

总利润 = SUM('销售明细'[利润])/10000

在“度量工具”中找到“格式化”，单击其中的“逗号”图标，将度量值格式设置成用逗号作为千位分隔符，并将小数位数设置为 0，如图 4.36 所示。

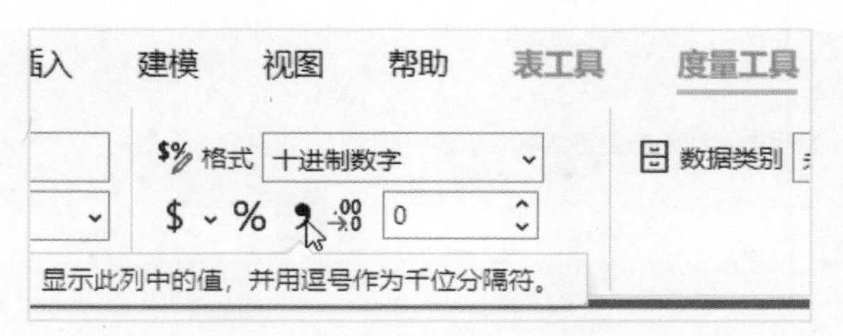

图 4.36　设置度量值格式

将卡片图、堆积柱形图中的“值”字段更换成相应的度量值。在替换过程中，如果图表颜色发生变化，则重新将其设置成统一配色即可。使用文本框为关键指标区的数值添加单位“万”，如图 4.37 所示。

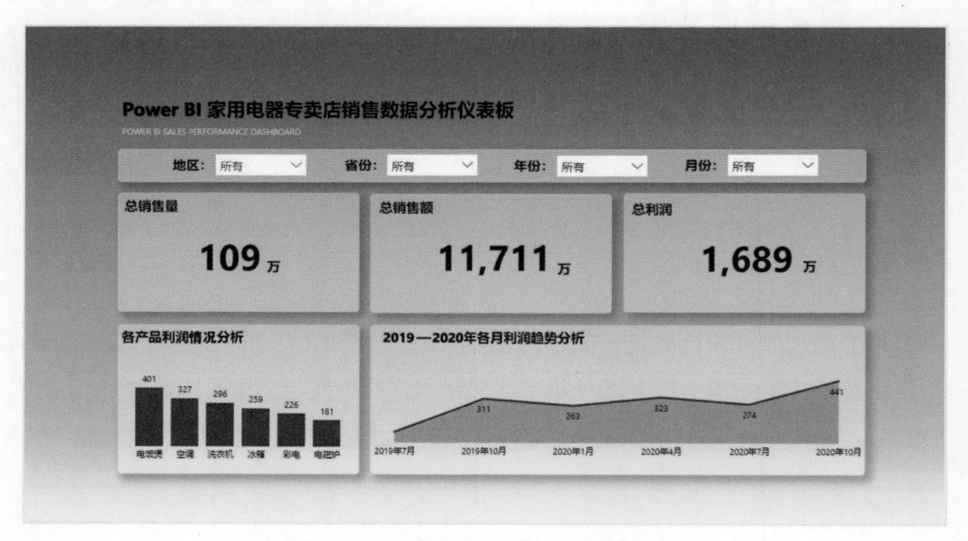

图 4.37　更符合中国人阅读习惯的单位

4.4.2　添加图标

最后我们可以使用图标（Icon）丰富仪表板的画面元素，使用风格一致且与表达主题相符的图标能减轻报表使用者的阅读负担，增加报表的趣味性，如图 4.38 所示。图标在表达信息方面有天然优势，易于识别，因此在仪表板设计中被广泛应用。

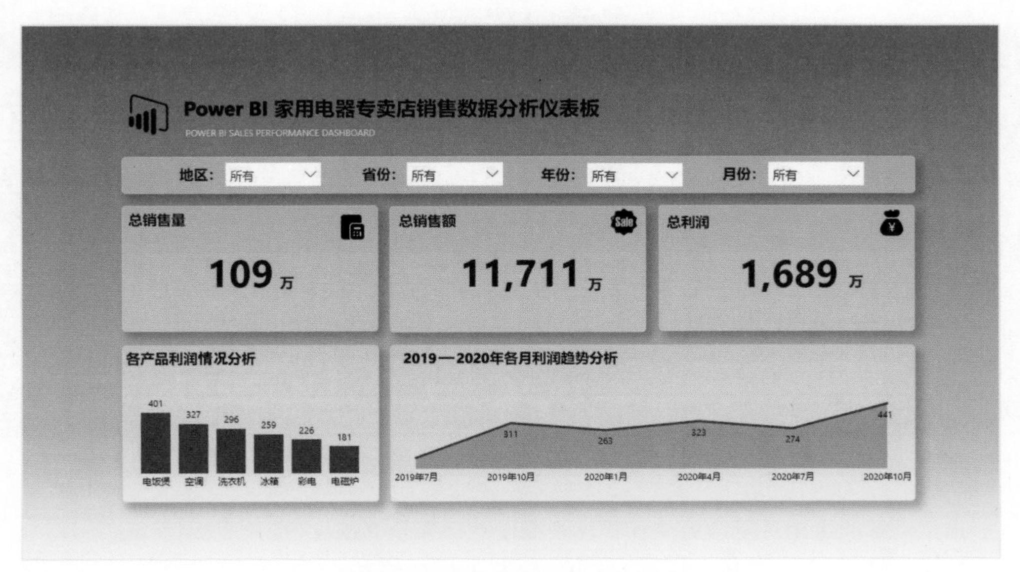

图 4.38　增加了公司 LOGO 与图标的仪表板

4.5　总结

学习本章是为了让读者体验仪表板设计的整体流程，并对第 3 章的内容进行巩固，帮助入门用户熟练使用 Power BI 各界面操作及功能设置。Power BI 的中高级用户可以着重了解仪表板框架设计的流程和思路。在仪表板设计中，我们可以借鉴本章美化仪表板的技巧，提升仪表板的设计感。

第 5 章

零售销售分析实战案例——交互式仪表板设计

本章讲解的是相对复杂的交互式仪表板设计，属于 Power BI 仪表板设计进阶案例。本章重点介绍 Power BI 中的各种交互设计工具，如页面跳转、图表类型切换、书签设置、弹出式菜单等技巧。仪表板页面整体遵从扁平化 UI 设计风格，减少拟物、明暗对比等，页面整体简洁直观。

本章案例涉及面较广，用到数据建模、DAX 函数、交互设计等技巧，实现效果如图 5.1 所示。

图 5.1　交互式仪表板设计

5.1 需求分析

在仪表板设计前期，对仪表板的使用场景进行分析非常重要。除前面一再强调的仪表板布局、配色等要素以外，提前调研用户在仪表板使用方面的经验和水平也非常重要。从用户使用角度出发，我们可以将仪表板区分为展示型和功能型。一般用户适合使用展示型仪表板，他们需要的是静态结果，同时他们并不了解如何与仪表板交互，企业的高级管理者一般属于这类用户。此类仪表板需要我们提前做好使用讲解，或者在仪表板上留有足够的提示信息。

本案例的仪表板使用多种交互设计，对使用用户要求较高，并且在使用中需要先不断地提出问题，然后通过交互设计在仪表板中寻找答案。所以本案例的仪表板作为功能型仪表板，适合企业的数据分析师或中层管理者使用。

5.1.1 案例数据说明

本章案例数据为模拟的零售业销售数据。模型基本沿用了 3.4 节讲解数据建模时使用的数据表，因此在建模与度量值使用上可以多参考第 3 章内容。本章案例数据在该示例模型的基础上进行了一定程度的完善和补充。数据模型包含客户表、产品表、仓库表、订单表和日期表，共 5 张数据表，如图 5.2 所示。

图 5.2 示例数据表

为了从产品维度、仓库维度、客户维度及时间维度对订单数据进行分析，需要根据匹配字段在表与表之间建立关联关系，数据模型的关系视图如图 5.3 所示，该模型为典型的星型数据模型。

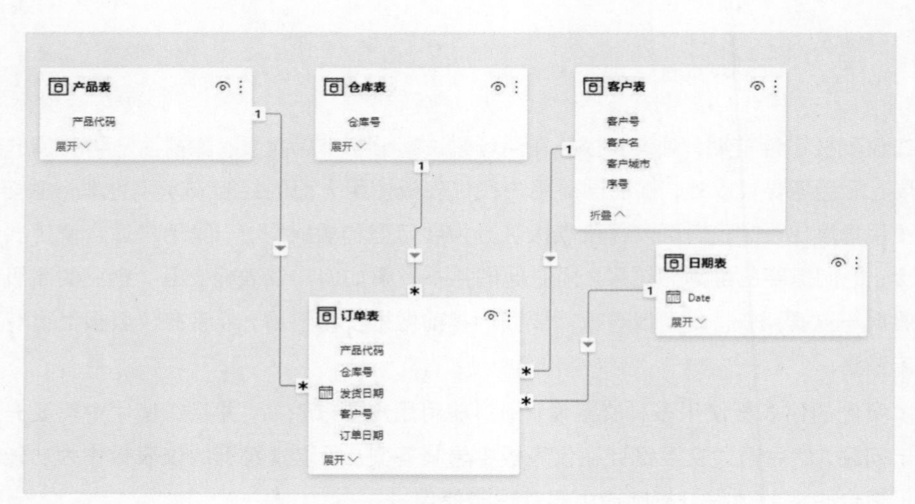

图 5.3 关系模型

订单表与仓库表通过“仓库号”字段互相关联，仓库表中的“仓库号”字段唯一。订单表与产品表通过“产品代码”字段互相关联，产品表中的“产品代码”字段唯一。订单表中的“订单日期”字段与日期表中的“Date”字段互相关联，日期表中的“Date”字段唯一。订单表与客户表通过“客户号”字段互相关联，客户表中的“客户号”唯一，如图 5.4 所示。

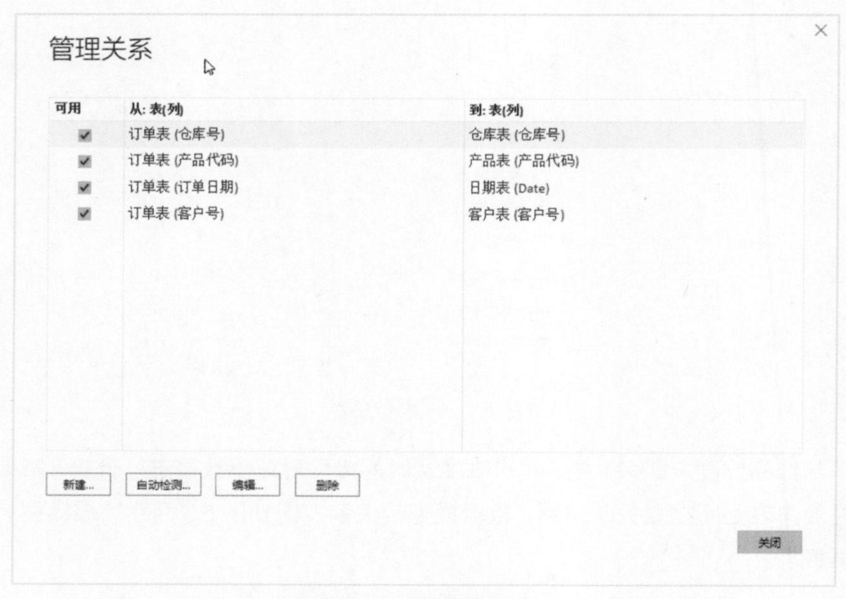

图 5.4 “管理关系”窗口

5.1.2　明确分析问题

本章实战案例的仪表板为功能型仪表板，重在通过交互回答使用者对于数据提出的问题，通过交互分析为使用者提供多种分析角度。本章数据分析维度丰富，可以从客户、产品、机构、运输及仓库方面进行探索分析。例如，从客户方面分析，拿到数据源后一般会提出以下问题：

（1）数据库中一共有多少客户？多少是有效客户？将客户与销售额关联，还可以提出客户总销售额是多少、客单价是多少等问题。

（2）有效客户的整体发展趋势是怎样的？

（3）有效客户的地域分布如何？客户数量最多的前三个城市分别是什么？

关于产品方面，我们一般会提出以下问题：

（1）产品总数是多少？多少产品是有成交的？在售产品的均价是多少？

（2）各种产品的销售额占比是怎样的？

（3）不同产品的订单量、订单金额、利润、成交客户数、客单价分别是多少？

对于其他维度我们也可以从 KPI、结构构成、分类对比、时间趋势等方面提出问题，并在问题的基础上进一步分析不同时间段、不同城市的数据是怎样的（借助切片器可以简单实现）。

由于需要分析的问题具有明显的主题性，所以我们在制作仪表板时也可以为不同的主题制作不同的数据分析仪表板。另外，本章实战案例主要讲解如何结合 Power BI 的按钮与书签功能设计具有丰富交互功能的仪表板，因此我们可以充分利用 Power BI 的交互技巧进行仪表板设计，从而丰富数据分析结果。

5.1.3　配色方案选择

本案例以仪表板页眉的深色为主题色，贯穿每张仪表板。同时，为了增加交互式仪表板的趣味性，为每个主题的仪表板指定了不同配色，在整体不乏连贯性的同时，增加仪表板的美观程度。

5.2　布局设计

本案例布局设计可以分成两个步骤。第一步：使用三个大小不同的矩形设计出整个仪表板的背景图片，调整阴影选项并调节到合适大小，作为可视化展示区，截图保存，如图 5.5 所示。

图 5.5　交互式仪表板的背景图片

第二步：将第一步设计的背景图片作为报表页面的背景，在此基础上添加菜单按钮、报表标题、三角形，同时插入六个按钮作为仪表板的图标导航栏，如图 5.6 所示。

图 5.6　交互式仪表板的图标导航栏设计

5.2.1　设置仪表板尺寸及背景透明度

在 Power BI 的报表视图中，新建页并将其重命名为“背景底图”。在画布右边的“格式”选项卡中设置页面大小和页面背景，如图 5.7 所示，选择“页面大小”→“类型”→“自定义”选项，设置页面宽度为 1280 像素，高度为 820 像素。选择“页面背景”选项，拖动透明度调节按钮，将透明度调整为 0%。

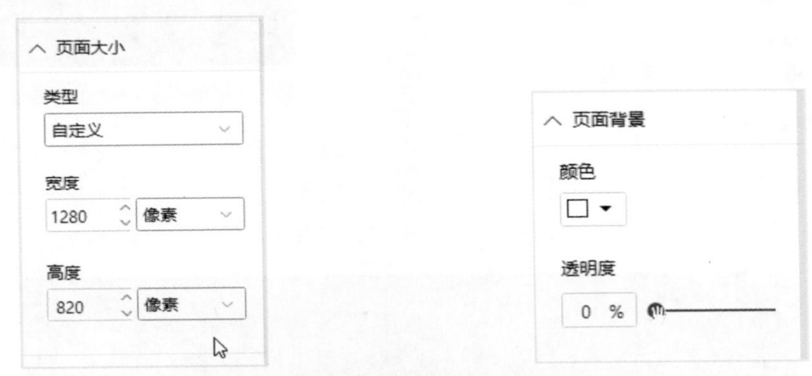

图 5.7　修改仪表板页面大小和页面背景

5.2.2　背景底图设计

仪表板的背景底图包含三部分：第一部分是标题区，第二部分是导航栏背景，第三部分是留白的画布。通过不同的配色，使背景底图具有一定的层次感。

在画布中插入一个矩形，选中该矩形，在“设置形状格式”窗格中将矩形的线条粗细设置为 0 像素，隐藏矩形的边框，关闭矩形的“填充”选项。打开矩形的“背景”选项，设置背景颜色为#252C40，如图 5.8 所示。在“设置形状格式”窗格的常规选项中将矩形的宽度设置为 1280 像素，高度设置为 70 像素。

复制矩形，将新矩形的填充颜色改为#141A2D，并调整高度为 250 像素，宽度保持不变。将两个矩形对齐，平铺放置在画布正上方，一个有层次感的底图就设计好了，如图 5.9 所示。

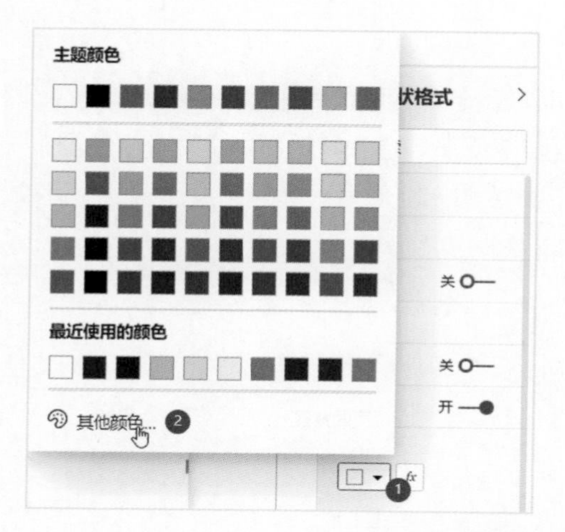

图 5.8 将矩形填充为自定义颜色

图 5.9 底图

5.2.3 可视化展示区设计

本案例使用仪表板页面中的一个空白区域作为可视化展示区，其中使用一个带阴影的矩形来占位。在画布中插入一个矩形，设置矩形的宽度为 1200 像素，高度为 560 像素。设置线条的粗细为 0 像素，关闭矩形的"填充"选项。打开矩形的"背景"选项，设置背景颜色为白色。打开矩形的"阴影"选项，将"预设"设置为"下"，如图 5.10 所示。

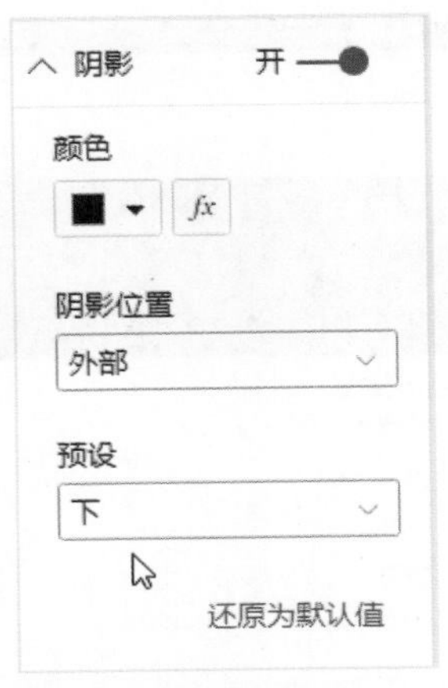

图 5.10　设置矩形阴影样式

完成以上设置以后，利用智能参考线将矩形居中放置在仪表板的中间位置，仪表板的背景图片就制作好了，如图 5.11 所示，将设计好的背景图片截图保存到本地计算机中备用。

图 5.11　交互式仪表板背景图片设计

新建一个宽为 1280 像素、高为 820 像素的 Power BI 页面，将保存的背景图片添加为页面的背景。设置透明度为"0%"，图像匹配度为"匹配度"，如图 5.12 所示。接下来就可以在此页面设计图标导航栏了，不同的页面主题通过导航栏进行区分，同时不同的主题通过不同的图标及颜色进行区分，增加仪表板的设计感与识别度。

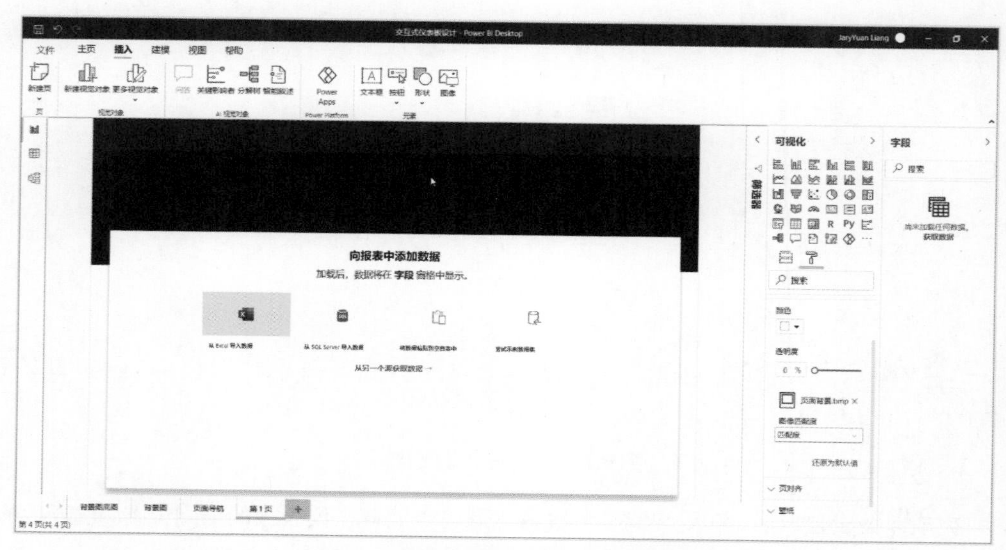

图 5.12　添加背景图片后的仪表板页面

5.2.4　空白按钮属性设置

接下来的主要任务是添加标题、菜单按钮和导航栏。在标题部分直接插入文本框输入标题即可，不再赘述。带圆形图标的导航栏是使用 Power BI 中的空白按钮制作的，下面进行重点讲解，如图 5.13 所示。

图 5.13　使用空白按钮制作的导航栏

按钮是 Power BI 用于交互设计的元素之一，常用的按钮有“向左键”、“右箭头”、“重置”、“上一步”、“信息”、“帮助”、“问答”、“书签”及“空白”，如图 5.14 所示。当 Power BI 报表发布到网络后，单击按钮可以实现在不同报表页面之间跳转。

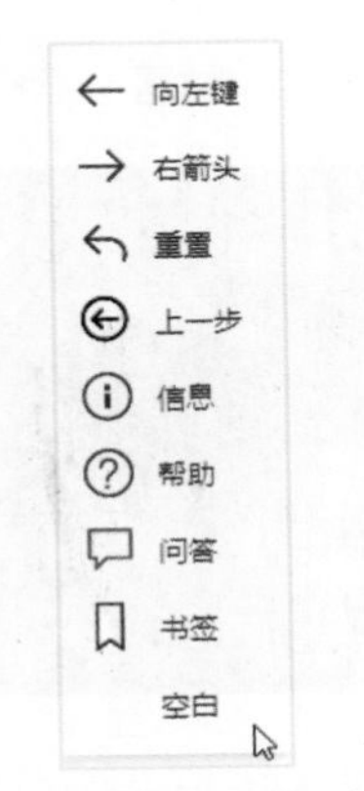

图 5.14　常用的按钮类型

选择“插入”→“按钮”→“空白”选项，选中空白按钮，在右侧的“格式按钮”窗格中设置相关属性。

（1）打开“常规”选项，将按钮的长度设置为 160，宽度设置为 100。

（2）关闭“边框”。打开“填充”，将填充颜色设置为#252C40，并将透明度设置为 0。

（3）在“填充”属性下添加映像，将名为“顾客.png”的导航图片添加为背景，并设置匹配度，如图 5.15 所示。

（4）打开“背景”选项，将颜色设置为#252C40。

（5）打开“按钮文本”选项，设置按钮文本为“顾客分析”，字体颜色为白色，文本垂直向下对齐且水平居中对齐，文本大小为 11 磅，填充为 7 像素，并调整文本与图标的间距，如图 5.16 所示。

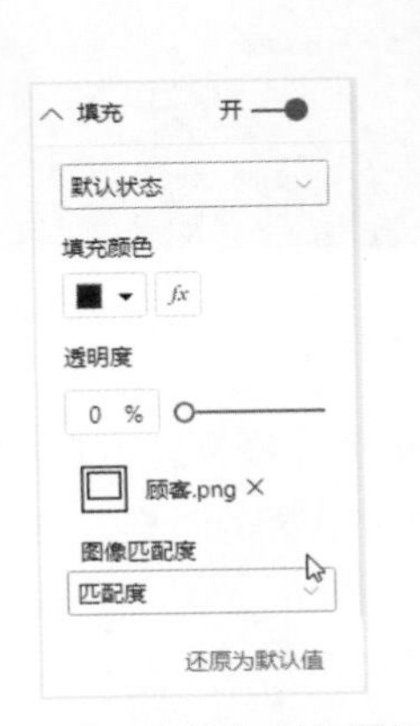

图 5.15　为空白按钮添加图片背景

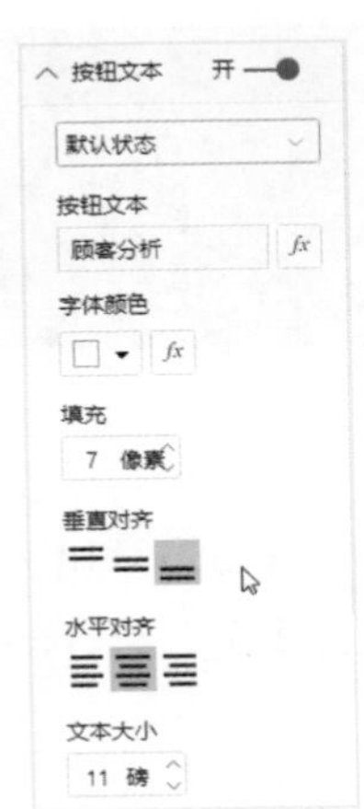

图 5.16　“按钮文本”选项设置

完成以上设置后，第一个导航按钮“顾客分析”就设置好了，如图 5.17 所示。

图 5.17 “顾客分析”按钮设计

5.2.5 导航栏设计

使用同样的方法添加“产品分析”、“运输分析”、“订单分析”、“机构分析”和“仓库分析”导航按钮。也可以复制“顾客分析”按钮，直接更改按钮文本和背景图片即可。下面再详细介绍一下如何快速复制和横向分布导航按钮。

（1）选中“顾客分析”按钮，先按“Ctrl+C”组合键复制，再按 5 次“Ctrl+V”组合键粘贴，这样画布上就有了 6 个导航按钮。

（2）将最上方的按钮拖动到画布右侧，借助智能参考线使其与第一个“顾客分析”按钮平行对齐，如图 5.18 所示。

图 5.18 对齐导航按钮

（3）从画布左上方开始，按住鼠标左键并拖动灰色矩形选择框，框选所有按钮。在 Power BI 中选择多个对象时，灰色的选择框需要全部覆盖要选择的对象，如图 5.19 所示。

图 5.19　选择框覆盖的对象将全部被选中

（4）选择“格式”→“对齐”→“顶端对齐”命令，从“对齐”选项中选择“横向分布”命令，这样就完成了按钮的横向分布对齐，如图 5.20 所示。

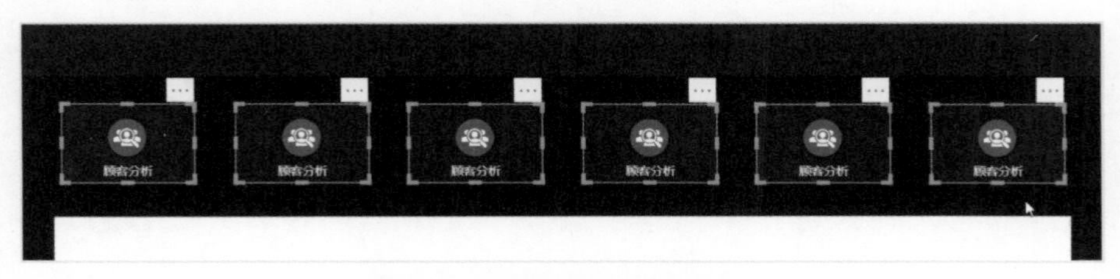

图 5.20　横向分布对齐导航按钮

（5）更改不同页面的图标，并修改按钮文本标题。为了在页面切换时更生动真实，可以在导航按钮下方添加一个空白的三角形，设置线条粗细为 0，填充颜色为白色，并调整位置和大小，如图 5.21 和图 5.22 所示。

图 5.21　“顾客分析”页面

图 5.22 “产品分析”页面

5.3 可视化设计

本节讲解仪表板不同页面的可视化设计。由于读者已经对 DAX 函数有了一定的认识，本案例讲解了如何利用 DAX 函数进行数据分析，并将分析结果用可视化组件进行展示。下面详细讲解“顾客分析”页面、“产品分析”页面、“订单分析”页面、“运输分析”页面及“仓库分析”页面等设计过程。

5.3.1 “顾客分析”页面

了解客户是每个零售行业从业人员都需要好好思考的问题。基于需求，我们可以选用卡片图对主要的 KPI（如客户总数、有效客户数、成交总额及客单价）进行展示。为了了解有效客户数的增长情况，可以使用面积图对有效客户数历史发展情况进行展示，并用树状图或条形图对有效客户的地理分布情况进行展示，如图 5.23 所示。

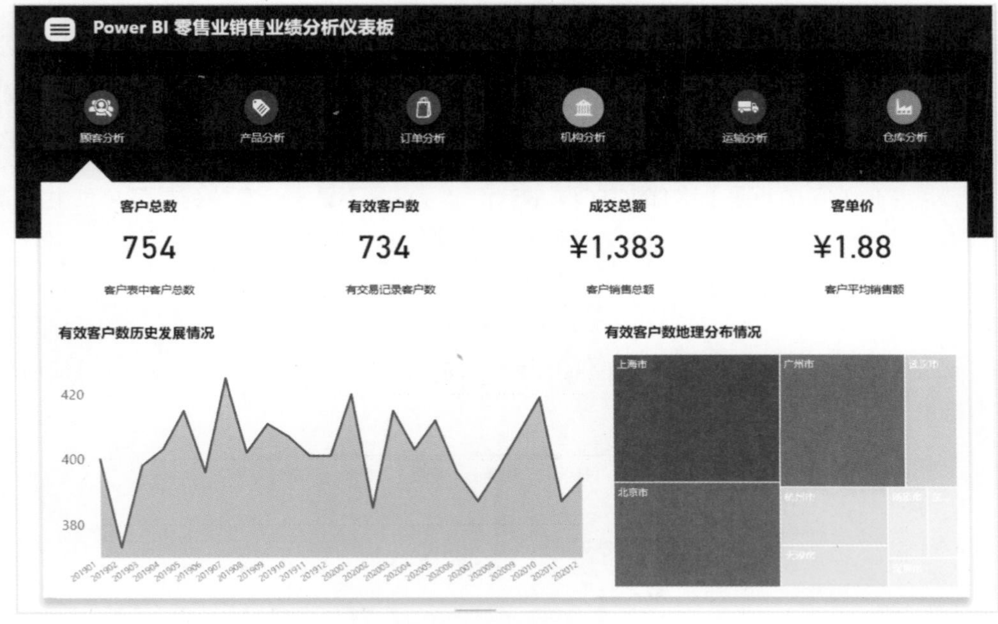

图 5.23　“顾客分析”页面

1．关键指标区：卡片图设计

在进行可视化展示之前，我们可以先根据需求建立度量值。在“主页”或“建模”选项卡中找到“新建度量值”选项，在 DAX 公式编辑栏中输入以下公式：

```
客户总数 = DISTINCTCOUNT('客户表'[客户号])
```

DISTINCTCOUNT()函数可以对客户表中的“客户号”字段进行不重复计算，该度量值可以用于计算数据库中的客户总数。

在空白画布中插入文本框，并在文本框中输入客户总数。选中文本并加粗，设置文本大小为 14，关闭文本框背景，将文本框放置在合适位置。插入卡片图，将客户总数度量值拖放到卡片图的字段中，关闭类别标签，设置文本大小为 36，调整卡片图到文本框客户总数下方，使客户总数与卡片图中的数值对齐，如图 5.24 所示。

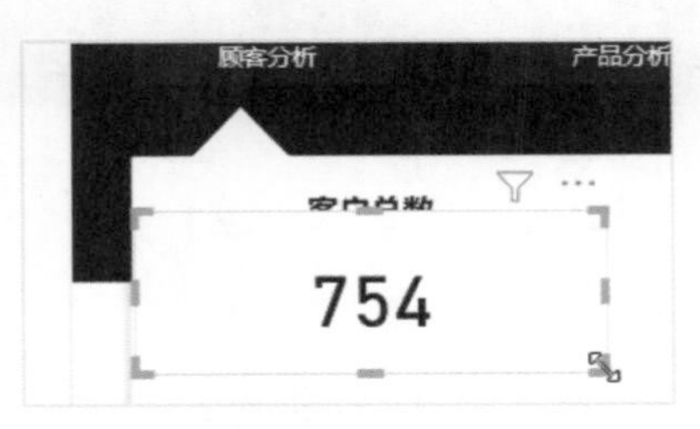

图 5.24　“客户总数”卡片图

其他关键指标的卡片图制作方法与之类似，不再详述。下面只对度量值计算公式进行讲解。

计算有效客户数的度量值如下：

```
有效客户数 = DISTINCTCOUNT('订单表'[客户号])
```

该度量值使用的也是 DISTINCTCOUNT()函数，只是不重复计算的列是订单表中有成交的客户号。

计算销售额的度量值如下：

```
销售额 = SUM('订单表'[销售额])/10000
```

该度量值的计算结果为货币，单位为万元，因此设置度量值格式为货币，并且使用千位分隔符，如图 5.25 所示。

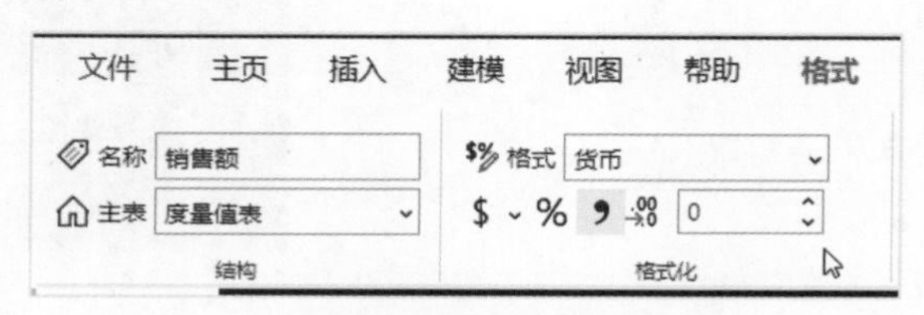

图 5.25　设置度量值格式

计算客单价的度量值如下：

```
客单价 = DIVIDE([销售额],[有效客户数])
```

该度量值使用安全除法 DIVIDE()函数，将度量值销售额除以有效客户数，进而计算出客单价，也将度量值格式设置为货币，并且使用千位分隔符。

将四个关键指标横排放置在仪表板的上部分，注意对齐排列。在每个度量值下方插入文本框，输入说明文字，并设置成较小的字号。将所有元素对齐排列，顾客分析的关键指标区就设计好了，如图 5.26 所示。

图 5.26　“顾客分析”页面的关键指标区

以上内容使用文本框及卡片图对关键指标数值进行展示，一目了然、直观明了，可以让仪表板使用者快速获取重点指标情况。在设计关键指标区时，关闭卡片图原始的类别标签，使用文本框设置数值的标题，这样灵活度更高。因为文本框可以用更多的文本属性设置，如颜色、字体、大小等，也可以自如地选择类别标签放置的位置。

2．有效客户数历史发展情况：面积图设计

对于有效客户数历史发展情况，我们选择使用面积图来展示，面积图对应 Power BI 可视化视觉对象中的分区图。单击“可视化”窗格中的“分区图”按钮，将日期表中的“年月”字段放置在分区图的“轴”字段中，将“有效客户数”放置在分区图的“值”字段中，如图 5.27 所示。

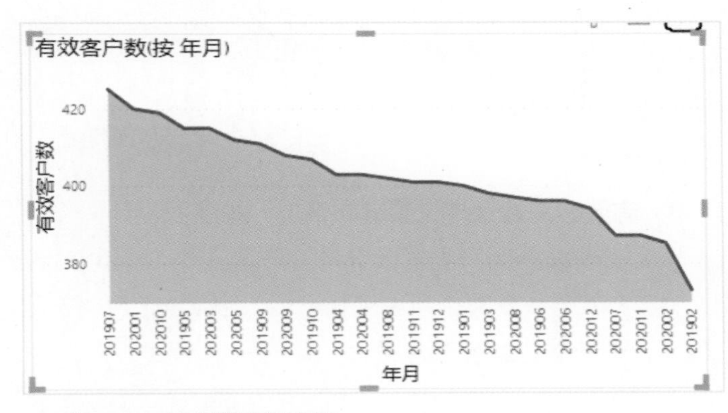

图 5.27　面积图字段设置

该面积图 X 轴的“年月”字段有一个明显错误——并不是按照日期排序的，因此需要更改 X 轴的排序依据。单击面积图右上方的“…”按钮，在弹出的菜单中修改排序方式为“年月”，并且以升序排序，如图 5.28 所示。

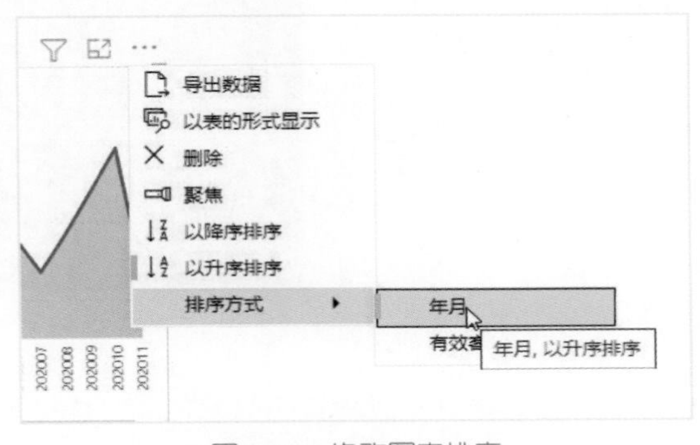

图 5.28　修改图表排序

关闭图表标题，并将 X 轴与 Y 轴的标题一起关闭。设置 Y 轴字号为 14，将面积图放置到仪表板左下方，同时插入文本框，输入图表标题“有效客户数历史发展情况”，如图 5.29 所示。

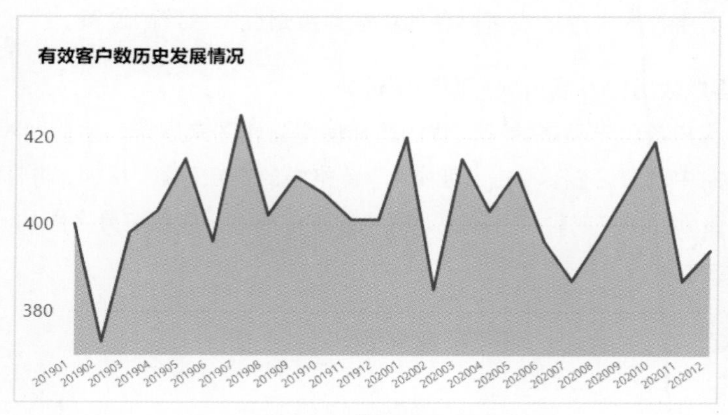

图 5.29　面积图属性设置

3. 有效客户数地理位置分布情况：树状图设计

客户分析除从时间维度分析趋势以外，还可以通过对比分析客户在不同城市的分布情况。分类对比一般使用条形图或柱形图，还可以选择树状图。下面我们以树状图为例讲解有效客户数地理位置分布情况。

在“可视化”窗格中单击“树状图”按钮，设置树状图“组”字段为客户表的“客户城市”字段，“值”字段为度量值“有效客户数”，这时一个树状图就出现在画布中，不同城市的数据颜色不同，树状图默认配色是以主题颜色进行填充的，如图 5.30 所示。

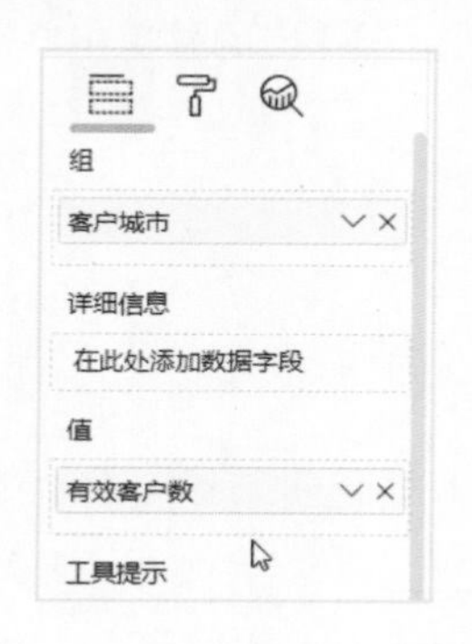

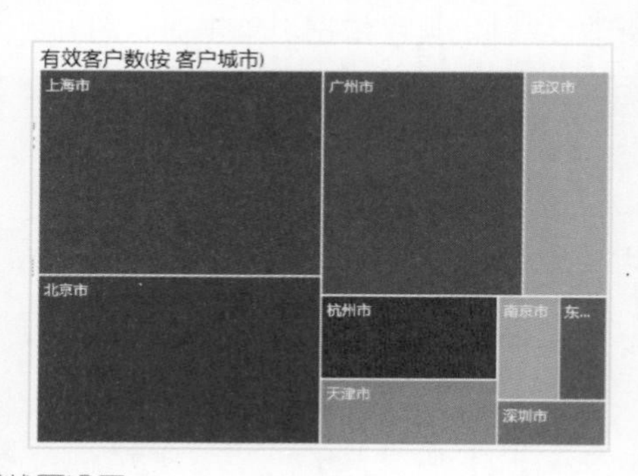

图 5.30　树状图设置

为了保持配色的统一性，我们需要修改树状图的配色。选中树状图，在“格式”设置中打开“数据颜色”选项。数据颜色中有蓝字的“高级控件”，单击蓝字以后将出现数据颜色设置高级窗口。

我们可以设置数据颜色为以蓝色为主色调的色阶，“格式模式”选择“色阶”，“依据为字段”为度量值“有效客户数”。将最小值填充色设置为#DEEFFF，将最大值填充色设置为#118DFF，如图 5.31 所示。单击“确定”按钮，数据颜色就变成色阶填充了，如图 5.32 所示。

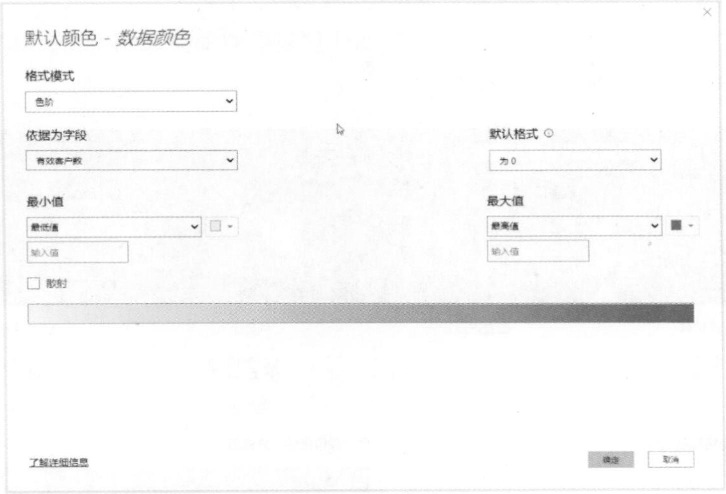

默认颜色 - 数据颜色
格式模式
色阶
依据为字段
有效客户数
默认格式
为 0
最小值
最低值
输入值
最大值
最高值
输入值
散射
了解详细信息
确定
取消

图 5.31 以蓝色为主色调设置色阶

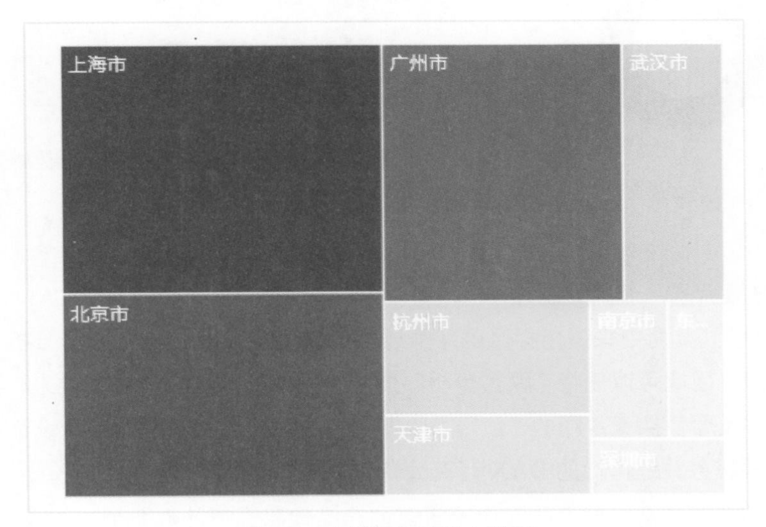

图 5.32 以色阶填充的树状图

关闭图表标题，插入文本框并输入标题“有效客户数地理分布情况”，这样就完成了“顾客分析”页面仪表板的设计。

5.3.2 “产品分析”页面

“产品分析”页面的整体设计思路与“顾客分析”页面相同，关键指标区由文本框及卡片图组成，并对齐分布在数据展示区顶部；左下角使用环形图表现各产品类别的销售额占比；右下角使用一个普通表格集中展示不同产品的订单量、订单金额、利润、有效客户数及客单价，如图 5.33 所示。很多人在制作仪表板时都会忽略表格，其实表格也是数据可视化中非常常用和重要的一种表达方式。

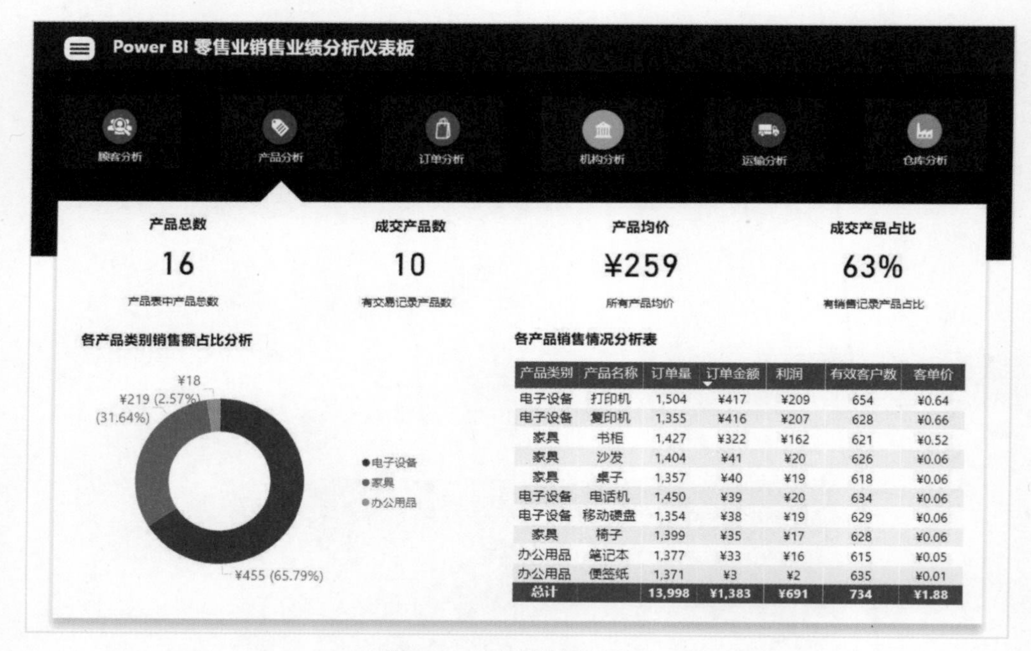

产品类别	产品名称	订单量	订单金额	利润	有效客户数	客单价
电子设备	打印机	1,504	¥417	¥209	654	¥0.64
电子设备	复印机	1,355	¥416	¥207	628	¥0.66
家具	书柜	1,427	¥322	¥162	621	¥0.52
家具	沙发	1,404	¥41	¥20	626	¥0.06
家具	桌子	1,357	¥40	¥19	618	¥0.06
电子设备	电话机	1,450	¥39	¥20	634	¥0.06
电子设备	移动硬盘	1,354	¥38	¥19	629	¥0.06
家具	椅子	1,399	¥35	¥17	628	¥0.06
办公用品	笔记本	1,377	¥33	¥16	615	¥0.05
办公用品	便签纸	1,371	¥3	¥2	635	¥0.01
总计		13,998	¥1,383	¥691	734	¥1.88

图 5.33 “产品分析”页面

1. 关键指标区：卡片图设计

“产品分析”页面中关键指标区的字号、字体及颜色设置都与“顾客分析”页面的关键指标区一致，因此可以先将“顾客分析”页面的关键指标区完全复制过来，再修改标题及说明文字，最后替换卡片图的“值”字段即可。卡片图与文本框的组合设计这里不再赘述，下面仅讲解各关键指标的 DAX 计算公式。

计算产品总数只需要对产品表中不重复的产品代码进行计数即可，DAX 公式为：

```
产品总数 = COUNT('产品表'[产品代码])
```

计算有交易记录的产品总数，对订单表中的产品代码进行不重复计数即可，DAX 公式为：

```
成交产品数 = DISTINCTCOUNT('订单表'[产品代码])
```

计算产品均价时需要用到 AVERAGE()函数，它与 SUM()函数同属聚合函数，用法也是一样的，DAX 公式为：

```
产品均价 = AVERAGE('产品表'[单价])
```

计算成交产品占比时，在 DIVIDE()函数的基础上引用度量值“成交产品数”及“产品总数”。将计算结果设置为百分比形式，且显示为小数，DAX 公式为：

```
成交产品占比 = DIVIDE( [成交产品数],[产品总数])
```

用以上度量值依序替换原卡片图中的“值”字段，修改标题及说明文字即可，如图 5.34 所示。替换卡片图中的“值”字段，可以先单击已有“值”字段右侧的×符号，再将新的度量值拖放到其中；也可以直接拖放新的度量值到卡片图的“值”字段中，覆盖原度量值。

图 5.34 “产品分析”页面关键指标区设计

2. 销售额占比分析：环形图

制作环形图所需的度量值是销售额，我们在做“顾客分析”页面时已经建立好，重复使用即可。单击“可视化”窗格中的“环形图”按钮，在环形图的字段中，设置图例为“产品类别”，值为度量值“销售额”。对生成的环形图进行格式化，关闭图表标题。将图例的文本大小设置为 11，关闭图例标题；在详细信息中设置标签样式为数据值、百分比，文本大小为 14；在数据颜色中修改配色，保持配色与导航栏的图标颜色一致。电子设备的填充颜色为#004D73，家具的填充颜色为#3385AD，办公用品的填充颜色为#0A0F1E，格式化效果如图 5.35 所示。

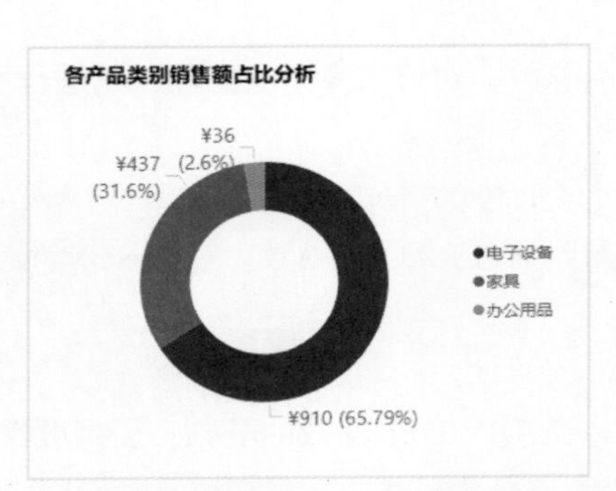

图 5.35　销售额占比分析环形图

3. 产品销售情况整体分析：表

各产品销售情况汇总使用的展示视觉对象是表，该视觉对象将指标及数值展示成普通的表格，通过表格数字传达信息。该视觉对象分别展示了不同产品的订单量、订单金额、利润、有效客户数及客单价。

计算订单量的度量值为：

```
订单量 = COUNTROWS('订单表')
```

这里用到了 COUNTROWS()函数，对当前上下文中的订单表的行数进行计数，得到的就是订单量。COUNTROWS()函数的语法是 COUNTROWS(表)，参数可以是模型中存在的表，也可以是通过 DAX 函数计算的中间表。

计算利润的度量值为：

```
利润 = SUMX('订单表','订单表'[销售额]-'订单表'[成本])/10000
```

建立以上度量值以后，在“可视化”窗格中找到视觉对象表，表的设置比较简单，只有“值”字段。我们分别将产品表中的“产品类别”、“产品名称”及度量值“订单量”、“订单金额”、“利润”、“有效客户数”和“客单价”拖放到表的“值”字段中，如图 5.36 所示。

值
产品类别
产品名称
订单量
订单金额
利润
有效客户数
客单价

图 5.36　仅有“值”字段的视觉对象表

对生成的表进行简单的美化，使其更符合主题。首先将列标题、值及总数的字号统一设置为 13。在列标题中，将字体颜色设置成白色（#FFFFFF），将标题的背景色设置为蓝色（#006699）。值的字体颜色、背景色及替换字体颜色、替换背景色默认不变。在总数中设置总计标签为“总计”，字体颜色设置为白色（#FFFFFF），背景色设置为蓝色（#006699）。关闭表格标题，添加文本框制作表格标题，结果如图 5.37 所示。

各产品销售情况分析表

产品类别	产品名称	订单量	订单金额	利润额	有效客户数	客单价
电子设备	打印机	1,504	¥417	¥209	654	¥0.64
电子设备	电话机	1,450	¥39	¥20	634	¥0.06
家具	书柜	1,427	¥322	¥162	621	¥0.52
家具	沙发	1,404	¥41	¥20	626	¥0.06
家具	椅子	1,399	¥35	¥17	628	¥0.06
办公用品	笔记本	1,377	¥33	¥16	615	¥0.05
办公用品	便签纸	1,371	¥3	¥2	635	¥0.01
家具	桌子	1,357	¥40	¥19	618	¥0.06
电子设备	复印机	1,355	¥416	¥207	628	¥0.66
电子设备	移动硬盘	1,354	¥38	¥19	629	¥0.06
总计		13,998	¥1,383	¥691	734	¥1.88

图 5.37　美化设置

5.3.3 “订单分析”页面

“订单分析”页面集中展示订单总数、订单金额、销售利润及利润率等情况。关键指标区的排版设计与其他页面类似。仪表板下方使用面积图展示订单金额及利润两个指标的历史发展趋势，如图 5.38 所示。

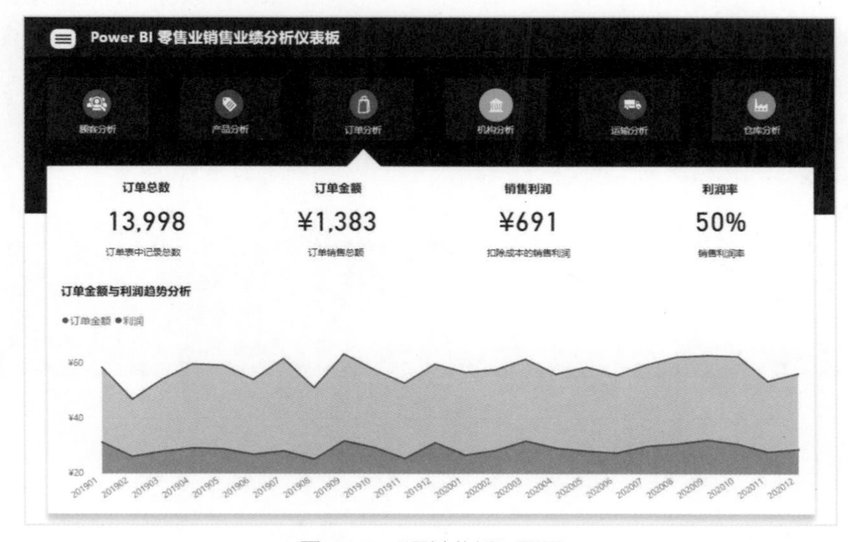

图 5.38　“订单分析”页面

因为“订单分析”页面仪表板的布局与“产品分析”页面的布局基本一致，因此可以先复制“产品分析”页面，在此基础上更换度量值和其他视觉对象。在 Power BI 中复制页面的方法很简单，在“产品分析”页面的标签上右击，在弹出的快捷菜单中选择“复制页”命令即可，如图 5.39 所示。

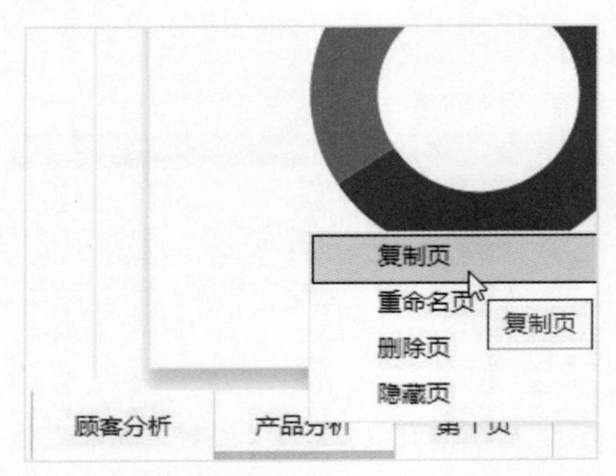

图 5.39　在 Power BI 中复制页

订单总数、订单金额与销售利润对应已经建立好的度量值订单量、订单金额及利润，直接替换原卡片图中的度量值即可。

仪表板下方是关于“订单金额”及“利润”的分区图，在“可视化”窗格中单击“分区图”按钮，开始配置图表字段。将日期表的“年月”字段拖放到“轴”字段，将已经建立好的度量值“订单金额”、“利润”拖放到“值”字段。关闭图表标题，设置图例位置为上，文本大小为 12。设置 X 轴“年月”标签的排序方式为按照“年月”字段升序排序。关闭 X 轴和 Y 轴标题，调整图表位置及大小即可，如图 5.40 所示。

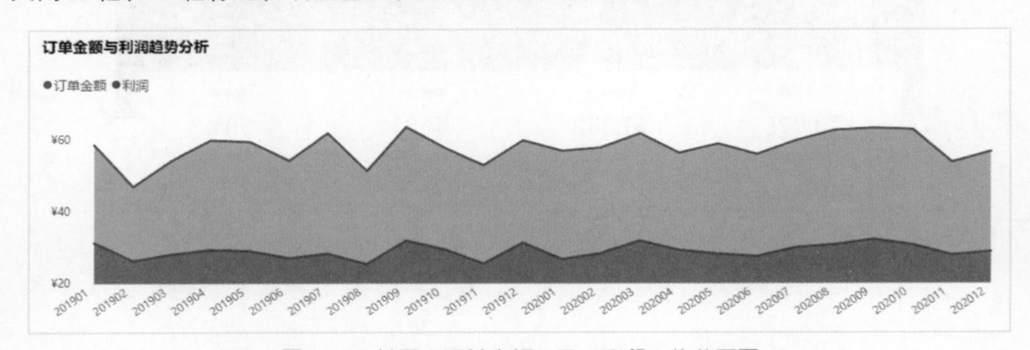

图 5.40　关于“订单金额”及“利润”的分区图

5.3.4 “运输分析”页面

“运输分析”页面对运输量及运输时间进行指标分析。关键指标区展示运输数量、单笔平均数量、最大运输天数及平均运输天数。仪表板页面还包含“仓库运输数量占比分析”环形图及“各城市销售数量对比分析”柱形图，如图 5.41 所示。

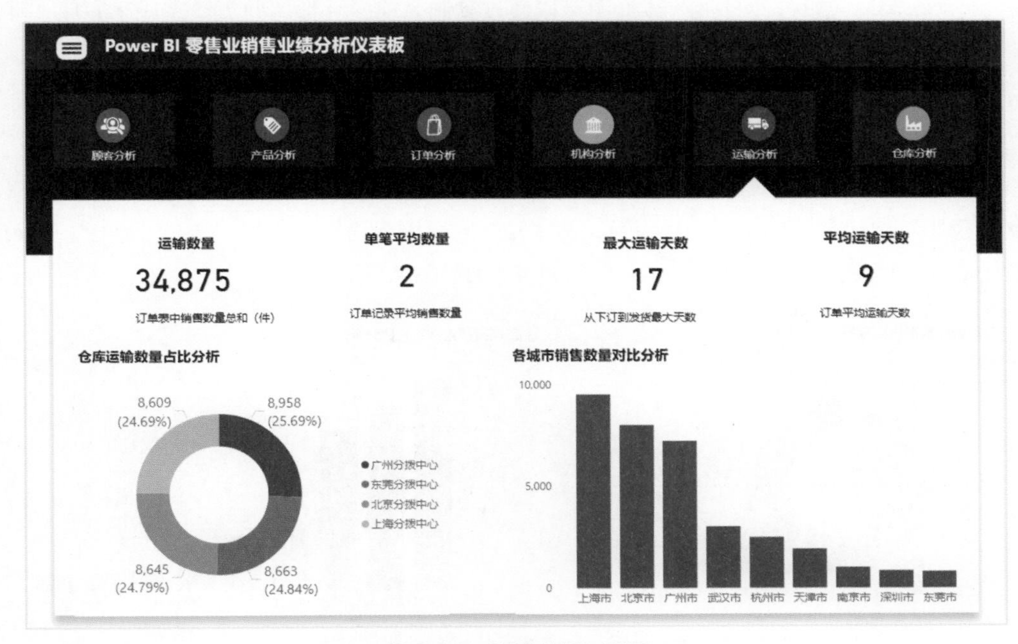

图 5.41　“运输分析”页面

“运输分析”页面的整体布局和其他仪表板页面是相似的，使用的图表也是简单的环形图和柱形图。制作时只要注意保持字号、配色的一致即可，没有多大难度，这里仅做简单描述。

计算运输数量的度量值如下：

```
运输数量 = SUM('订单表'[数量])
```

计算单笔平均数量的度量值如下：

```
单笔平均数量 = AVERAGE('订单表'[数量])
```

计算最大运输天数的度量值如下：

```
最大运输天数 = MAXX('订单表',INT('订单表'[发货日期]-'订单表'[订单日期]))
```

计算平均运输天数的度量值如下：

```
平均运输天数 = AVERAGEX('订单表',INT('订单表'[发货日期]-'订单表'[订单日期]))
```

最大运输天数及平均运输天数计算的是从下订单到发货之前的天数，我们都使用了INT()函数，该函数是取整函数，可以将两个日期的差值转换成天数差。

“仓库运输数量占比分析”环形图可以通过复制之前的环形图并更改字段来完成，环形图的图例设置为“仓库名”，值设置为销售数量。图例位置设置为“右中”，字号为11。详细信息中的标签样式设置为“数据值，百分比”，字号为14，标签位置为外部。颜色保持与图标同一色系。

“各城市销售数量对比分析”柱形图可以复制环形图后单击“可视化”窗格中的“簇状柱形图”按钮进行切换。切换以后，将“轴”字段设置为客户表的“城市”字段。关闭X轴和Y轴标题，字号为11，统一配色即可，如图5.42所示。

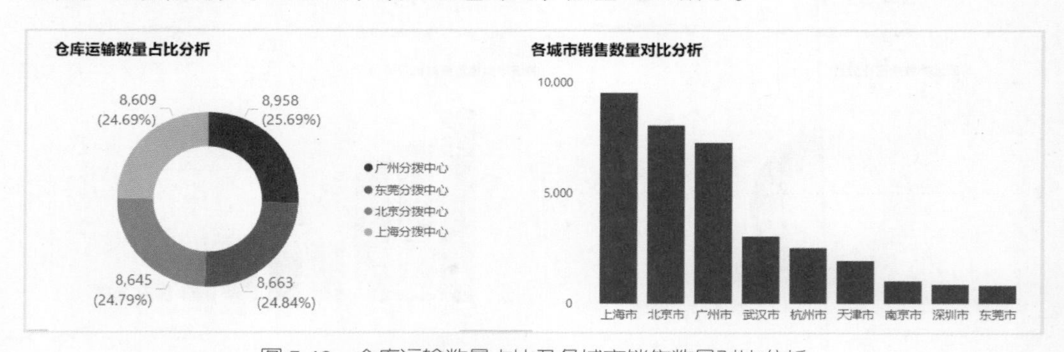

图5.42 仓库运输数量占比及各城市销售数量对比分析

5.3.5 “仓库分析”页面

“仓库分析”页面主要对仓库的数量及发货情况进行分析。关键指标区展示仓库总数、发货量最大分拨中心、最大发货量及平均发货量。仪表板下方是“仓库销售额占比分析”环形图及“仓库销售利润贡献分析”瀑布图，如图5.43所示。

计算仓库总数的度量值如下：

```
销售数量 = SUM('订单表'[数量])
```

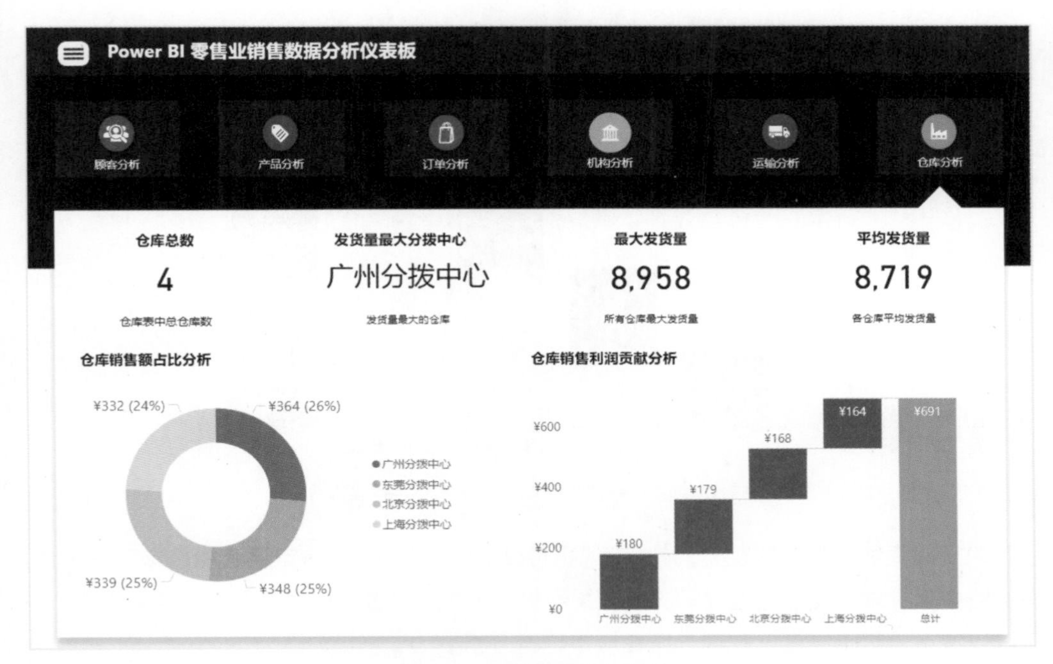

图 5.43 “仓库分析”页面

计算发货量最大的分拨中心的度量值如下：

```
发货量最大的分拨中心 = VAR MaxOrder = MAXX(VALUES('仓库表'[仓库号]),[销售数量])
                VAR MaxWH = FILTER('仓库表',[销售数量] = MaxOrder)
                RETURN
                CONCATENATEX(MaxWH,[仓库名])
```

计算最大发货量的度量值如下：

```
最大发货量 = MAXX(VALUES('仓库表'[仓库名]),[销售数量])
```

计算各仓库平均发货量的度量值如下：

```
平均发货量 = AVERAGEX(VALUES('仓库表'[仓库名]),[销售数量])
```

仓库销售额占比分析按仓库名及销售额制作环形图，统一配色及字号，这里不再赘述。

仓库销售利润贡献分析使用的是“可视化”窗格中的瀑布图。瀑布图是由麦肯锡咨询公司独创的一种图表类型，因为形似瀑布而得名，它在对比分析和贡献度分析上有很不错的效果。下面我们用瀑布图分析不同分拨中心的利润贡献情况。

单击“可视化”窗格中的“瀑布图”按钮，将瀑布图的“类别”字段设置为“仓库名”，“值”字段设置为“利润”，瀑布图就按照默认的方式呈现出来。接下来只需要对瀑布图的图表元素进行删减和美化，如图 5.44 所示。

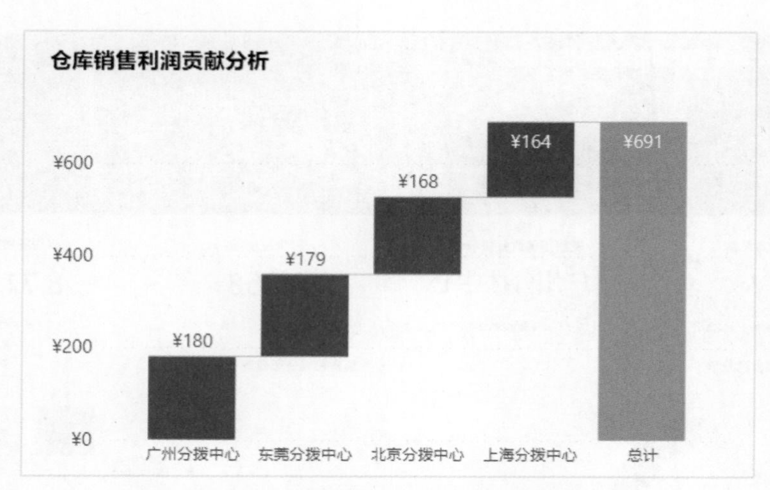

图 5.44 删减多余图表元素后的瀑布图

为了提高读者的实践能力，本书将“机构分析”页面留空，希望读者能自觉动手实践，在实践中掌握知识是最好的学习方式。关于机构分析，读者可以另外加载机构对照表，也可以以城市为机构维度，就客户所在城市进行分析。

5.4 页面交互设计

Power BI 的可视化与传统图表的区别在于可以与使用者交互，即能实现筛选、钻取、跳转等动态分析效果。相比 Excel，Power BI 提供了丰富的交互设计功能，交互设计比 Excel 简单、快捷。本节讲解 Power BI 中重要的交互设计技巧，使仪表板内容更加丰富。

5.4.1 导航栏交互设计

在 5.2.4 节中，我们已经讲解了如何利用空白按钮及图标制作各个主题的仪表板页面导航栏，但是要实现仪表板页面的跳转还需要对空白按钮的“操作”属性进行设置。同时，为了让交互效果更逼真，我们可以设置不同的鼠标动作下（如鼠标悬停、单击）按钮形态的变化。

单击导航栏的第一个图标“顾客分析”，在“格式按钮设置”窗格中，通过设置“按钮文本”、“填充”及“操作”三个子菜单下的选项实现交互设计，如图 5.45 所示。

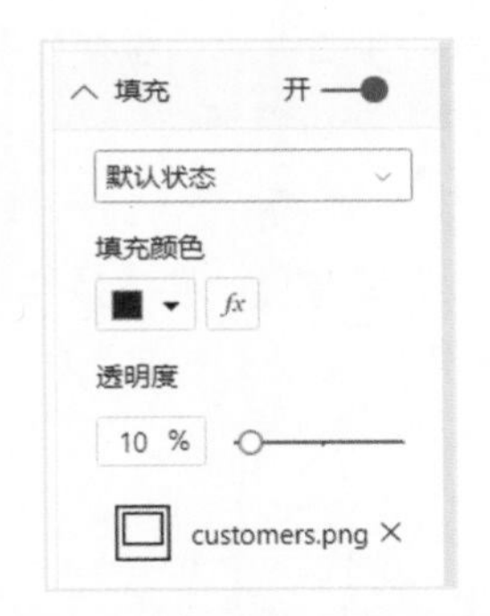

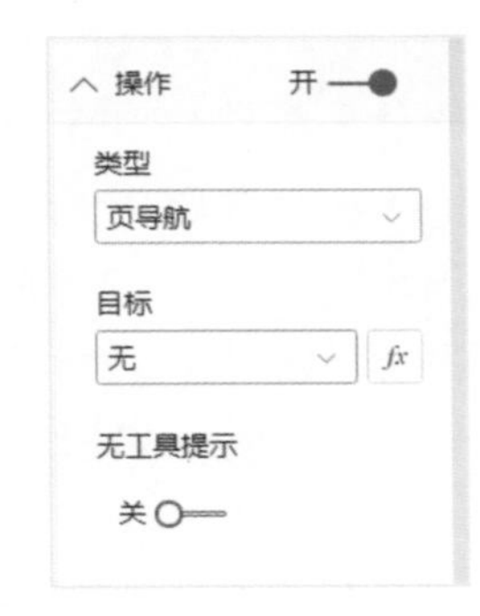

图 5.45　空白按钮交互设计子菜单

对于导航栏的交互设计，我们需要实现的效果是当前仪表板页面对应的图标突出显示。另外，当鼠标悬停在准备跳转的页面时，对应的图标也突出显示，如图 5.46 所示。

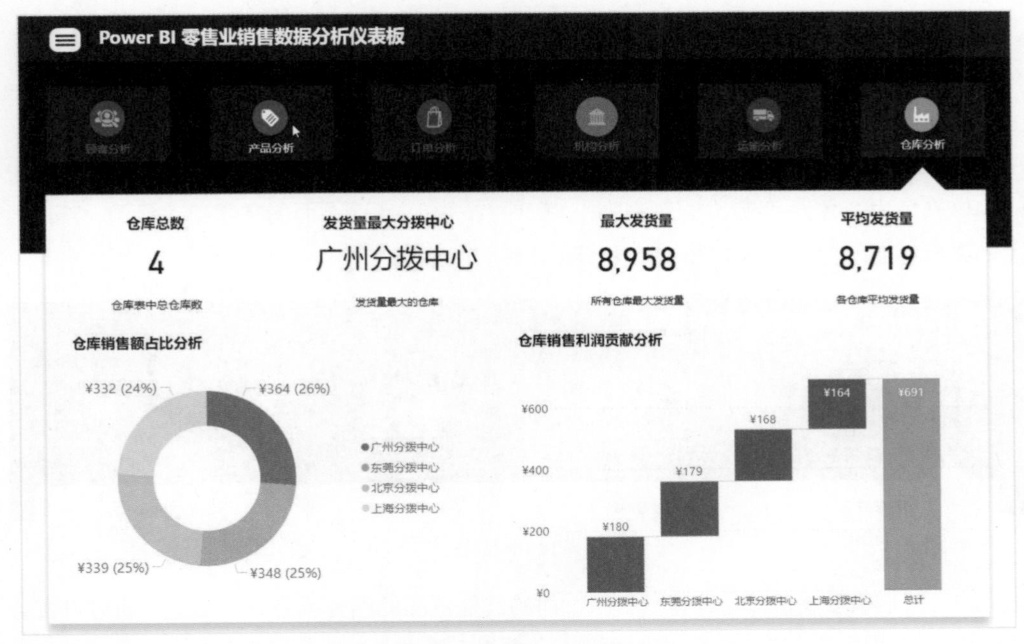

图 5.46　导航栏交互效果展示

我们以“顾客分析”页面为例，详细讲解导航栏中图标的交互设计过程，其他页面的交互设计及页面跳转也按照同样的方法进行设置。

（1）除了“顾客分析”页面，其他页面的导航按钮默认状态下的按钮文本应该是灰色的，因此我们需要将文本的颜色设置成灰色。具体操作步骤为：单击“产品分析”页面的导航图标，在“格式按钮设置”窗格中设置“按钮文本”默认状态下的字体颜色为“白色，50%较深”，如图 5.47 所示。

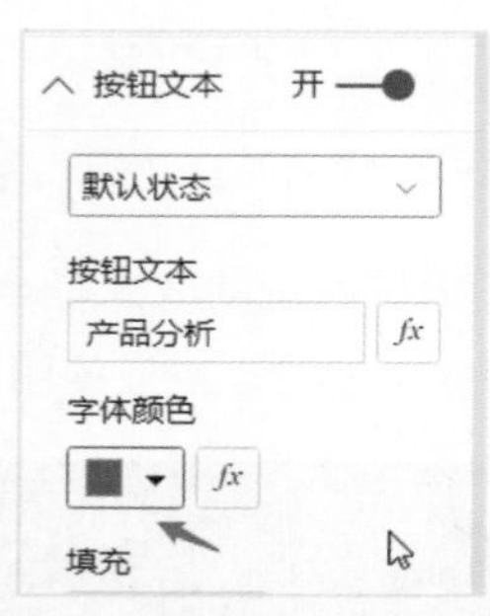

图 5.47 设置字体颜色

按以上步骤设置“订单分析”、“机构分析”、“运输分析”及“仓库分析”导航图标中的字体颜色为灰色，完成以上设置以后，在导航栏中，当前页面的文字正常显示，其他页面的文字都显示为灰色，如图 5.48 所示。

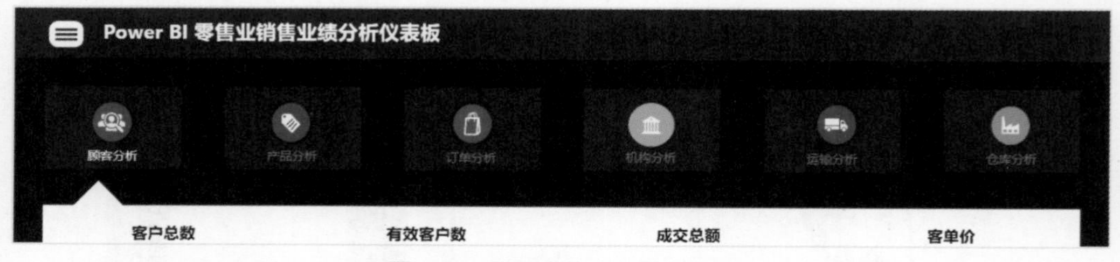

图 5.48 页面中的文字显示效果

（2）我们需要将除了“顾客分析”页面的其他页面的图片颜色改成浅色，通过设置导航栏中图片的填充透明度实现。具体操作步骤为：单击“产品分析”页面的导航图标，在“格式按钮设置”窗格中设置“填充”在“默认状态”，“透明度”设置为“45%”（透明度可以按需求设定，比如将其设置成 80%），如图 5.49 所示。

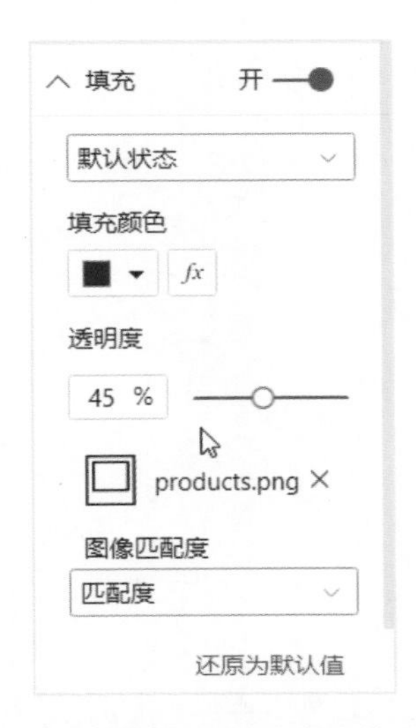

图 5.49　设置导航栏填充图片的透明度

其他页面中的图片都按以上方法设置，效果如图 5.50 所示。

图 5.50　设置完图片透明度的整体效果

（3）设置当鼠标悬停时，按钮文本及填充的图片恢复正常显示。也就是当鼠标指针悬停在导航图标上时，按钮文本颜色恢复成白色，同时将填充图片的透明度设置为 0%。具体操作步骤为：单击“产品分析”页面导航图标，设置“按钮文本”在“悬停时”，将“字体颜色”设置为“白色”，如图 5.51 所示。

同时，设置鼠标悬停时填充图片“透明度”为“0%”，如图 5.52 所示。

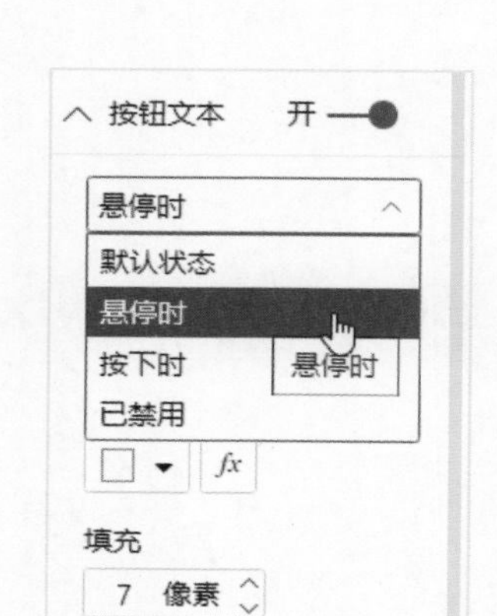

图 5.51 设置鼠标悬停时的字体颜色

图 5.52 设置“透明度”为“0%”

对其他页面的导航图标执行以上两步操作，完成设置以后，当鼠标悬停时，鼠标指向的页面图标就会突出显示，让页面的交互感更强，如图 5.53 所示。

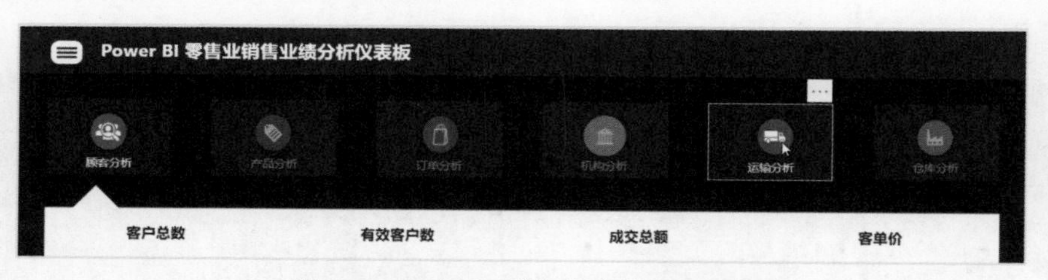

图 5.53 突出显示鼠标指向的页面图标

（4）指定单击图标跳转的页面时，我们可以在“格式按钮设置”窗格中通过“操作”设置跳转页面。具体操作步骤：单击“产品分析”页面导航图标，在“格式按钮设置”窗格中打开“操作”，将“类型”选择为“页导航”，“目标”设置为“产品分析”，如图 5.54 所示。

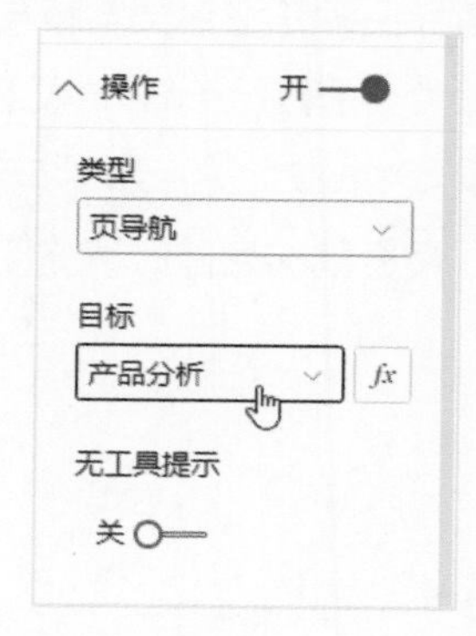

图 5.54 设置页导航

对其他的导航图标都进行相同的设置，需要注意的是，设置操作的目标时需要与图标指向的页面保持一致。完成以上设置后，当鼠标滑过导航图标时，将提示“按住 Ctrl 键并单击此处以跟踪链接”，如图 5.55 所示。在 Power BI 桌面版中，跳转链接需要按住 Ctrl 键的同时单击，当我们把报表分享到网络以后，直接单击图标即可实现跳转。

图 5.55　跳转链接

5.4.2　弹出式菜单设计

为了丰富数据分析的维度，可以在仪表板中添加“客户城市”及“日期”切片器，这样就可以将分析细化到城市及日期粒度。现有仪表板已经没有多余的空间放置切片器了，我们可以考虑设计弹出式切片器菜单：单击仪表板左上方“弹出式菜单”图标时，切片器菜单就会出现；单击窗口中的“×”图标时，菜单就会关闭，如图 5.56 所示。

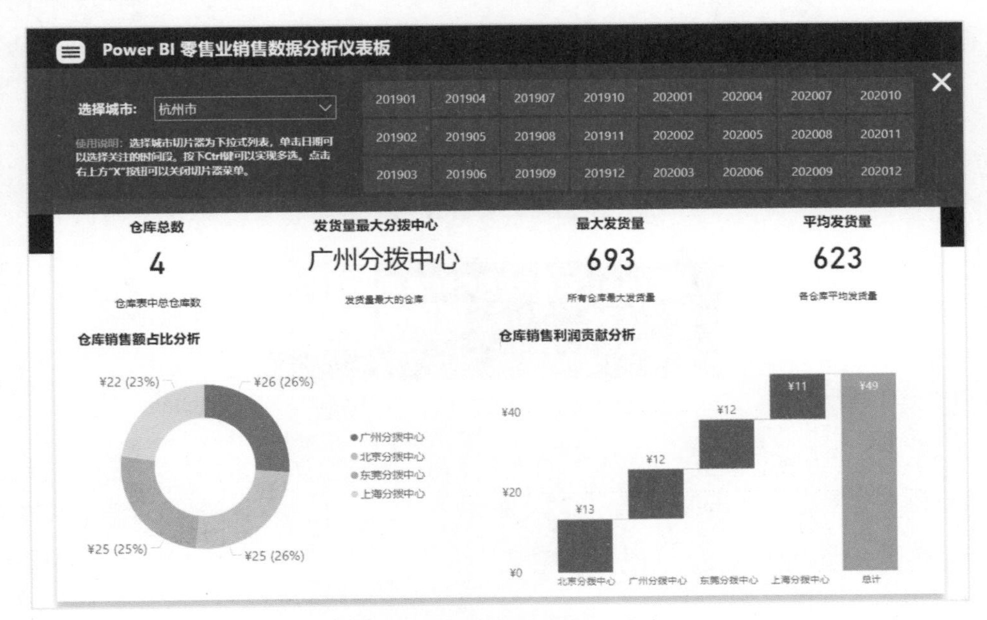

图 5.56　弹出式切片器菜单设计

下面以“仓库分析”页面为例进行讲解，其他页面的设置方法与之相同。具体操作步骤如下。

（1）插入矩形，设置其颜色为深蓝色（#083F79），透明度为 5%。调整矩形大小与仪表板页面同宽，高度适中，并将其调整到仪表板标题栏下方，如图 5.57 所示。

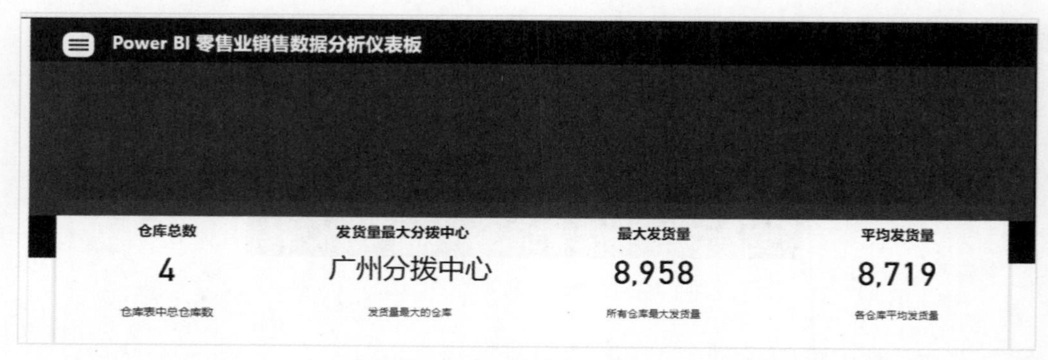

图 5.57　弹出式菜单背景图片

（2）插入文本框并输入文字“选择城市：”，作为城市切片器的标题，设置字体颜色为白色且加粗。插入切片器，设置“字段”为客户表的“客户城市”。关闭切片器标头、背景，在切片器的项目中设置字体颜色为白色，背景颜色为蓝色（#07417D），字号为 13。将切片器与客户城市筛选器对齐。为了能同时调整文本框及切片器的大小，可以将它们组合起来。单击选中两个对象以后，在“格式”选项卡下单击“分组”按钮就可以将两个对象组合起来（组合键是 Ctrl + G），如图 5.58 所示。

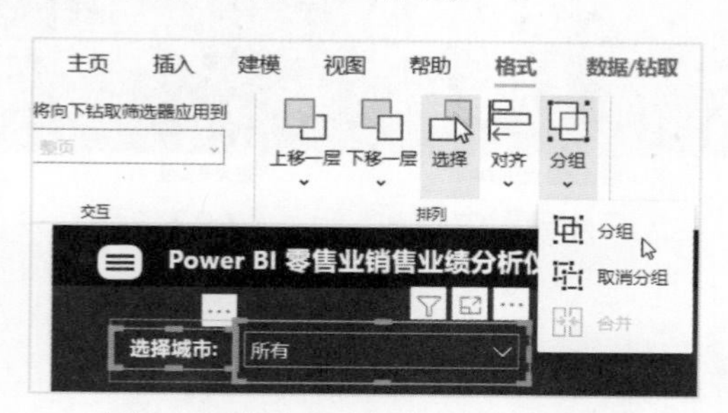

图 5.58　组合客户城市切片器与标题

（3）插入切片器，设置“字段”为日期表中的“年月”。在“常规”选项中将切片器的方向设置为“水平”，关闭切片器标题及背景，在项目中设置字体颜色为白色，背景颜色为浅蓝色（#005490），字号为 13，调整切片器到合适大小，最终效果如图 5.59 所示。

图 5.59 “日期”切片器设置

（4）将代表关闭的“×”图标插入仪表板中。城市切片器下方的空白使页面失衡，可以在此增加弹出式菜单与切片器的使用说明，使整个弹出式菜单的页面布局更具平衡感，如图 5.60 所示。

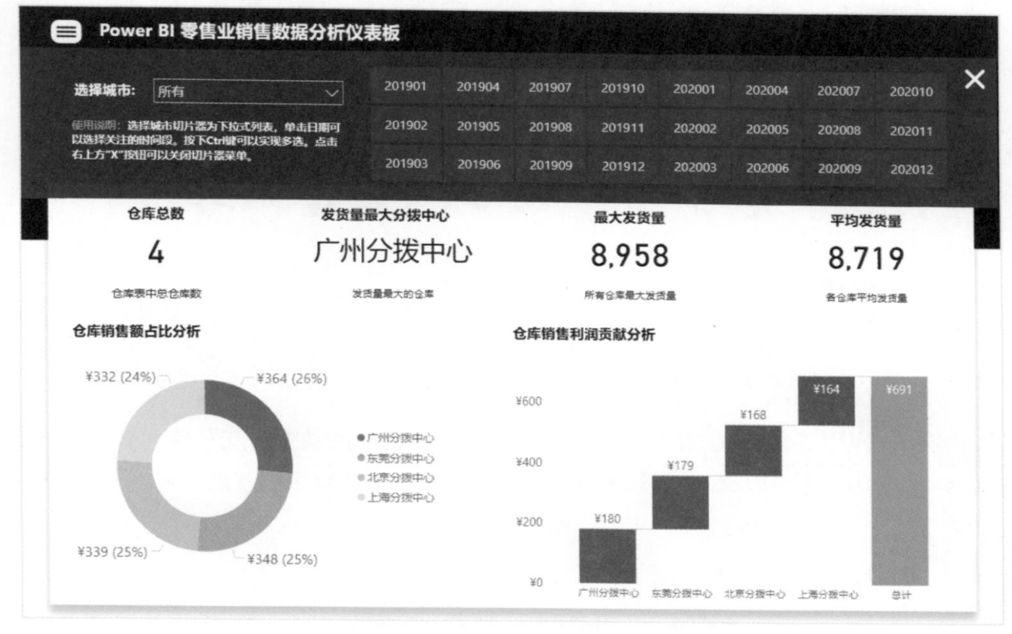

图 5.60 弹出式菜单的整体效果

经过以上操作，弹出式菜单的外观及相应的切片器功能就设置好了。接下来我们需要结合功能区中“视图”选项卡的“书签”及“选择”功能设置菜单的交互属性。

为了对弹出式菜单进行统一管理，我们需要将弹出式菜单的元素组合在一起：在按住 Ctrl 键的同时单击矩形背景、城市切片器、日期切片器、关闭图标及说明文字，再按组合键 Ctrl+G 就可以将它们组合。

单击“视图”选项卡中的“选择”按钮，在“选择”窗格中可以调整元素在图层中的顺序，为不同的元素命名（双击），设置元素显示/隐藏。将元素按照功能命名是一个好习惯，可以帮助我们快速定位，如图 5.61 所示。

单击“视图”选项卡中的“书签”按钮，Power BI 右侧会出现“书签”窗格。我们在看一本书时，使用书签将重点页标记，回看时就会非常便捷。Power BI 的书签也能实现同样的效果，它不仅能标记页面，还可以对筛选状态、视图等进行标记，并将标记与按钮结合，实现跳转，满足交互需求。

单击“选择”窗格中弹出式菜单右侧的显示/隐藏图标，弹出式菜单就不可见了，此时单击“书签”窗格中的“添加”按钮就可以添加一个书签，记录没有弹出式菜单的状态，如图 5.62 所示。

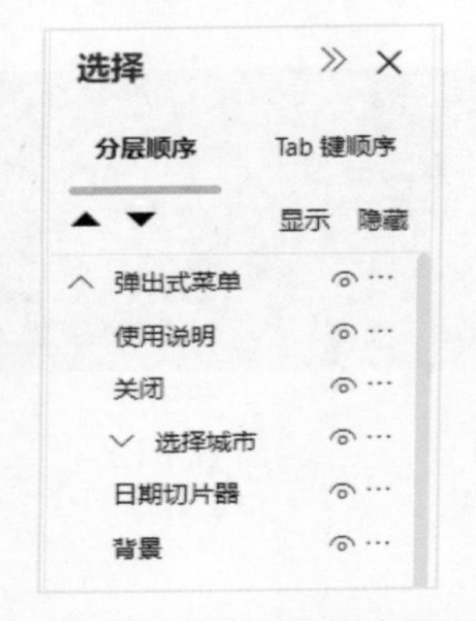

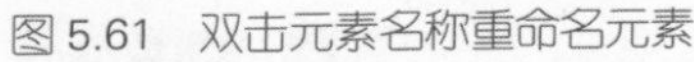
图 5.61 双击元素名称重命名元素

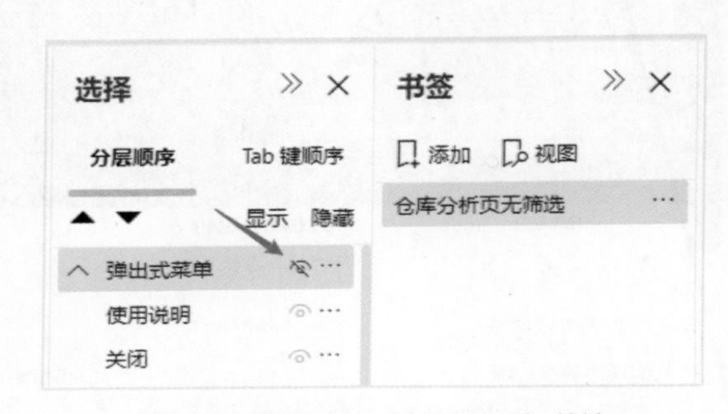

图 5.62 隐藏弹出式菜单并添加书签

再次单击弹出式菜单右侧的显示/隐藏图标，仪表板中出现弹出式菜单，单击“书签”窗格中的“添加”按钮，添加一个新的书签，记录有弹出式菜单的状态，如图 5.63 所示。

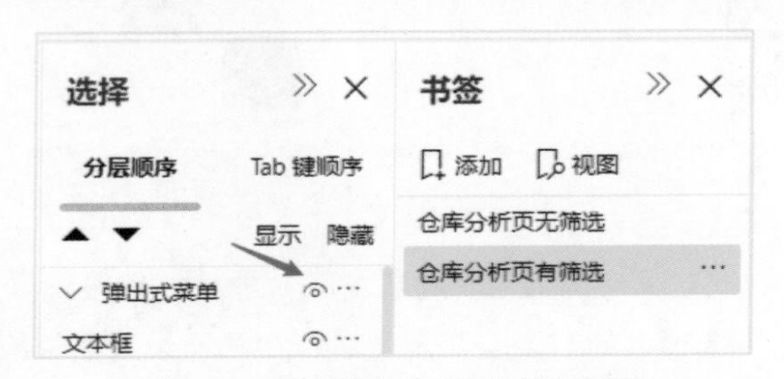

图 5.63 显示弹出式菜单并添加书签

最后，设置关闭图标及菜单按钮图标分别跳转到前面设置的两个书签即可。

单击菜单按钮图标，在“格式图像设置”窗格中，打开“操作”，“类型”选择“书签”，

“书签”选择“仓库分析页有筛选”，如图 5.64 所示，此时单击“菜单”图标就会弹出菜单。使用同样的方法对“关闭”图标设置跳转“仓库分析页无筛选”书签，完成以上设置后单击关闭图标，弹出式菜单就会关闭。

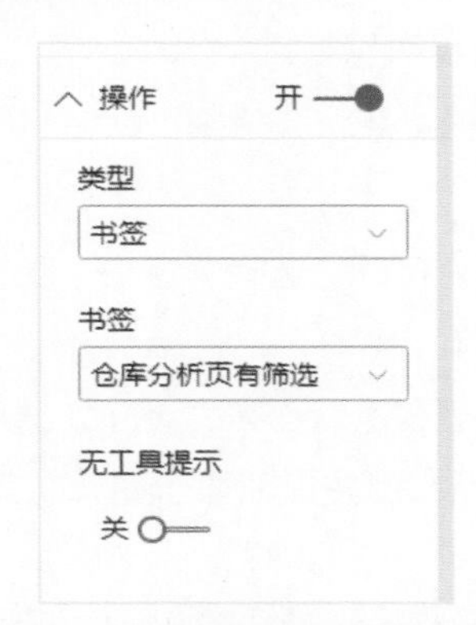

图 5.64　设置菜单按钮跳转书签

5.4.3　图表动态切换

在“顾客分析”页面中展示各个城市有效客户数分布情况时，我们用了面积图，其实也可以使用条形图进行展示。下面我们介绍一个技巧，在 Power BI 中实现图表类型的一键转换，具体效果如图 5.65 所示，我们在面积图的上方加入两个图标，分别代表面积图与条形图，当我们单击（按住 Ctrl 键）“面积图”图标时，下方图表以面积图显示；当我们单击（按住 Ctrl 键）“条形图”图标时，下方图表以条形图显示。

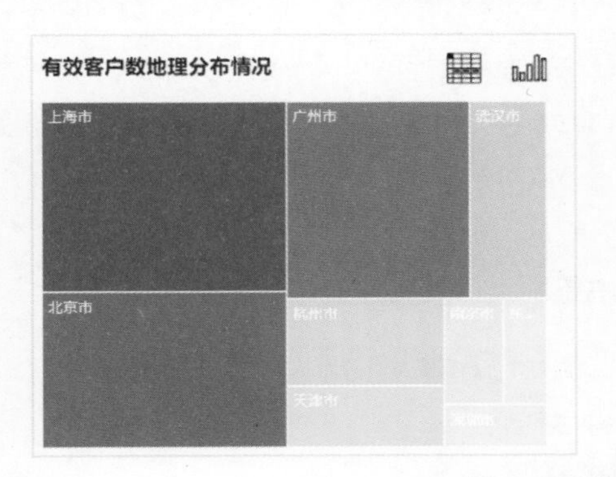

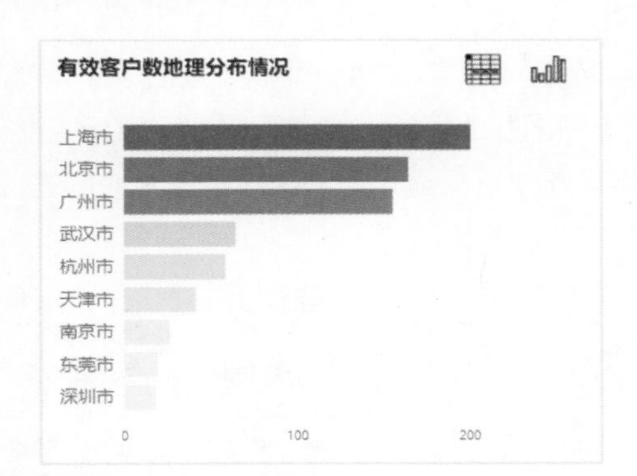

图 5.65　动态切换图表类型

本节也是利用“选择”与“书签”功能实现动态交互效果，读者可以尝试自行设计。遇到问题时再查看以下具体实现步骤。

（1）打开“顾客分析”页面，选中面积图，按组合键 Ctrl+C 和组合键 Ctrl+V，快速复制一个面积图，并使其与原面积图重叠。

（2）单击“可视化”窗格中的“簇状条形图”按钮，此时原面积图与新的条形图是互相掩盖的。

（3）保持条形图的选中状态，打开“选择”窗格，双击当前选中的图层，将其重命名为“条形图”，并隐藏此视觉对象。

（4）条形图隐藏以后，选中面积图就变得方便了。选中面积图后，在“选择”窗格中将其命名为“面积图”，长按鼠标左键并拖动面积图，将其调整到条形图下方，如图 5.66 所示。

图 5.66 拖动调整视觉对象顺序

（5）打开“书签”窗格，此时条形图是隐藏的，面积图可见，因此可以添加一个名为“面积图”的书签。隐藏面积图，显示条形图，添加名为“条形图”的书签。此时我们使用了两个分别显示面积图和条形图的书签，如图 5.67 所示。

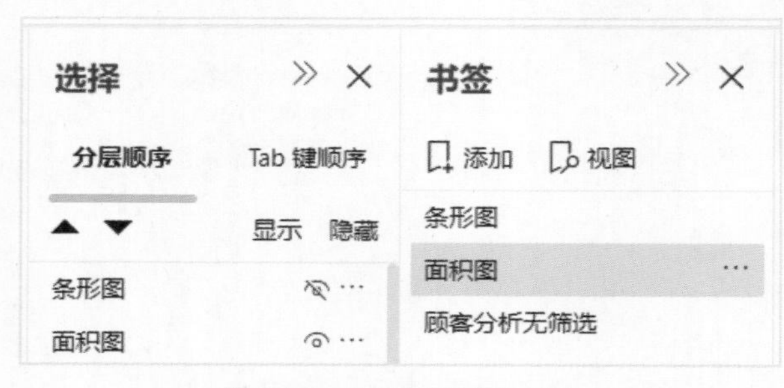

图 5.67 动态切换图表书签

（6）插入分别代表“面积图”及“条形图”的图标，并调整到统一大小。将图标对齐放置在图表标题后方，单击图标，打开“操作”属性，逐一设置图标跳转到对应的书签，如图 5.68 所示。

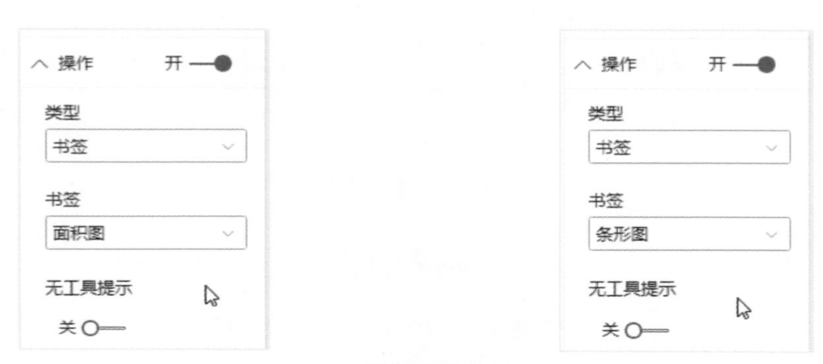

图 5.68　设置图标跳转书签

5.5　视觉升级

在仪表板设计中，色彩在信息传递过程中发挥的作用并不亚于图表和文字，配色及字体构成了主题。单纯使用默认主题的配色，很难让人有眼前一亮的感觉。另外，好的仪表板都应该有一个导航页，让使用者能总揽全局，方便地在各个页面之间跳转。因此本案例的视觉升级部分讲解如何设置主题颜色及导航页。

5.5.1　主题颜色设置

在 Power BI 中修改配色方案，可以通过修改主题颜色的方法完成。在 Power BI 功能区的“视图”选项卡中可以看到内置的主题，如图 5.69 所示，单击不同的主题就可以快速切换配色方案。

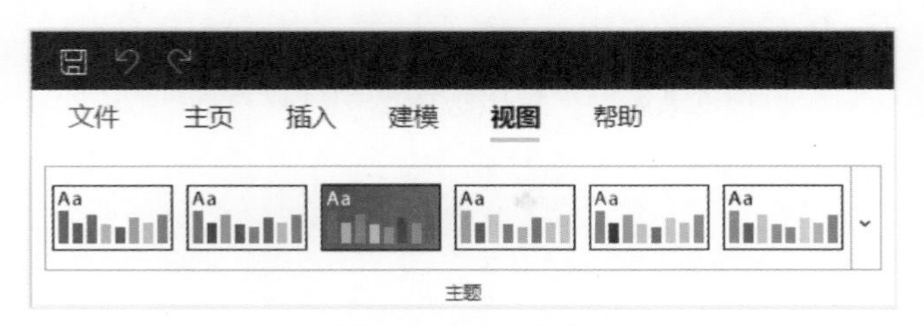

图 5.69　内置主题

我们也可以自定义主题，单击“主题”选项右侧的下拉按钮，选择“自定义当前主题”选项，就可以修改主题配色方案，如图 5.70 所示。

图 5.70 修改当前主题配色方案

在“名称和颜色”中可以按照需求设置主题颜色，我们可以设置八个主题颜色，它们对应的是修改填充色时调色盘相应的颜色，如图 5.71 所示，调色盘其实是黑、白两色加上自定义的主题颜色。设置主题颜色不仅方便填色，还可以使配色统一。

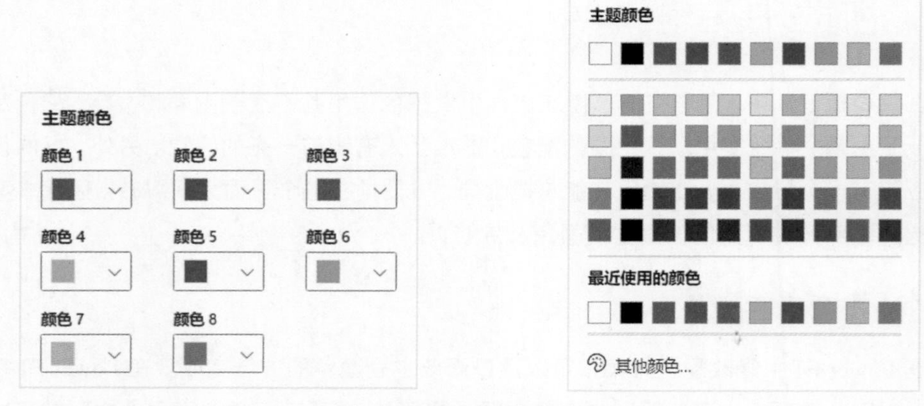

图 5.71 主题颜色与调色盘

5.5.2 目录页设计

当仪表板包含多个页面时，可以在仪表板中增加导航页面。导航页面使用图标代表不同页面，单击图标时实现跳转，如图 5.72 所示。

图 5.72　导航页面

导航页面的整体设计可以在 PowerPoint 中完成，设计完成以后将页面另存为图片，并将其设置成仪表板背景，如图 5.73 所示。

图 5.73　在 PowerPoint 中设计仪表板导航页面

这里有两点需要注意：

（1）设计导航页面时已经把图标包含在图片中，因此无法对图标设置导航操作，需要借助 Power BI 按钮中的“空白”设置跳转动作。为了不遮挡图标，需要将按钮的边框及填充都关闭，使其透明。

（2）若在主题分析页面跳转到导航页，就需要有一个类似“返回主页”的按钮。因此我们还需要在各个主题分析页中添加一个“主页”图标，设置页导航，跳转至导航页，如图 5.74 所示。

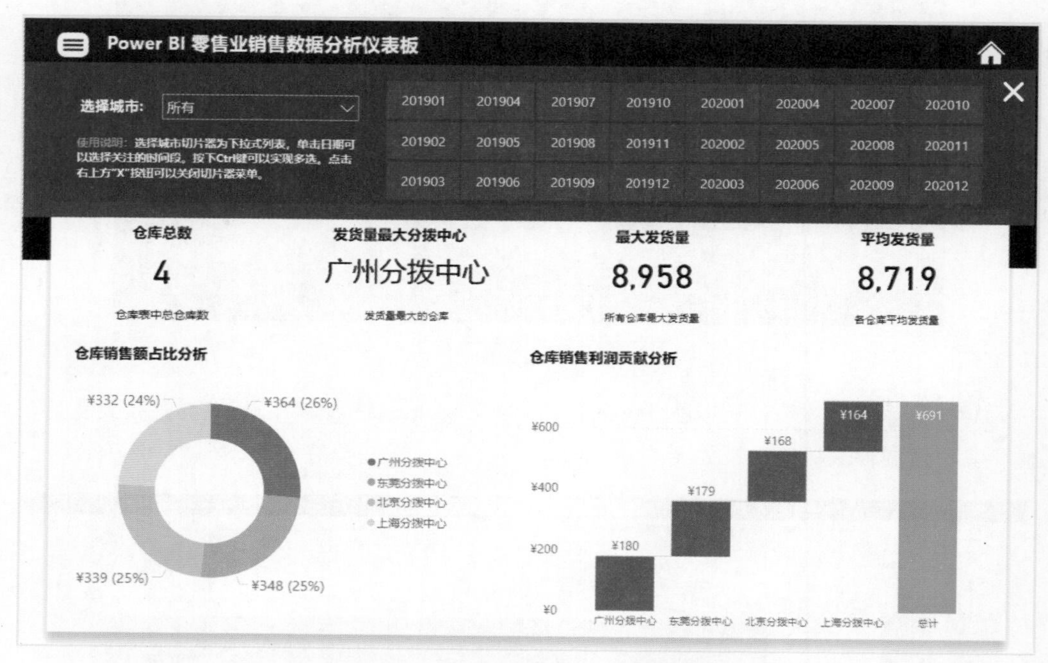

图 5.74　增加返回主页功能的页面

5.6　发布共享

对于交互式仪表板，更适合的分享方式是将其发布到 Web。这样不仅能保留所有的交互功能，还可以实现手机、平板、电脑等多设备查看，也可以随时随地查看，没有时间及空间的限制。下面介绍将仪表板发布到 Web 的方法。

（1）单击“主页”选项卡中的“发布”按钮，将报表发布到 Power BI 在线服务，如图 5.75 所示。

图 5.75　“发布”按钮

（2）Power BI 将仪表板发布到 Web 以后，弹出如图 5.76 所示对话框，单击对话框中蓝色字体的链接就能跳转到 Power BI 在线服务，在网页中打开仪表板。

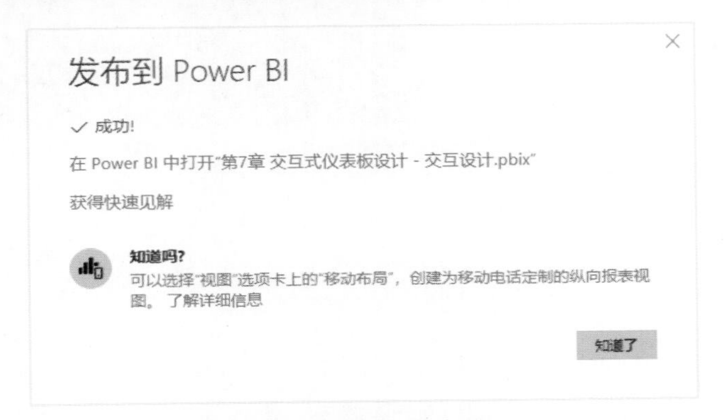

图 5.76　将报表成功发布到 Web

（3）在 Power BI 在线服务中，选择“文件”→“发布到 Web”命令，如图 5.77 所示。

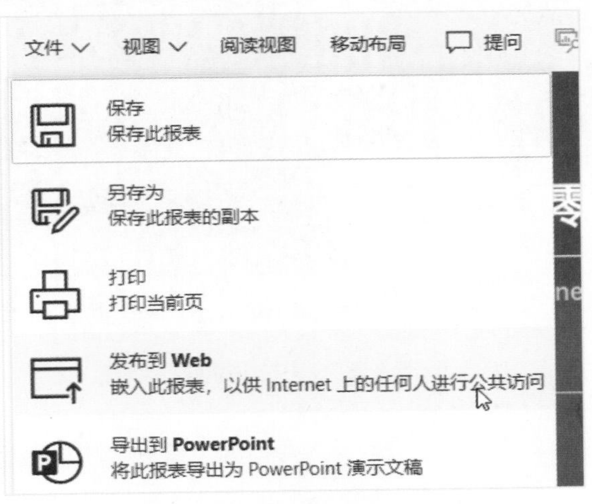

图 5.77　在 Power BI 在线服务中将报表发布到 Web

报表发布成功后会生成一串网址，复制该网址后用任意浏览器都可以打开，用户可以使用手机和电脑打开查看，如图 5.78 所示。

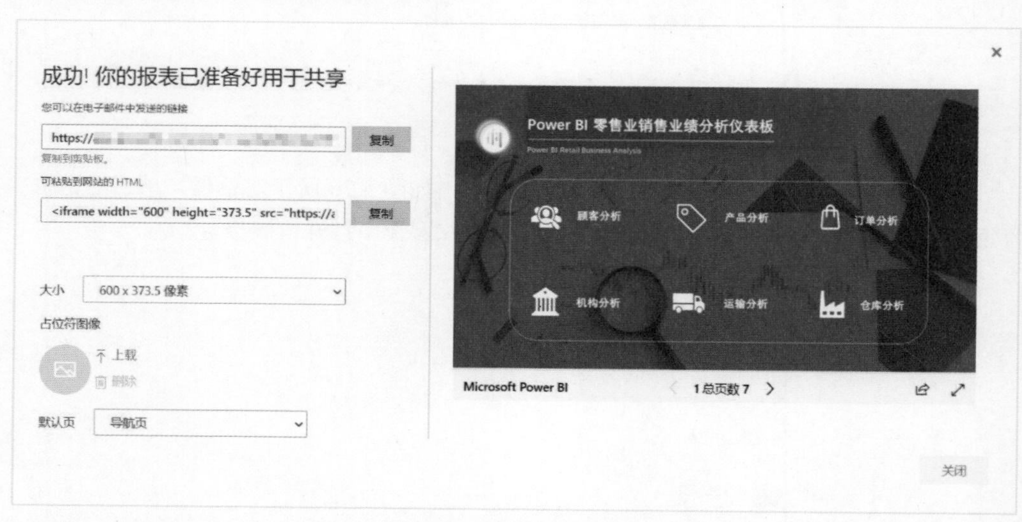

图 5.78　成功发布到 Web

因为我们的仪表板包含多个页面，同时有可以跳转到每个页面的导航页，所以在发布到 Web 之前，可以将除了导航页的其他页面隐藏。这样我们在网络中就只能看到导航页，但是可以跳转到仪表板的每个页面，如图 5.79 所示。

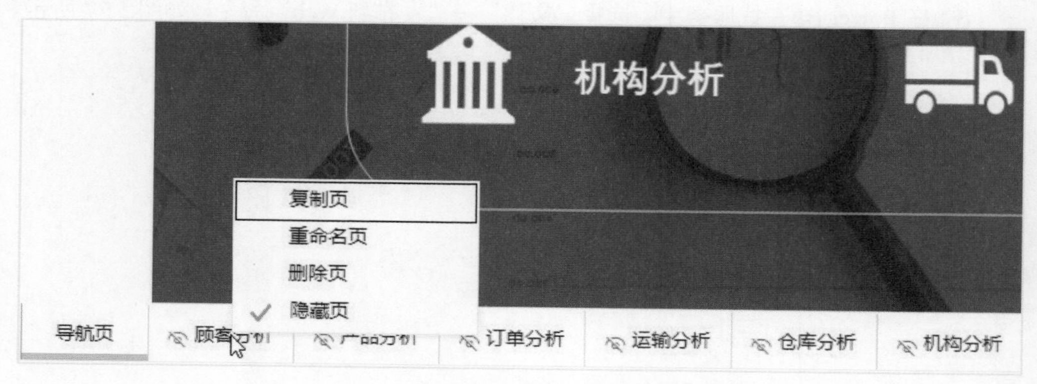

图 5.79　隐藏页面

5.7 总结

本章案例作为高级应用案例，系统地讲解了 DAX 的实际应用及仪表板交互功能设计。对于 DAX 函数应用方面，涉及多个聚合函数，如 COUNT()函数、DISTINCTCOUNT()函数、COUNTROWS()函数、AVERAGE()函数、MAX()函数等。对于迭代函数方面，补充学习了 MAXX()函数、AVERAGEX()函数、CONCATENATEX()函数等，并对 VAR/RETRUN 关键字的使用进行了练习。对于可视化设计方面，集中讲解了 Power BI 的大部分交互技巧。除了普通的页导航，还结合“书签”与“选择”窗格设计了弹出式菜单、动态图表切换等。本案例基本覆盖了 Power BI 仪表板从构思到设计开发的全过程，设计思路值得读者借鉴。

第 6 章

高效 BI 的进阶之路

Power BI 是敏捷 BI 的代表，与 Excel 密不可分。无论是 Power Query 还是 DAX，要更好地学习和掌握它们都需要我们投入更多的精力和时间。本章分享 Power BI 的使用小技巧，并讲解如何在 Excel 中应用 Power Query 及 Power Pivot，重点介绍两个 M 函数及 DAX 函数的进阶应用，为读者的进阶学习指明方向。

6.1 Power BI 的五个实用小技巧

Power BI 集成了很多实用功能，有些功能甚至不止一个入口。微软的终极目标是让我们将重心放在数据处理和分析的思路上，而不是寻找功能菜单这种附加值低的事情上。工欲善其事，必先利其器。Power BI 功能众多，需要我们不断地实践、摸索才能熟练掌握。本节笔者从 Power BI 运行效率的提升及模型的规范易用出发，分享五个实用小技巧。

Power BI 中有诸多的默认功能设置，如数据类型检测、关系检测及自动日期/时间等。这些功能确实给我们带来了很大的便利，但当模型变得复杂、数据量也变多以后，模型运行效率就会变慢。因此我们可以更改默认设置，以达到提升运行效率的目的。

6.1.1 取消数据类型识别

在 Power BI 中，单击功能区最右边的“文件”按钮，在弹出的菜单中选择“选项和设置”命令，再次单击“选项”按钮，在“选项”窗口就可以对默认设置进行修改，勾选“从不检测未结构化源的列类型和标题”，如图 6.1 所示。

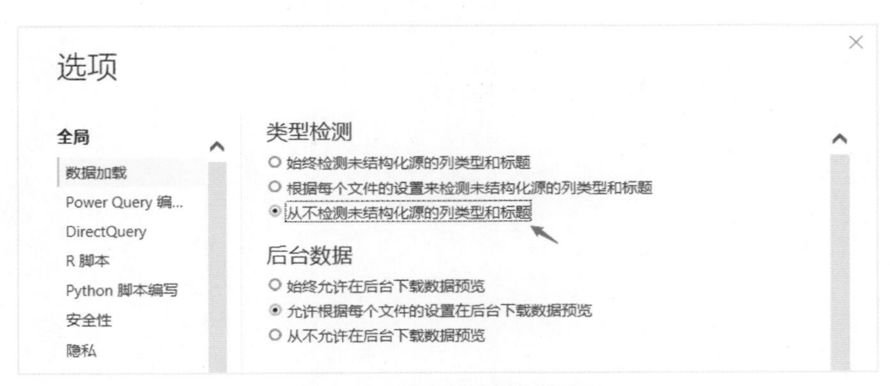

图 6.1　取消自动检测数据类型

6.1.2　取消关系检测

取消关系检测同样在“选项”窗口中进行设置，选择“数据加载”选项，取消勾选“加载数据后自动检测新关系”复选框即可，如图 6.2 所示。

图 6.2　取消自动检测关系

6.1.3　选择要加载的列

我们加载到模型中的列，并不是每列都是有用的，对于不需要用到的列，我们应该在加载时就将其删除。在 Power BI 中删除列很简单，选中列后右击或通过功能菜单都能找到删除列的相关功能，这里介绍一个非常便捷的选择列功能，如图 6.3 所示，勾选需要的列就可以将多余的列删除。

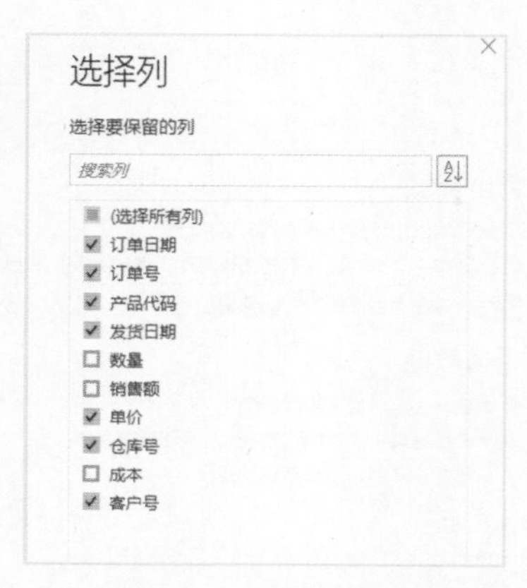

图 6.3 选择列功能

接下来介绍的两个小技巧可以让模型更加规范，Power BI 给我们提供了将 Power Query 查询及模型度量值进行分组的功能，它们可以使模型保持简洁、规范。

6.1.4 查询分组

在第 3 章讲解 Power Query 时，我们对原始数据应用了大部分的数据清洗操作，每个操作都产生了一个独立查询，可以根据操作类型对查询进行分类，并建立相应的查询分组，如图 6.4 所示。

查询分组的建立方式很简单，在"查询"窗格下方右击，在弹出的快捷菜单中选择"新建组"命令，按需求命名查询组，必要的时候可以添加说明，如图 6.5 所示。建立分组以后，可以直接将相关的查询拖放到组内。

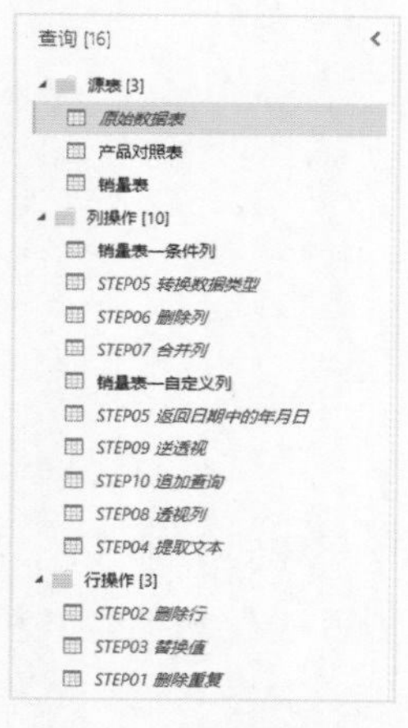

图 6.4 查询分组管理

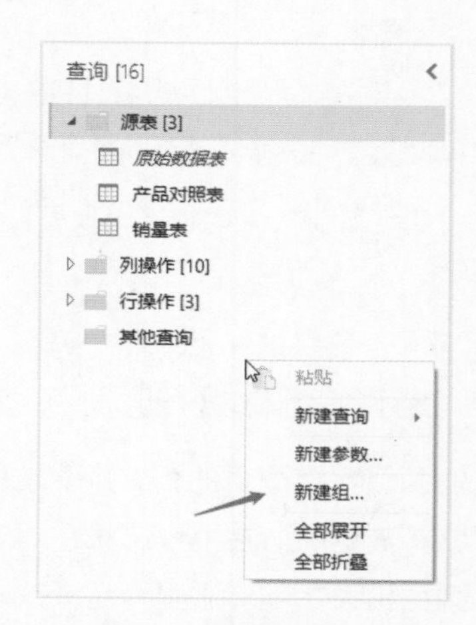

图 6.5 新建查询分组

6.1.5 度量值表

对于度量值的管理与查询分组类似，也可以根据度量值的特性对其进行分组管理。通过度量值表，可以将度量值按照所在的表或仪表板页面进行分类管理，方便我们后期查找及维护，如图 6.6 所示。

图 6.6　度量值表

度量值表的建立方法很简单，单击“主页”选项卡的“输入数据”按钮，在“创建表”对话框中填写表名称，表的列保持默认设置，单击“加载”按钮即可，如图 6.7 所示。

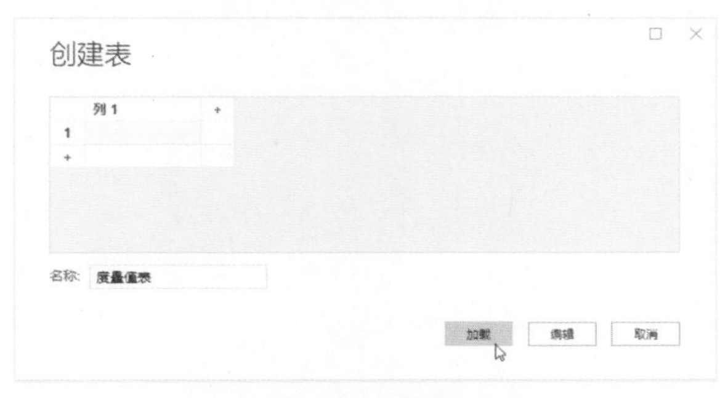

图 6.7　创建度量值表

我们可以将已经建立的度量值移动到新建的度量值表中，也可以直接在空表中建立度量值。度量值只和模型有关，与表是没有关系的，因此可以将度量值放在任意表中，对计算不产生影响。当度量值表中已经有度量值以后，我们可以将度量值表中默认生成的“列 1”隐藏或删除。

将度量值集中到一个表中以后，就可以对度量值进行分组了。切换到模型视图，在“字段”窗格中，先选中需要归为一组的度量值（按住 Shift 键可以选中连续的度量值，按住 Ctrl 键可以选中非连续的度量值），然后在“属性”窗格的“显示文件夹”文本框中输入分组的名称，按 Enter 键即可，如图 6.8 所示。

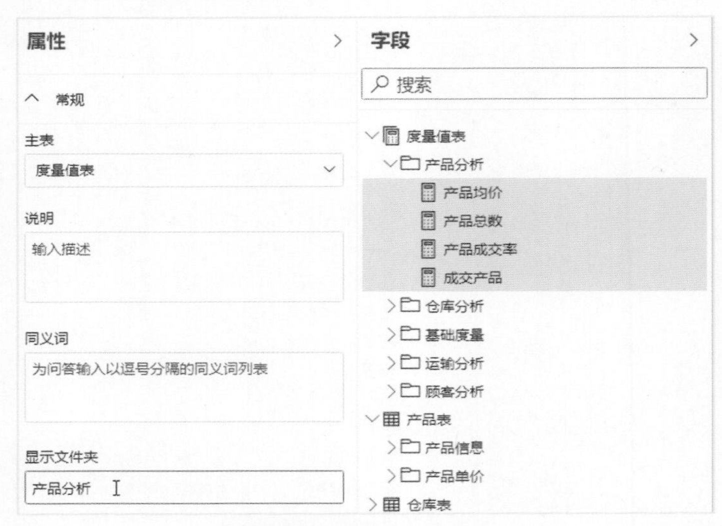

图 6.8　创建度量值文件夹

我们还可以设置度量值的二级文件夹，在“显示文件夹”文本框中使用“ \ ”符号分隔文件夹的层级即可，如图 6.9 所示。使用“ \ ”符号还可以建立第三层、第四层文件夹。笔者建议文件夹不超过三层，否则也会带来查找困难。

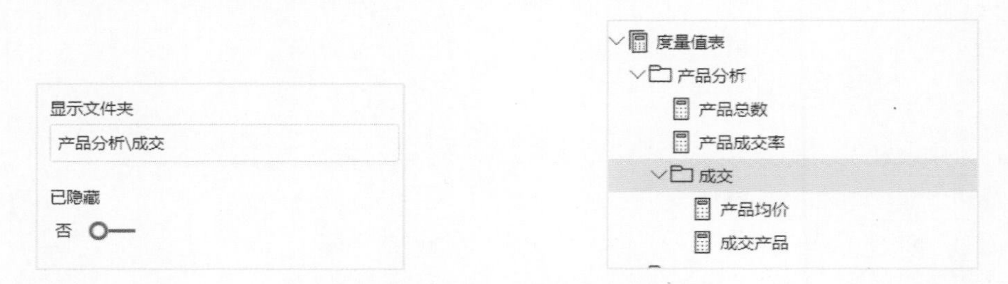

图 6.9　创建二级度量值文件夹

使用上述方法也可以对表的字段进行分类管理，像 Windows 资源管理器一样管理模型中的列和度量值，如图 6.10 所示。

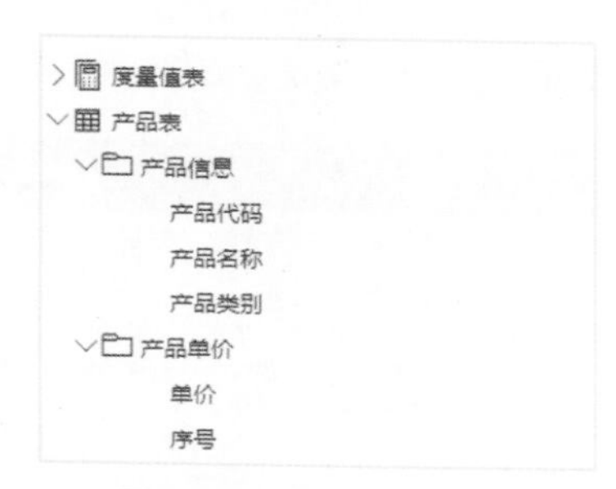

图 6.10　字段分组文件夹

6.2　Power BI 与 Excel：你的 Excel 已经全然不同

掌握 Power BI 以后，很多技能都可以在 Excel 中使用，可以说是"一次学习，两处收获"。只要你的 Excel 是 2016 版本以上，那么它就自带 Power Query 和 Power Pivot 功能插件。大部分 Power Query 的数据清洗功能和 M 函数，以及 Power Pivot 的建模功能和 DAX 函数在 Excel 中都是通用的。

6.2.1　Excel 也能一键合并文件

我们以合并文件为例，讲解在 Excel 中使用 Power Query 的具体方法。在第 3 章的入门案例中，我们使用 Power BI 一键合并同一个文件夹下的所有销售明细数据，这在 Excel 中也可以完成。我们将任务难度增加，销售数据按月分布，并且各年销售数据在不同文件夹中存放。也就是一共有 2016 年、2017 年和 2018 年 3 个文件夹，每个文件夹中有 12 个工作簿分别存储 12 个月的销售数据，合计 36 个工作簿，如图 6.11 所示。

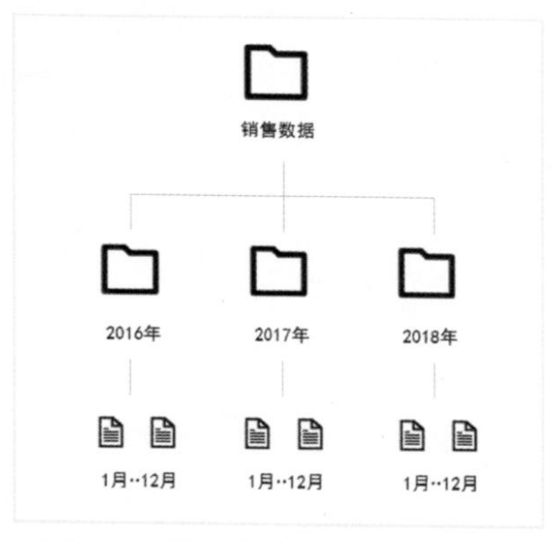

图 6.11　数据分布在不同文件夹中

Excel 的 Power Query 功能插件隐藏在功能区的“数据”选项卡中，如图 6.12 所示。

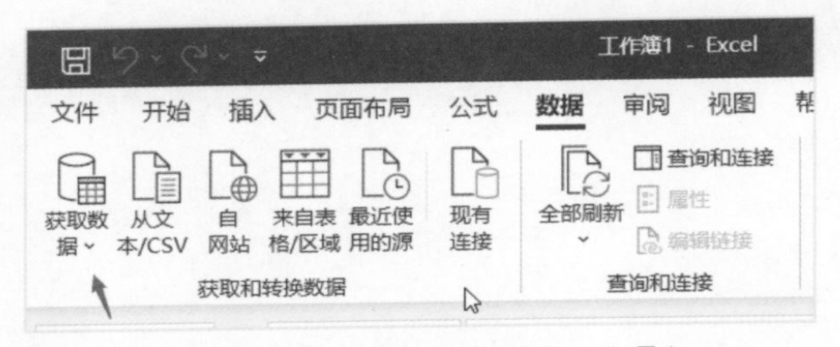

图 6.12　Excel 2016 的“数据”选项卡

选择“获取和转换数据”→“获取数据”→“来自文件”→“从文件夹”命令，如图 6.13 所示。

图 6.13　“从文件夹”合并功能

找到销售数据文件夹，单击“打开”按钮，就会出现“合并预览”窗口，如图 6.14 所示。

F:\PowerBI数据可视化从入门到实战\随书资源\第7章 高效BI与它的进阶之路\7.2 Power B...

Content	Name	Extension	Date accessed	Date modified	Date created	Attributes	Fold
Binary	1.xlsx	.xlsx	2021/9/19 10:12:39	2021/9/18 10:36:47	2021/9/18 10:36:47	Record	F:\PowerBI
Binary	10.xlsx	.xlsx	2021/9/19 10:13:08	2021/9/18 10:36:44	2021/9/18 10:36:44	Record	F:\PowerBI
Binary	11.xlsx	.xlsx	2021/9/19 9:41:27	2021/9/18 10:36:45	2021/9/18 10:36:45	Record	F:\PowerBI
Binary	12.xlsx	.xlsx	2021/9/19 10:13:08	2021/9/18 10:36:46	2021/9/18 10:36:46	Record	F:\PowerBI
Binary	2.xlsx	.xlsx	2021/9/19 10:13:08	2021/9/18 10:36:47	2021/9/18 10:36:47	Record	F:\PowerBI
Binary	3.xlsx	.xlsx	2021/9/19 10:13:08	2021/9/18 10:36:47	2021/9/18 10:36:47	Record	F:\PowerBI
Binary	4.xlsx	.xlsx	2021/9/19 10:13:08	2021/9/18 10:36:46	2021/9/18 10:36:46	Record	F:\PowerBI
Binary	5.xlsx	.xlsx	2021/9/19 10:13:08	2021/9/18 10:36:45	2021/9/18 10:36:45	Record	F:\PowerBI
Binary	6.xlsx	.xlsx	2021/9/19 9:41:27	2021/9/18 10:36:46	2021/9/18 10:36:46	Record	F:\PowerBI
Binary	7.xlsx	.xlsx	2021/9/19 10:13:08	2021/9/18 10:36:46	2021/9/18 10:36:46	Record	F:\PowerBI
Binary	8.xlsx	.xlsx	2021/9/19 10:13:08	2021/9/18 10:36:45	2021/9/18 10:36:45	Record	F:\PowerBI
Binary	9.xlsx	.xlsx	2021/9/19 10:13:08	2021/9/18 10:36:45	2021/9/18 10:36:44	Record	F:\PowerBI
Binary	1.xlsx	.xlsx	2021/9/19 10:13:08	2021/9/18 10:35:05	2021/9/18 10:35:05	Record	F:\PowerBI
Binary	10.xlsx	.xlsx	2021/9/19 10:13:08	2021/9/18 10:35:04	2021/9/18 10:35:04	Record	F:\PowerBI
Binary	11.xlsx	.xlsx	2021/9/19 10:13:08	2021/9/18 10:35:05	2021/9/18 10:35:05	Record	F:\PowerBI
Binary	12.xlsx	.xlsx	2021/9/19 10:13:08	2021/9/18 10:35:06	2021/9/18 10:35:06	Record	F:\PowerBI
Binary	2.xlsx	.xlsx	2021/9/19 10:13:08	2021/9/18 10:35:05	2021/9/18 10:35:05	Record	F:\PowerBI
Binary	3.xlsx	.xlsx	2021/9/19 10:13:08	2021/9/18 10:35:05	2021/9/18 10:35:05	Record	F:\PowerBI

组合　加载　转换数据　取消

图 6.14　“合并预览”窗口

单击“组合”按钮旁的三角形按钮，选择“组合和加载”命令，数据加载完毕以后就可以看到合并以后的数据，如图 6.15 所示。单击日期的筛选器，可以验证 36 个工作簿都一键合并了。也就是说，即使数据在文件夹中是分层存储的，子文件夹中的数据也能被 Power Query 识别。

	A	B	C	D	E	F
1	Source.Name	日期	销售人员ID	销量	销售金额	月份
2	1.xlsx	2016/1/3	5	100	100	1
3	1.xlsx	2016/1/4	4	100	300	1
4	1.xlsx	2016/1/5	1	100	100	1
5	1.xlsx	2016/1/6	4	200	600	1
6	1.xlsx	2016/1/7	2	100	200	1
7	1.xlsx	2016/1/8	2	300	900	1
8	10.xlsx	2016/10/1	5	400	1200	10
9	10.xlsx	2016/10/8	2	200	400	10
10	10.xlsx	2016/10/9	4	200	400	10
11	10.xlsx	2016/10/10	2	300	900	10
12	10.xlsx	2016/10/20	2	100	100	10
13	10.xlsx	2016/10/21	5	100	300	10
14	10.xlsx	2016/10/22	3	100	200	10
15	10.xlsx	2016/10/23	1	200	200	10
16	10.xlsx	2016/10/24	1	200	200	10
17	10.xlsx	2016/10/25	3	200	200	10
18	10.xlsx	2016/10/26	4	500	1000	10
19	10.xlsx	2016/10/27	1	500	1500	10
20	10.xlsx	2016/10/28	1	500	1500	10
21	10.xlsx	2016/10/29	1	300	900	10
22	10.xlsx	2016/10/30	5	200	600	10
23	10.xlsx	2016/10/31	5	200	600	10
24	11.xlsx	2016/11/1	5	200	400	11
25	11.xlsx	2016/11/2	2	400	1200	11
26	11.xlsx	2016/11/3	2	300	900	11
27	11.xlsx	2016/11/10	3	100	200	11
28	11.xlsx	2016/11/16	4	500	1000	11
29	11.xlsx	2016/11/20	2	200	200	11
30	11.xlsx	2016/11/21	5	100	100	11
31	11.xlsx	2016/11/22	2	400	800	11

销售数据明细　Sheet1

图 6.15　合并以后的销售数据

在“合并预览”窗口中，如果单击“转换数据”按钮，那么将进入 Power Query 编辑器，这是 Excel 的一片新天地，如图 6.16 所示。Excel 中的 Power Query 编辑器包含的功能和 Power BI 中的 Power Query 编辑器基本一致，我们之前学习的数据整理技能在 Excel 中同样能实现，读者可以将 Power Query 章节中的实例在 Excel 中实现一遍。

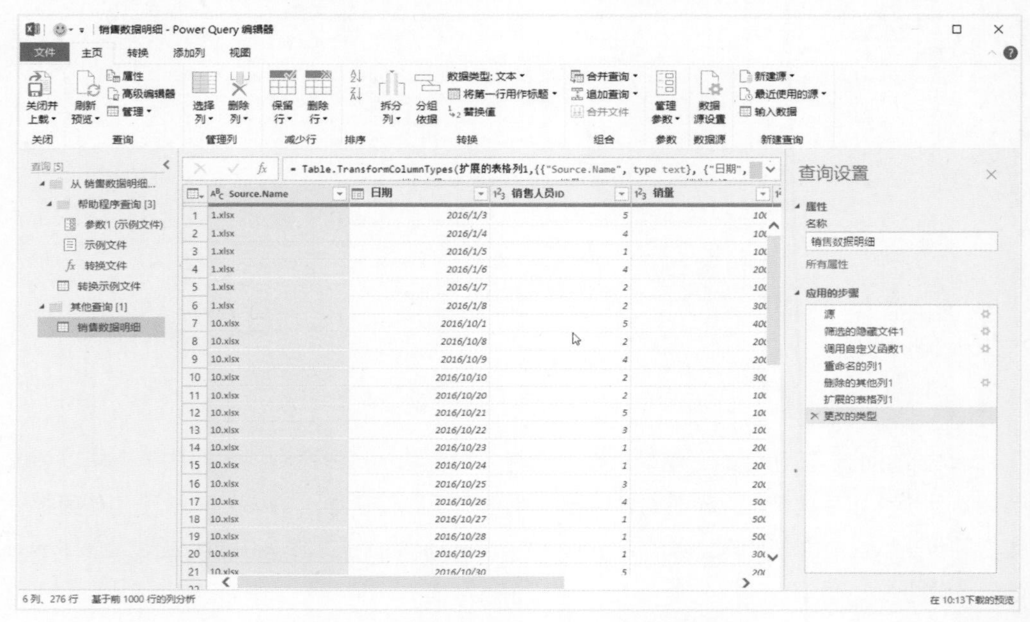

图 6.16 Excel 中的 Power Query 编辑器

6.2.2 Excel 也能使用度量值

Excel 也有 Power Pivot 建模功能，在 Excel 2016 及以上版本，Power Pivot 作为 Excel 内置功能可以在功能区中快速找到，如图 6.17 所示。

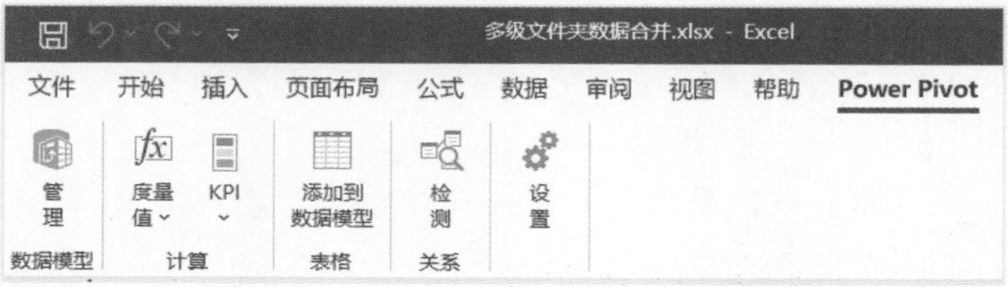

多级文件夹数据合并.xlsx - Excel
文件 开始 插入 页面布局 公式 数据 审阅 视图 帮助 Power Pivot
管理 度量值 KPI 添加到数据模型 检测 设置
数据模型 计算 表格 关系

图 6.17 Excel 中的 Power Pivot 功能

选中任意单元格，单击“添加到数据模型”按钮可以将合并的销售数据添加到数据模型中。也可以选择“数据模型”→“管理”命令进入“Power Pivot for Excel”模型管理窗口，如图 6.18 所示。

	Source.Name	日期	销售人员ID	销量	销售金额	月份	添加列
1	1.xlsx	2016/1...	5	100	100	1	
2	1.xlsx	2016/1...	4	100	300	1	
3	1.xlsx	2016/1...	1	100	100	1	
4	1.xlsx	2016/1...	4	200	600	1	
5	1.xlsx	2016/1...	2	100	200	1	
6	1.xlsx	2016/1...	2	300	900	1	
7	2.xlsx	2016/2...	2	400	400	2	
8	2.xlsx	2016/2...	3	500	500	2	
9	2.xlsx	2016/2...	2	400	800	2	
10	2.xlsx	2016/2...	1	300	600	2	
11	3.xlsx	2016/3...	5	100	100	3	

图 6.18　Excel 中的“Power Pivot for Excel”模型管理窗口

在 Excel 中的“Power Pivot for Excel”模型管理窗口中，我们也可以建立关系、新建度量值、使用 DAX 函数等。当然，Excel 的建模能力远不如 Power BI，例如，在 Excel 中无法新建表，而且并不是所有 DAX 函数都能在 Excel 中使用。

当我们将数据加载到数据模型以后，就可以执行“Power Pivot”→“度量值”命令进行度量值的建立及管理，如图 6.19 所示。

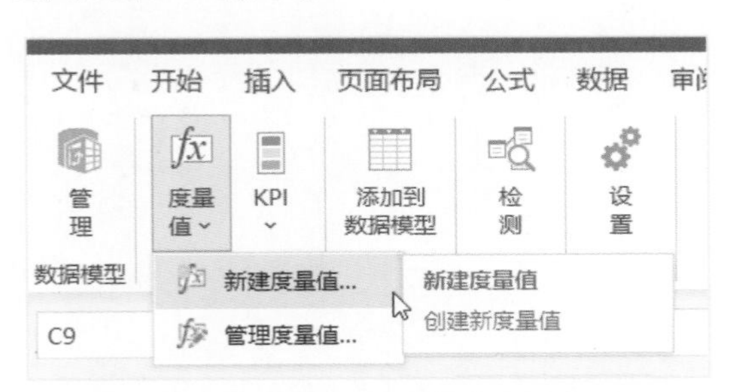

图 6.19　在 Excel 中创建度量值

我们可以按照以下步骤建立求销售总额的度量值，如图 6.20 所示。

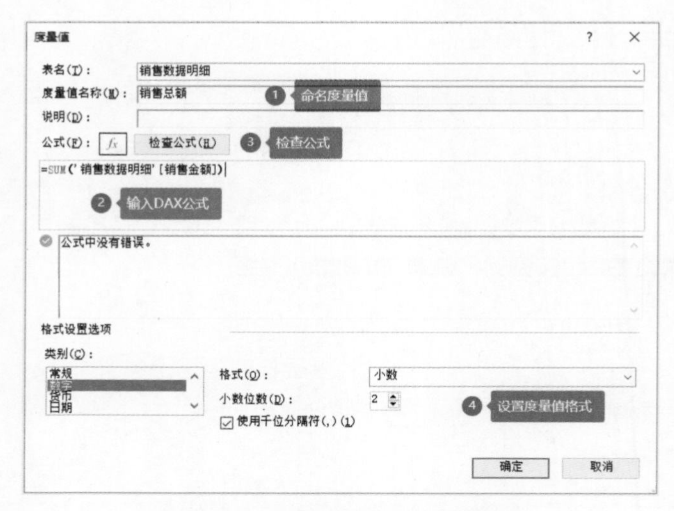

图 6.20　建立度量值求销售总额

在插入数据透视表时，勾选“使用此工作簿的数据模型”复选框，就可以创建基于当前工作簿数据模型的数据透视表，这时就能使用之前建立的“销售总额”度量值创建数据透视表，如图 6.21 所示。

图 6.21　在数据透视表中使用度量值

学会了在 Excel 中建立数据模型与度量值，意味着我们在 Power Pivot 章节中学到的 ALL 系列函数占比分析、时间智能函数同环比分析都可以在 Excel 中轻松实现，读者可自行尝试。更多的关于 Excel 中的 Power Query 及 Power Pivot 的功能使用和应用案例，读者可以参考笔者公众号“Power BI 知识星球”中的相关文章。

6.3　Power BI 进阶之逆透视与 M 函数表格降维技巧

前面的章节已经介绍过使用逆透视将普通二维表转换成一维表的操作，案例是最简单的行标题和列标题都只有一个层级（1×1 层级）。在现实工作中，我们还会遇到行标题和列标题都有多个层级的复杂情况，笔者将这种多层标题嵌套的表格叫作 $N \times M$ 层级结构化表格。多层级汇总的结构化表格一般产生于 Excel 中的数据透视表，多用于结果展示，并不适于数据分析或 Power BI 的视觉对象的使用，因此需要在 Power Query 中进行降维转换。

6.3.1　2×1 层级结构化表格

2×1 层级结构化表格是指行标题带有两个层级、列标题只有一个层级的结构化表格。如图 6.22 所示，行标题的分析维度为年和季度，列标题的分析维度只有产品种类。

年	季度	办公用品	电子设备	家具
2015年	Q1	3090	1630	1770
	Q2	4780	2640	2340
	Q3	5080	2640	2540
	Q4	6170	3490	3820
2016年	Q1	3650	1940	2020
	Q2	6240	3380	3300
	Q3	6520	2930	3270
	Q4	7940	4620	3700
2017年	Q1	3700	2030	2090
	Q2	8070	3780	3880
	Q3	7810	4530	4090
	Q4	9990	6530	4600
2018年	Q1	6070	3470	3580
	Q2	10480	5840	5760
	Q3	10290	5130	4010
	Q4	11550	6400	5970

图 6.22　2×1 层级结构化表格

在这种场景下，Excel 中的合并单元格加载到 Power Query 后会显示成 null，因此需要在逆透视所有产品类别列之前，对“年”字段执行“向下填充”命令。

1. 向下填充

将所有示例数据加载到 Power Query，单击“2×1 层级”查询，如果 Power Query 自动将“年”字段识别成日期，需要手工将其修改为文本类型。更改数据类型时，会弹出“更改列类型”窗口，单击“替换当前转换”按钮即可，如图 6.23 所示。

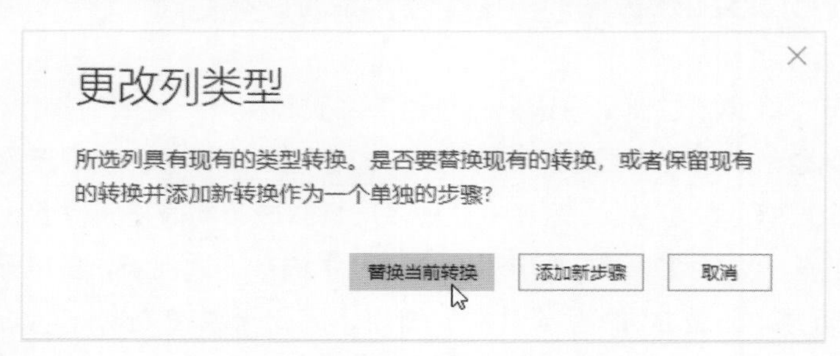

图 6.23 更改数据类型

选中“年”字段，在“转换”选项卡下单击“填充”按钮旁的三角形按钮，在弹出的菜单中选择“向下”命令，如图 6.24 所示。向下填充会将单元格中的值向下复制填充，直到遇到非空单元格。

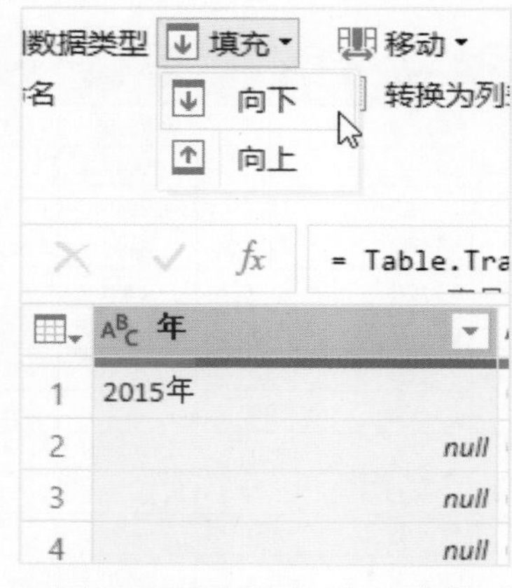

图 6.24 向下填充“年”字段

2. 逆透视其他列

向下填充后的数据结构就和 1×1 层级的情形类似了，因此可以选中“年”和“季度”字段执行“逆透视列”→“逆透视其他列”命令，如图 6.25 所示。

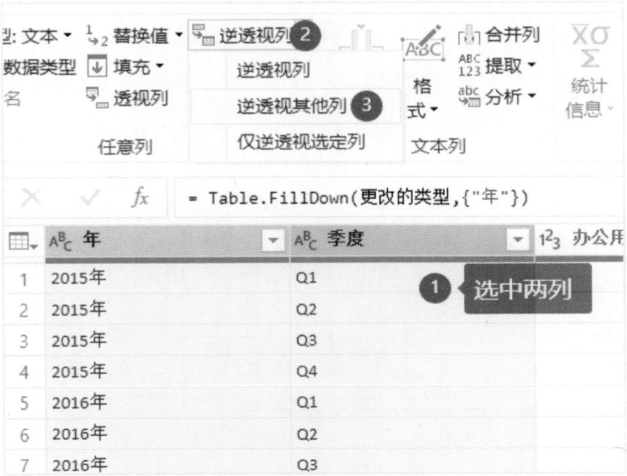

逆透视列 2
逆透视列
逆透视其他列 3
仅逆透视选定列
合并列
提取
分析
替换值
填充
透视列
任意列
文本列
统计信息

= Table.FillDown(更改的类型,{"年"})

1 选中两列

	年	季度
1	2015年	Q1
2	2015年	Q2
3	2015年	Q3
4	2015年	Q4
5	2016年	Q1
6	2016年	Q2
7	2016年	Q3

图 6.25　逆透视其他列

将相应的列重命名，就可以得到规范的一维表，如图 6.26 所示。

	年	季度	产品类型	销售额
1	2015年	Q1	办公用品	3090
2	2015年	Q1	电子设备	1630
3	2015年	Q1	家具	1770
4	2015年	Q2	办公用品	4780
5	2015年	Q2	电子设备	2640
6	2015年	Q2	家具	2340
7	2015年	Q3	办公用品	5080
8	2015年	Q3	电子设备	2640
9	2015年	Q3	家具	2540
10	2015年	Q4	办公用品	6170
11	2015年	Q4	电子设备	3490
12	2015年	Q4	家具	3820
13	2016年	Q1	办公用品	3650
14	2016年	Q1	电子设备	1940
15	2016年	Q1	家具	2020
16	2016年	Q2	办公用品	6240
17	2016年	Q2	电子设备	3380
18	2016年	Q2	家具	3300
19	2016年	Q3	办公用品	6520
20	2016年	Q3	电子设备	2930
21	2016年	Q3	家具	3270
22	2016年	Q4	办公用品	7940

图 6.26　重命名后规范的一维表

6.3.2 1×2 层级结构化表格

1×2 层级结构化表格是指行标题只有一个层级、列标题有两个层级的结构化表格。如图 6.27 所示，行标题的分析维度为年，列标题的分析维度为地区和省份。

地区	华北					华东						
年\省	北京	河北	内蒙古	山西	天津	安徽	福建	江苏	江西	山东	上海	浙江
2015年	1050	2230	940	830	1390	1170	870	2720	630	3050	1050	1660
2016年	490	1350	1010	920	1690	1970	1220	3070	380	5060	1880	1540
2017年	1550	2170	1930	1140	2090	2190	1960	3120	750	5680	2020	3050
2018年	2450	3350	1420	1580	2130	2620	2240	4540	1530	7200	2010	3250

图 6.27 1×2 层级结构化表格

1×2 层级与 2×1 层级恰好相反，因此处理时只需要多一个将数据表格转置的操作。

1. 删除到末尾

加载数据后，将 Power Query 自动生成的“提升的标题”和“更改的类型”两个步骤删除。在“应用的步骤”中选择“提升的标题”，右击，在弹出的快捷菜单中选择“删除到末尾”命令，如图 6.28 所示。

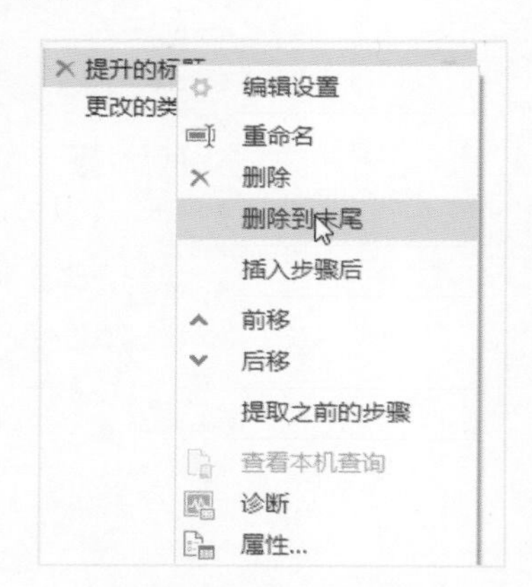

图 6.28 删除到末尾

2. 转置

在“转换”选项卡下单击“转置”按钮，转置当前的表，将行作为列、列作为行，这和 Excel“粘贴”选项中的“转置”命令实现的功能一样。转置后的结果如图 6.29 所示。

	Column1	Column2	Column3	Column4	
1	地区	年\省	2015年	2016年	2
2	华北	北京	1050	490	
3	null	河北	2230	1350	
4	null	内蒙古	940	1010	
5	null	山西	830	920	
6	null	天津	1390	1690	
7	华东	安徽	1170	1970	
8	null	福建	870	1220	
9	null	江苏	2720	3070	
10	null	江西	630	380	
11	null	山东	3050	5060	
12	null	上海	1050	1880	
13	null	浙江	1660	1540	

图 6.29　转置后的表格

如果转置后的表格还原到在 Excel 中合并单元格的样式，则是一个标准的 2×1 层级结构化表格，行的两个维度是地区和省份，列的维度是年。因此接下来的处理步骤和 2×1 层级是一样的：先提升标题，然后选中“地区”列向下填充，最后选中前两列逆透视其他列即可。转换后的结果如图 6.30 所示。

	地区	省	年	销售额
1	华北	北京	2015年	1050
2	华北	北京	2016年	490
3	华北	北京	2017年	1550
4	华北	北京	2018年	2450
5	华北	河北	2015年	2230
6	华北	河北	2016年	1350
7	华北	河北	2017年	2170
8	华北	河北	2018年	3350
9	华北	内蒙古	2015年	940
10	华北	内蒙古	2016年	1010
11	华北	内蒙古	2017年	1930
12	华北	内蒙古	2018年	1420
13	华北	山西	2015年	830
14	华北	山西	2016年	920
15	华北	山西	2017年	1140
16	华北	山西	2018年	1580

图 6.30　最终转换结果

6.3.3　2×2 层级结构化表格

2×2 层级结构化表格更复杂，行标题和列标题都有两个层级。如图 6.31 所示，行标题的分析维度为年和季度，列标题的分析维度为产品种类和产品名称。

		办公用品							
年	季度	笔记本	便签纸	打印纸	剪刀	收纳盒	橡皮筋	信封	装订机
2015年	Q1	370	400	420	480	290	470	430	230
	Q2	440	820	540	660	570	650	610	490
	Q3	370	850	730	850	530	590	620	540
	Q4	490	910	860	880	1060	710	870	390
2016年	Q1	390	540	510	660	420	500	460	170
	Q2	530	680	960	830	800	960	810	670
	Q3	510	580	1030	1060	980	700	1110	550
	Q4	680	1200	1030	1330	930	1080	1050	640

图 6.31　2×2 层级结构化表格

这种情形看似复杂，其实稍加思考就能找到解决方案。通过前面两个例子，我们知道逆透视之前需要将合并单元格向下填充，如果列标题有合并单元格，则转置以后填充。因此在处理 2×2 层级结构化表格时，如果将行标题合并成同一列，那么此种情形就被还原到 1×2 层级结构化表格了。合并的“年”和“季度”字段可以在逆透视以后分列。

主要的处理步骤如下。

（1）向下填充“Column1”列（年所在列）。

（2）在“转换”选项卡中单击“合并列”按钮，将“Column1”字段与“Column2”字段（季度所在列）通过分隔符“|”合并，如图 6.32 所示。

图 6.32　合并列

（3）结构化表格还原到 1×2 层级，转置表格。

（4）向下填充“Column1”列（产品种类所在列），如图 6.33 所示。

	Column1	Column2	Column3	Column4
1	|	年|季度	2015年|Q1	2015年|Q2
2	办公用品	笔记本	370	440
3	办公用品	便签纸	400	820
4	办公用品	打印纸	420	540
5	办公用品	剪刀	480	660
6	办公用品	收纳盒	290	570
7	办公用品	橡皮筋	470	650
8	办公用品	信封	430	610
9	办公用品	装订机	230	490
10	电子设备	打印机	430	730
11	电子设备	电话机	490	680
12	电子设备	复印机	340	720
13	电子设备	移动硬盘	370	510
14	家具	沙发	550	620
15	家具	书柜	210	430
16	家具	椅子	510	640
17	家具	桌子	500	650

图 6.33　向下填充产品种类

（5）将第一行作为标题，选中前两列，逆透视其他列，如图 6.34 所示。

	|	年|季度
1	办公用品	笔记本
2	办公用品	便签纸
3	办公用品	打印纸
4	办公用品	剪刀
5	办公用品	收纳盒
6	办公用品	橡皮筋
7	办公用品	信封
8	办公用品	装订机
9	电子设备	打印机
10	电子设备	电话机
11	电子设备	复印机
12	电子设备	移动硬盘
13	家具	沙发
14	家具	书柜
15	家具	椅子
16	家具	桌子

图 6.34　逆透视其他列

（6）按分隔符“|”拆分包含年和季度信息的“属性”列，如图 6.35 所示。

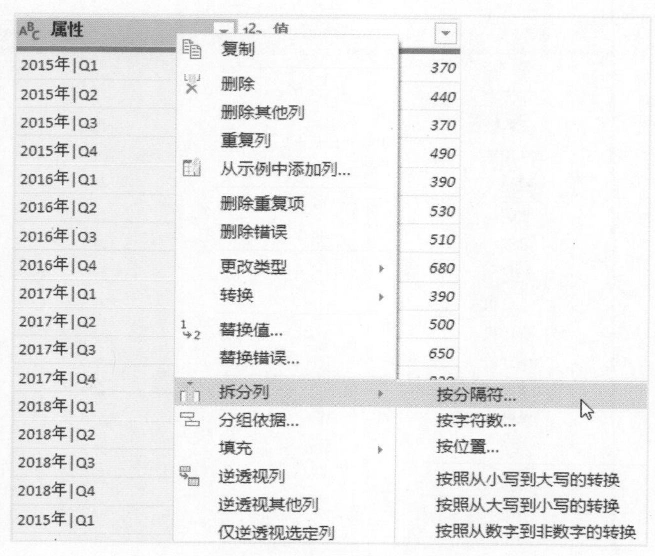

图 6.35　按分隔符拆分列

（7）将列重命名就得到最终转换结果，如图 6.36 所示。

	产品种类	产品名称	年	季度	销售额
1	办公用品	笔记本	2015年	Q1	370
2	办公用品	笔记本	2015年	Q2	440
3	办公用品	笔记本	2015年	Q3	370
4	办公用品	笔记本	2015年	Q4	490
5	办公用品	笔记本	2016年	Q1	390
6	办公用品	笔记本	2016年	Q2	530
7	办公用品	笔记本	2016年	Q3	510
8	办公用品	笔记本	2016年	Q4	680
9	办公用品	笔记本	2017年	Q1	390
10	办公用品	笔记本	2017年	Q2	500
11	办公用品	笔记本	2017年	Q3	650
12	办公用品	笔记本	2017年	Q4	820
13	办公用品	笔记本	2018年	Q1	490
14	办公用品	笔记本	2018年	Q2	900
15	办公用品	笔记本	2018年	Q3	730
16	办公用品	笔记本	2018年	Q4	880
17	办公用品	便签纸	2015年	Q1	400
18	办公用品	便签纸	2015年	Q2	820
19	办公用品	便签纸	2015年	Q3	850
20	办公用品	便签纸	2015年	Q4	910
21	办公用品	便签纸	2016年	Q1	540

图 6.36　最终转换结果

6.3.4　$N\times M$ 层级结构化表格

在现实工作中，我们也许会遇到更复杂的结构化表格，如 3×2、3×3 层级结构化表格。其实，结构化表格转换的思路都是一样的，在前面例子的基础上，我们可以总结出 $N\times M$ 层级结构化表格转换的步骤如下。

（1）在 Excel 中，行维度的前 $N-1$ 列都包含合并单元格，因此需要向下填充前 $N-1$ 列。

（2）使用指定分隔符合并行维度的前 N 列，此时表格转化为 $1\times M$ 层级。

（3）转置、提升标题。

（4）行维度的前 $M-1$ 列都包含合并单元格，因此需要向下填充前 $M-1$ 列。

（5）选中前 M 列，逆透视其他列。

（6）将属性列按指定分隔符拆分。

我们以 3×2 层级结构化表格为例，如图 6.37 所示，行标题有年、季度和月份 3 个维度，列标题有产品种类和产品名称两个维度。

			电子设备			
年	季度	月份	打印机	电话机	复印机	移动硬盘
2015年	Q1	1	190	260	120	60
		2	140	110	140	180
		3	100	120	80	130
	Q2	4	140	120	120	120
		5	190	250	270	130
		6	400	310	330	260
	Q3	7	170	290	40	120
		8	230	240	250	400
		9	250	210	210	230
	Q4	10	190	340	520	130
		11	280	210	280	340
		12	280	330	390	200

图 6.37　3×2 层级结构化表格

主要处理步骤如下。

（1）向下填充前两列，即年与季度列。

（2）使用分隔符“|”合并年、季度和月份 3 列。

（3）转置、提升标题。

（4）向下填充第 1 列，即产品种类列。

（5）选中前两列，即产品种类和产品名称列，逆透视其他列。

（6）按分隔符“|”拆分属性列，拆分成年、季度和月份。

通过以上 6 步就完成了 3×2 层级结构化表格的降维转换。

既然数据转换的过程是有固定流程的，那么借助 Power Query 的 M 函数，我们就可以将整个转换流程打包成自定义函数，使整个转换流程自动化可复用，方便后续使用时直接调用。自定义函数涉及较多的 M 函数的语法与应用，本书不详细讲解，关于 M 函数的学习可以参考国外微软 MVP Gil Raviv 的书 *Collect, Combine, and Transform Data Using Power Query in Excel and Power BI*。下面笔者给出已经编写好的 M 代码，读者可以拿来即用，如图 6.38 所示。

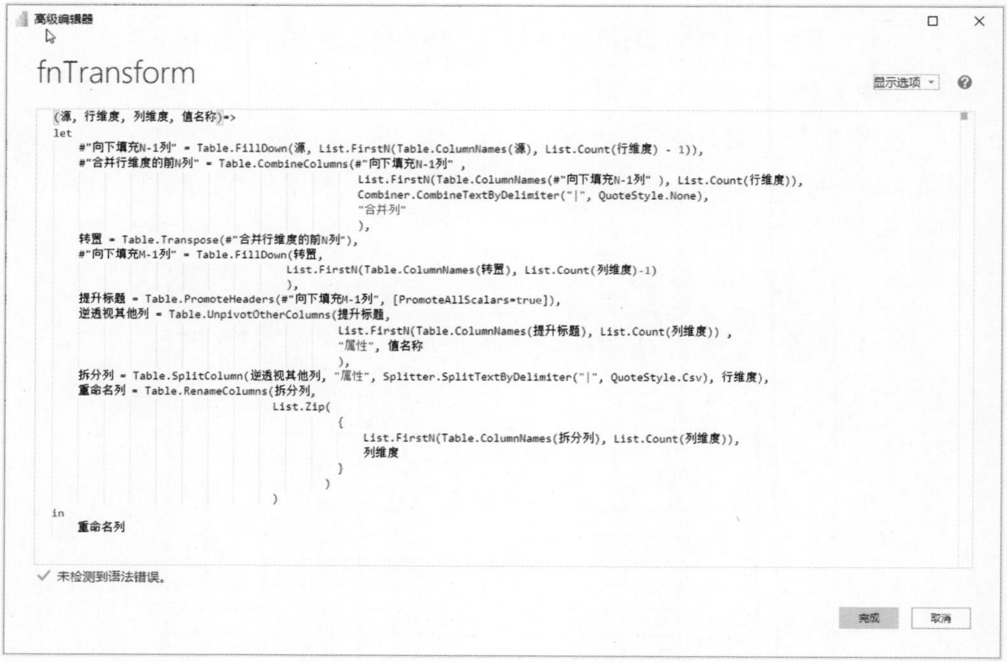

高级编辑器

fnTransform

显示选项

```
(源, 行维度, 列维度, 值名称)=>
let
    #"向下填充N-1列" = Table.FillDown(源, List.FirstN(Table.ColumnNames(源), List.Count(行维度) - 1)),
    #"合并行维度的前N列" = Table.CombineColumns(#"向下填充N-1列" ,
                                        List.FirstN(Table.ColumnNames(#"向下填充N-1列" ), List.Count(行维度)),
                                        Combiner.CombineTextByDelimiter("|", QuoteStyle.None),
                                        "合并列"
                                        ),
    转置 = Table.Transpose(#"合并行维度的前N列"),
    #"向下填充M-1列" = Table.FillDown(转置,
                                List.FirstN(Table.ColumnNames(转置), List.Count(列维度)-1)
                                ),
    提升标题 = Table.PromoteHeaders(#"向下填充M-1列", [PromoteAllScalars=true]),
    逆透视其他列 = Table.UnpivotOtherColumns(提升标题,
                                    List.FirstN(Table.ColumnNames(提升标题), List.Count(列维度)) ,
                                    "属性", 值名称
                                    ),
    拆分列 = Table.SplitColumn(逆透视其他列, "属性", Splitter.SplitTextByDelimiter("|", QuoteStyle.Csv), 行维度),
    重命名列 = Table.RenameColumns(拆分列,
                            List.Zip(
                                    {
                                        List.FirstN(Table.ColumnNames(拆分列), List.Count(列维度)),
                                        列维度
                                    }
                                )
                            )
in
    重命名列
```

✓ 未检测到语法错误。

完成 取消

图 6.38　高级编辑器中的自定义 M 函数

这里重点讲解如何定义和使用该 M 函数。

（1）选中自定义函数 fnTransform，在公式编辑栏或高级编辑器中复制该自定义函数。自定义函数的 M 代码如下：

```
(源, 行维度, 列维度, 值名称)=>
let
    #"向下填充 N-1 列" = Table.FillDown(源, List.FirstN(Table.ColumnNames(源),
List.Count(行维度) - 1)),
    #"合并行维度的前 N 列" = Table.CombineColumns(#"向下填充 N-1 列" ,
```

```
                                                  List.FirstN(Table.ColumnNames(#"向
                                                  下填充 N-1 列" ), List.Count(行维度)),
                                                  Combiner.CombineTextByDelimiter
                                                  ("|", QuoteStyle.None),
                                                  "合并列"
                                                  ),
    转置 = Table.Transpose(#"合并行维度的前 N 列"),
    #"向下填充 M-1 列" = Table.FillDown(转置,
                                         List.FirstN(Table.ColumnNames(转置),
                                         List.Count(列维度)-1)
                                         ),
    提升标题 = Table.PromoteHeaders(#"向下填充 M-1 列", [PromoteAllScalars=true]),
    逆透视其他列 = Table.UnpivotOtherColumns(提升标题,
                                               List.FirstN(Table.ColumnNames(提升标
                                               题), List.Count(列维度)) ,
                                               "属性", 值名称
                                               ),
    拆分列 = Table.SplitColumn(逆透视其他列, "属性", Splitter.SplitTextByDelimiter
("|", QuoteStyle.Csv), 行维度),
    重命名列 = Table.RenameColumns(拆分列,
                                     List.Zip(
                                              {
                                                List.FirstN(Table.ColumnNames
                                                (拆分列),List.Count(列维度)),
                                                列维度
                                              }
                                             )
                                     )
in
    重命名列
```

（2）在查询列表下方右击，新建空查询，如图 6.39 所示。

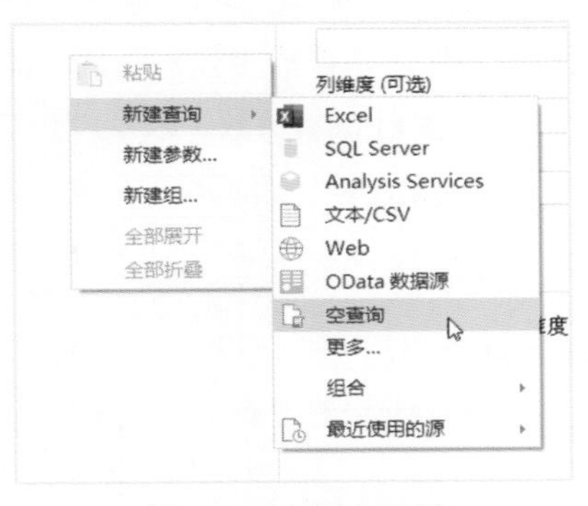

图 6.39 新建空查询

（3）单击“fx”按钮，将自定义函数粘贴到新查询的公式编辑栏中，如图 6.40 所示，按 Enter 键确认。

```
= (源, 行维度, 列维度, 值名称)=>
let
    #"向下填充N-1列" = Table.FillDown(源, List.FirstN(Table.ColumnNames(源), List.Count(行维度) - 1)),
    #"合并行维度的前N列" = Table.CombineColumns(#"向下填充N-1列" ,
                                List.FirstN(Table.ColumnNames(#"向下填充N-1列" ), List.Count(行维度)),
```

查询 [8]
1×1层级
2×1层级
1×2层级
2×2层级
3×2层级
3×3层级
fnTransform
查询1

输入参数
源 (可选)
行维度 (可选)
列维度 (可选)
值名称 (可选)
调用 清除

function (源 as any, 行维度 as any, 列维度 as any, 值名称 as any) as any

图 6.40　在公式编辑栏中粘贴自定义函数

这时自定义函数已经生成了，可以在查询设置中修改查询名称，自定义函数的查询名称也是该函数的名称。这里将自定义函数命名为“转换函数”，如图 6.41 所示。

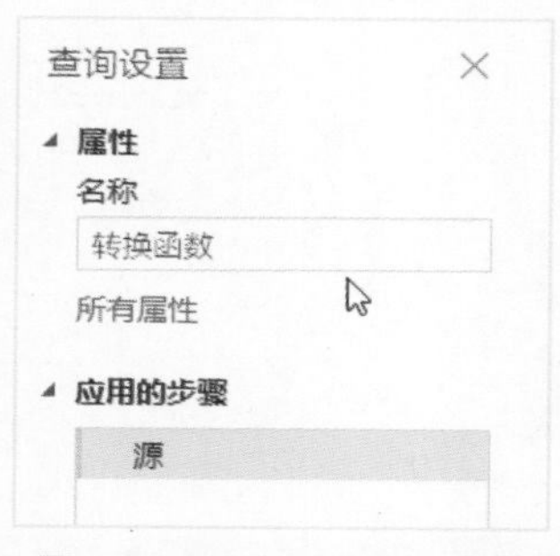

图 6.41　给自定义函数命名

转换函数定义好以后就可以在应用的步骤中直接调用了。下面以转换查询中的 3×3 层级结构化表格为例，讲解如何调用自定义函数，以及调用自定义函数之前需要注意的事项。

1．删除顶端的空行

将结构化表格加载到 Power Query 中以后，顶端存在空行的需要全部删除。本示例 3×3 层级结构化表格中的空行只有一行，因此需要删除顶端的第一行，如图 6.42 所示。

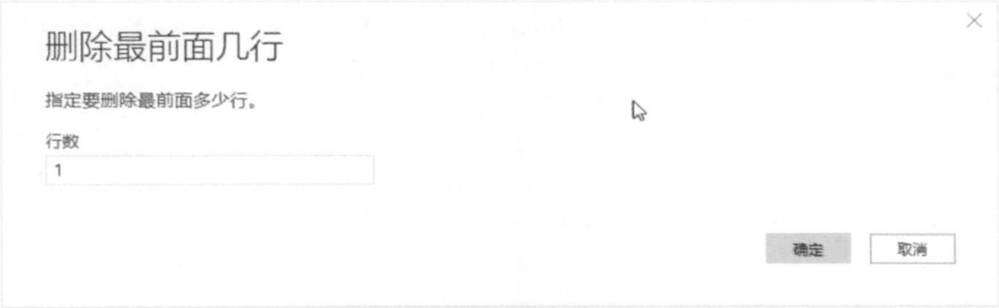

删除最前面几行
指定要删除最前面多少行。
行数
1
确定
取消

图 6.42　删除顶端的空行

2．更改数据类型

在使用自定义函数前，需要确保行维度所在列的数据格式为文本。因此需要将表格的前三列数据格式更改为文本类型。

3．调用自定义函数

单击公式编辑栏上的“fx”按钮，在公式编辑栏“更改的类型”前输入自定义函数名“转换函数”。自定义函数在输入过程中也会自动填充（输入函数名称之前，在“更改的类型”前输入一个空格），如图 6.43 所示。

= 转 更改的类型
转换函数
Column1
Column2

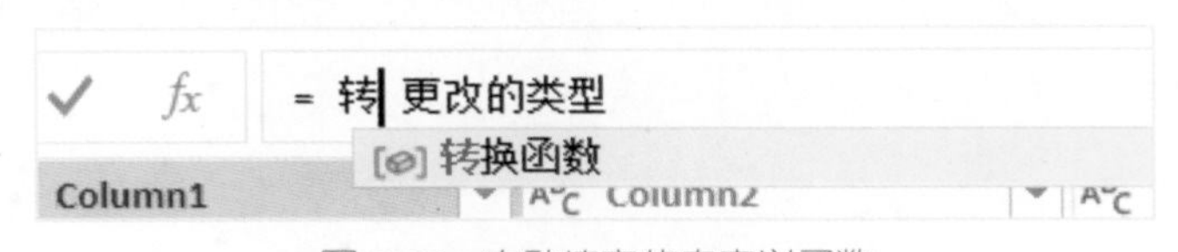

图 6.43　自动填充的自定义函数

4．输入自定义函数参数

调用函数时，需要声明函数的参数。该函数共包含以下四个参数。

（1）源：用于转换的源表，就是上一步骤的结果表，这里为“更改的类型”。

（2）行维度：包含行维度名称的列表，需要以列表的形式输入，这里为{"年","季度","月份"}。

（3）列维度：包含列维度名称的列表，需要以列表的形式输入，这里为{"地区","产品种类","产品名称"}。

（4）值名称：表中值的字面意义，这里为“销售额”。

输入以上参数以后，公式编辑栏中的公式为：

```
= 转换函数(更改的类型,{"年","季度","月份"},{"地区","产品种类","产品名称"},"销售额")
```

在公式编辑栏中输入以上公式，按 Enter 键，3×3 层级结构化表格就快速地转换成规范的一维表，如图 6.44 所示。

	地区	产品种类	产品名称	年	季度	月份	销售额
1	东北	办公用品	笔记本	2015年	Q1	1	
2	东北	办公用品	笔记本	2015年	Q1	2	
3	东北	办公用品	笔记本	2015年	Q1	3	
4	东北	办公用品	笔记本	2015年	Q2	5	
5	东北	办公用品	笔记本	2015年	Q2	6	
6	东北	办公用品	笔记本	2015年	Q3	8	
7	东北	办公用品	笔记本	2015年	Q3	9	
8	东北	办公用品	笔记本	2015年	Q4	10	
9	东北	办公用品	笔记本	2015年	Q4	11	
10	东北	办公用品	笔记本	2015年	Q4	12	
11	东北	办公用品	笔记本	2016年	Q1	1	
12	东北	办公用品	笔记本	2016年	Q1	2	
13	东北	办公用品	笔记本	2016年	Q1	3	
14	东北	办公用品	笔记本	2016年	Q2	5	
15	东北	办公用品	笔记本	2016年	Q2	6	
16	东北	办公用品	笔记本	2016年	Q3	7	
17	东北	办公用品	笔记本	2016年	Q3	8	
18	东北	办公用品	笔记本	2016年	Q3	9	
19	东北	办公用品	笔记本	2016年	Q4	10	
20	东北	办公用品	笔记本	2016年	Q4	11	
21	东北	办公用品	笔记本	2016年	Q4	12	
22	东北	办公用品	便签纸	2015年	Q1	1	
23							

图 6.44 自定义函数转换的一维表

转换函数适用于任意 $N \times M$ 层级组合的结构化表格，读者可自行在示例文件中尝试。希望本案例能拓展读者对 Power Query 中 M 函数的认知，如果流程固定且需要重复执行，那么借助 M 函数的强大力量就可以实现自动化。

6.4 Power BI 进阶之 DAX 驱动作图技巧

Power BI 在可视化方面的强大优势是应用市场中有大量酷炫的自定义视觉对象，但视觉对象的高度定制化也在一定程度上弱化了 Power BI 使用者的自主构图能力。DAX 在 Power BI 中可以提供强大的计算能力，也可以驱动图表更具丰富的交互性和实用性。本节介绍三个通过 DAX 驱动的作图技巧，通过实例掌握 DAX 函数的同时掌握 DAX 驱动可视化的思考方式，为读者开拓思路。

6.4.1 动态切换中文单位

前面提到 Power BI 在显示中文单位时不友好，没有提供符合中文阅读习惯的单位“万”和“亿”，实战案例通过将度量值除以 10000 解决了单位“万”的问题。本节将这个方法进行拓展，通过构建辅助表与 SELECTEDVALUE()函数实现动态切换中文单位。如图 6.45 所示，我们可以通过单击柱形图右上方的单位切换数值的显示单位。

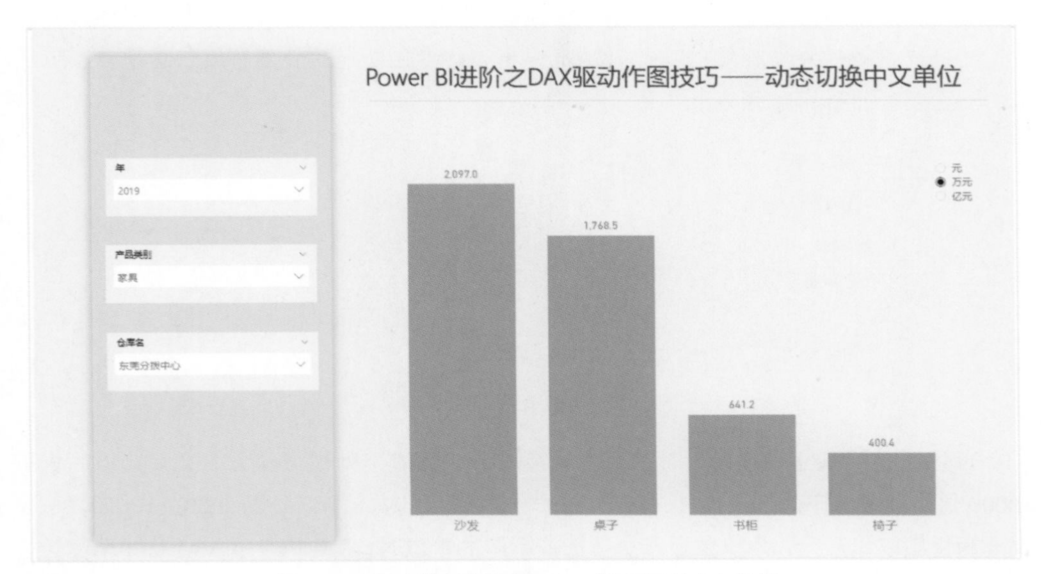

图 6.45　DAX 驱动作图技巧——动态切换中文单位

1. 构建单位转换表

构建单位转换表，将中文单位与相应的除数相对应，如图 6.46 所示。单位转换表可以通过“输入数据”命令手工建立，也可以在 Excel 中准备好后加载到 Power BI 中。需要注意的是，单位转换表不能与其他表格建立关系。

序号	单位	数值
1	元	1
2	万元	10000
3	亿元	100000000

图 6.46　单位转换表

2. 插入单位选择切片器

使用单位转换表的“单位”字段创建切片器，在切片器的“格式”设置中将切片器属性设置成单选类型，如图 6.47 所示。

3. 创建动态度量值

SELECTEDVALUE()函数是实现动态度量值的关键，可以返回指定列筛选上下文中仅剩的一个非重复值。建立以下度量值：

```
销售额 = SUM('订单表'[销售额])/SELECTEDVALUE('单位转换表'[数值])
```

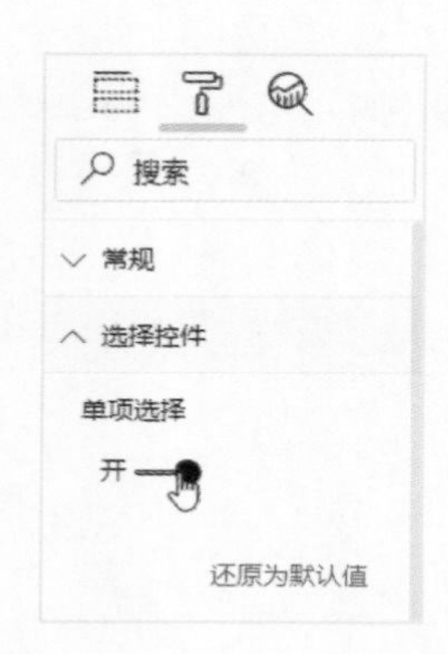

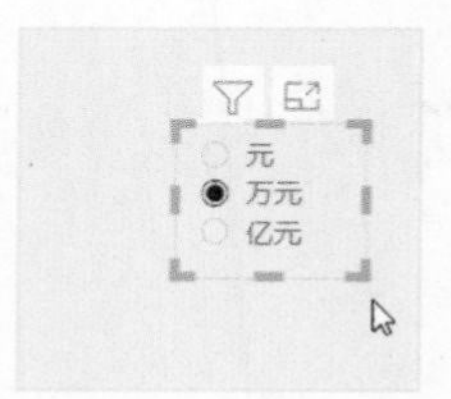

图 6.47 设置单选样式的切片器

当我们选择单位“万元”时，单位转换表的“数值”列被当前上下文筛选以后仅剩 10000 这个数值，因此 SELECTEDVALUE('单位转换表'[数值])部分返回数值 10000，从而实现销售额以“万元”为单位显示。当选择不同的单位时，SELECTEDVALUE('单位转换表'[数值])返回相应的值，度量值“销售额”通过动态控制分母达到切换单位的效果。

使用此度量值作为图表的“值”字段，就可以实现动态切换单位的效果，如图 6.48 所示，显示的单位已切换为“亿元”。

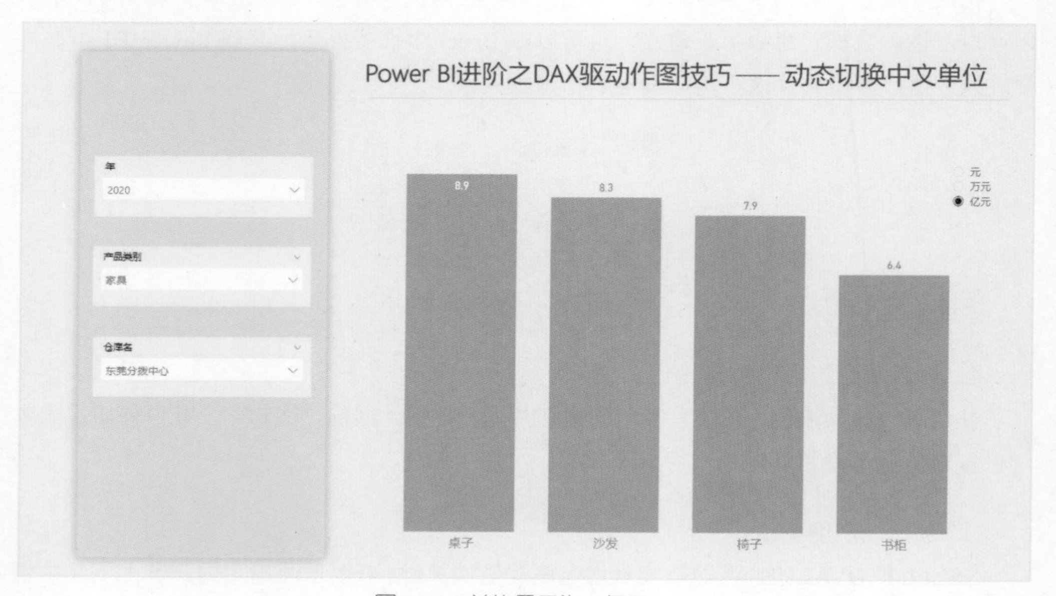

图 6.48 单位显示为“亿元”

6.4.2　动态切换指标

动态切换图表显示指标，不仅能节约画布空间，还能通过交互丰富图表传达的信息。比如，在上节示例的基础上，如果能在现有图表的基础上增加一个切片器，用来切换显示产品的利润情况，那么报告的信息密度就会增加不少。整体的创建思路和动态切换中文单位相似，可以通过构造辅助表、SELECTEDVALUE()函数、SWITCH()函数实现，效果如图 6.49 所示。

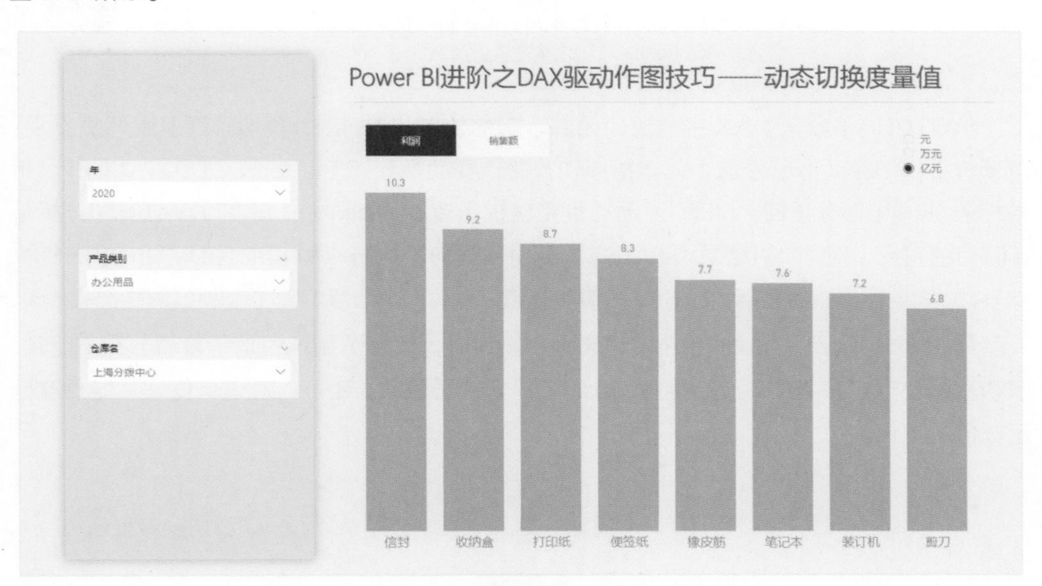

图 6.49　DAX 驱动作图技巧——动态切换分析指标

1．构建辅助表及切片器

使用“输入数据”命令创建分析指标表，并使用该表的“指标”字段创建切片器，设置切片器的方向为“横向”，如图 6.50 所示。

序号	指标
1	销售额
2	利润

图 6.50　创建指标切换切片器

2．创建动态度量值

因为需要显示利润，所以先创建利润度量值：

```
利润 = SUMX('订单表','订单表'[销售额]-'订单表'[成本])/SELECTEDVALUE('单位转换表'[数值])
```

这里使用了单位转换表和 SELECTEDVALUE()函数，因此中文单位切片器对利润的显示也能起作用。

接下来结合 SWITCH()函数与 SELECTEDVALUE()函数对度量值切片器的当前选择进行判断，并根据判断结果选择度量值。创建以下动态度量值：

```
动态度量值 = SWITCH(TRUE(), -- 实现判断与切换，功能类似于 IF()函数
                 SELECTEDVALUE('分析指标表'[指标])="销售额",[销售额],
                 -- 当切片器选择销售额时，计算度量值销售额
                 SELECTEDVALUE('分析指标表'[指标])="利润",[利润],
                 -- 当切片器选择利润时，计算度量值利润
                  [销售额])
```

SWITCH()函数是 DAX 中的逻辑函数，它的功能和 IF()函数类似，而且书写更直观、可读性更好。在动态度量值中，当指标切片器选择的是利润时，SELECTEDVALUE('分析指标表'[指标])部分返回“利润”，动态度量值进行逻辑判断，SELECTEDVALUE('分析指标表'[指标])="销售额"的结果为 FALSE，后面的语句不执行，SELECTEDVALUE('分析指标表'[指标])="利润"的结果为 TRUE，计算度量值“利润”，以此实现动态切换计算指标的效果。

如图 6.51 所示，当我们单击“销售额”按钮时，柱形图显示的是销售额数据。而且，该切片器也可以和年度、产品类别、仓库名等切片器联动，还可以通过单位切片器更改显示数值的单位。

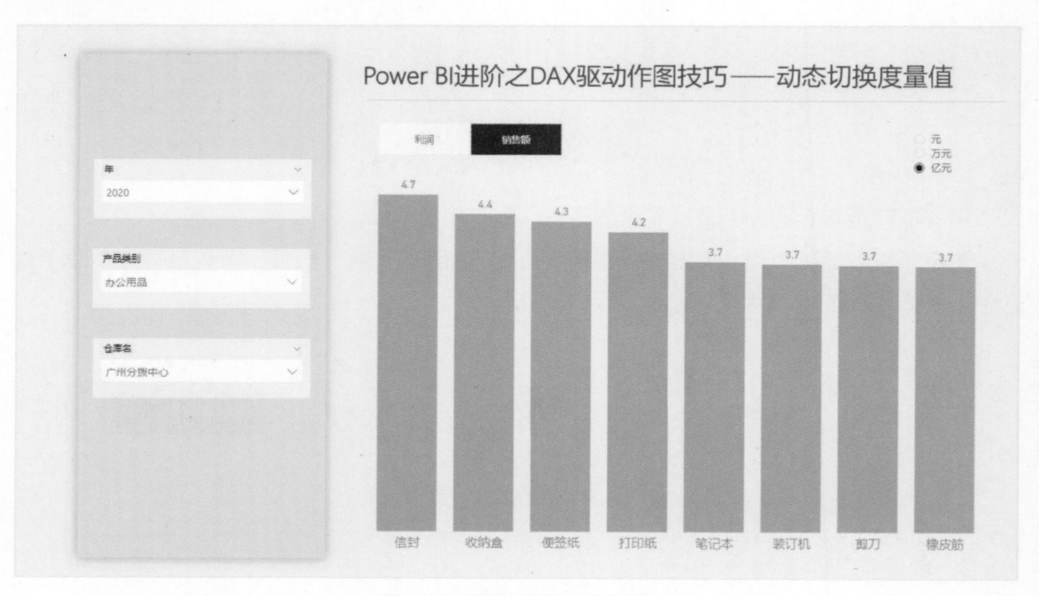

图 6.51　动态切换计算指标

6.4.3　动态图表配色

在制作图表分析数据时，经常需要突出满足某些条件的值，比如，突出最大值、最小值、均值以上的值等。颜色作为常用的可视化元素，在突出显示值方面有诸多应用。为数值填充不一样的颜色能达到快速聚焦用户注意力的效果，帮助用户快速识别重点信息。如图 6.52 所示，我们可以在以上两个示例的基础上增加动态配色，动态地将销售额或利润在平均值以上的数据点设置为红色。

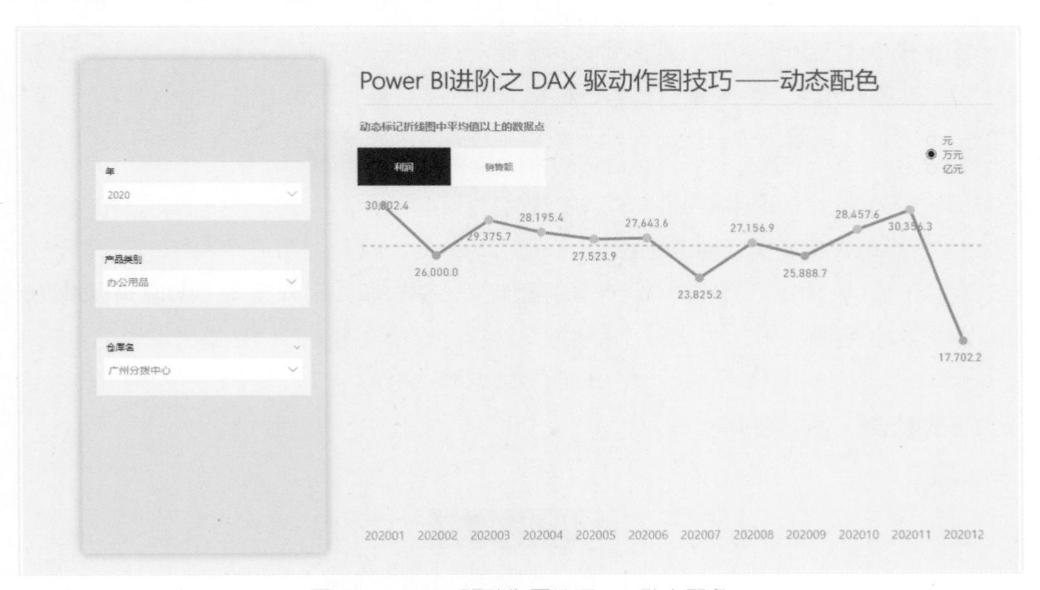

图 6.52　DAX 驱动作图技巧——动态配色

1. 复制报表页

复制一份“动态切换度量值”报表页，将柱形图的“轴”字段换成日期表中的“年月”字段，“值”字段仍为“动态度量值”。

2. 创建度量值判断数值区间

要实现平均值以上及平均值以下的数值差异化配色，首先需要判断不同月份的数值是大于平均值还是小于平均值。这就需要用度量值进行动态计算。创建以下动态度量值：

```
AboveAvg =
VAR Sales = [动态度量值] -- 计算当前上下文的销售额或利润
VAR AvgSalesOverall =
AVERAGEX(
    ALLSELECTED('日期表'[年月],'日期表'[年月排序]),
```

```
    CALCULATE([动态度量值])
      ) --计算当前上下文中各月的平均销售额或平均利润
VAR Result =
IF(
   Sales>AvgSalesOverall,
   1, -- 大于平均值则返回 1
   0 -- 小于平均值则返回 0
 )
RETURN
Result
```

该度量值主要用于判断当前月份的分析指标的数值是在所有月份指标数值的平均值之上还是在平均值之下。如果该值大于指标数值的平均值，则返回 1；如果该值小于指标数值的平均值，则返回 0。能动态地获取当前值与平均值的对比情况，就可以实现动态配色。

3. 使用条件格式实现动态配色

在柱形图的“格式”设置中找到“数据颜色”。单击条件格式按钮（fx），设置填色规则，如图 6.53 所示。

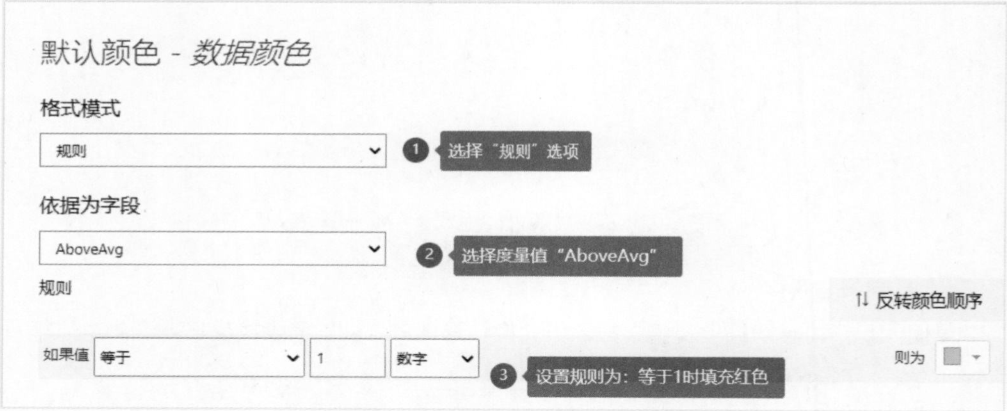

图 6.53 条件格式按规则填充颜色

单击“确定”按钮，就可以看到柱形图实现动态配色了，如图 6.54 所示。

因为数据是时间序列数据，所以可以将柱形图切换成折线图（如果读者一开始就用折线图制作本案例图表，就会发现折线图的数据颜色无法通过条件格式配色）。我们可以在折线图的“分析”窗格中找到“平均线”选项，为图表增加一条水平的平均线，如图 6.55 所示。

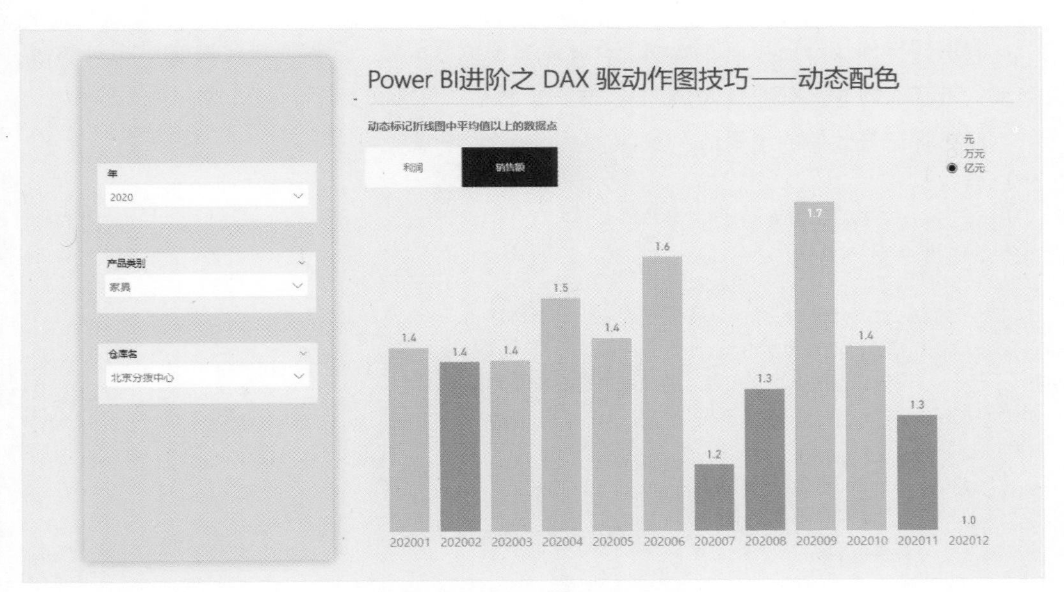

图 6.54　动态配色的柱形图

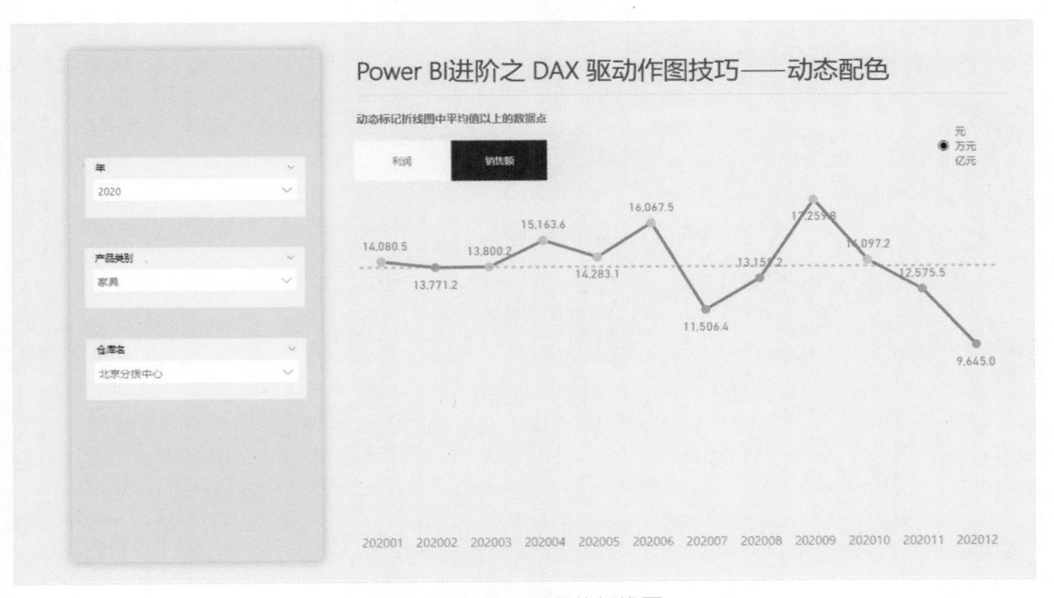

图 6.55　动态配色的折线图

利用同样的技巧还可以实现动态标记最大值或最小值，只需要将度量值“AboveAvg”的聚合方式改为 MAXX()或 MINX()，并调整判断条件即可。

动态标记最大值的度量值：

```
MaxItem =
VAR Sales = [动态度量值] -- 计算当前上下文的销售额或利润
VAR MaxSalesOverall =
MAXX(
    ALLSELECTED('日期表'[年月],'日期表'[年月排序]),
     CALCULATE([动态度量值])
        )  --计算当前上下文中各月的最大销售额或最大利润
VAR Result =
IF(
    Sales= MaxSalesOverall,
    1, -- 等于最大值则返回 1
    0 -- 否则返回 0
 )
RETURN
Result
```

动态标记最小值的度量值：

```
MinItem =
VAR Sales = [动态度量值] -- 计算当前上下文的销售额或利润
VAR MinSalesOverall =
MINX(
    ALLSELECTED('日期表'[年月],'日期表'[年月排序]),
     CALCULATE([动态度量值])
        )  --计算当前上下文中各月的最小销售额或最小利润
VAR Result =
IF(
    Sales= MinSalesOverall,
    1, -- 等于最小值则返回 1
    0 -- 否则返回 0
 )
RETURN
Result
```

6.5 总结

本章作为本书的最后一章，旨在为读者的 Power BI 进阶学习指明方向。笔者一直强调：不考虑设计，Power BI 只是超级计算器。一方面希望读者在制作 Power BI 仪表板的时候考虑“设计感”，另一方面其实也传达出了 Power BI 作为 BI 工具的超级计算能力。无论是 M 语言在进行数据清洗时的灵活与强大，还是 DAX 在数值计算时的精准与多变，都是值得读者深入学习的内容，这样才能发挥 Power BI 在商业数据分析与可视化方面的最大价值。

参考文献

[1] Michael Alexander. Excel Power Pivot and Power Query For Dummies. Hoboken：John Wiley & Sons, Inc. 2016.

[2] Michael Alexander. Excel Dashboards & Reports For Dummies, 3rd. Hoboken：John Wiley & Sons, Inc.2016.

[3] Stephen Few. Information Dashboard Design：The Effective Visual Communication of Data. Sebastopol：O'Reilly. 2006.

[4] Gil Raviv. Collect, Combine, and Transform Data Using Power Query in Excel and Power BI. New York：Pearson Education, Inc. 2019.

[5] Matt Allington. Supercharge Power BI：Power BI is Better When You Learn to Write DAX. Merritt Island：Holy Macro! Books. 2018.

[6] Matt Allington. Supercharge Excel：When You Learn to Write DAX for Power Pivot. Merritt Island：Holy Macro! Books. 2018.

[7] 姜辉. Excel 仪表盘实战. 北京：电子工业出版社，2019.

[8] Robin Williams. 写给大家看的设计书. 苏金国，李盼，译. 4 版. 北京：人民邮电出版社，2016.

[9] 胡永胜. Power BI 商业数据分析. 北京：人民邮电出版社，2021.